资助项目：
中国气象局气候变化专项；
国家重点基础研究发展计划“气候变化对西北干旱区水循环影响机理与水资源安全研究”(No. 2010CB951003)；
国家自然科学基金项目(41101023)；
国家重点基础研究发展计划项目(973计划)“气候变化对我国东部季风区陆地水循环与水资源安全的影响及适应对策”(No. 2010CB428401)。

China Climate Change Impact Report：Tarim River Basin

塔里木河流域气候变化影响评估报告

陈亚宁　苏布达　陶辉　赵成义　毛炜峄　主编

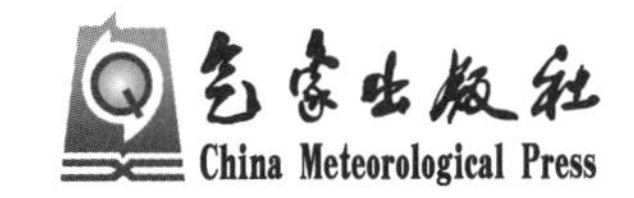

内容简介

全书共分八章，在阐述塔里木河流域气候变化事实的基础上，分析了气候变化对流域水资源、农业、自然生态系统、人体健康、能源、交通、旅游、城市安全等方面的影响、脆弱性和适应性，并提出了适应与减缓对策，为全球气候变化背景下塔里木河流域社会经济的可持续发展提供理论依据和科技支撑。本书是我国关于流域气候变化研究系列评估报告中的一本。

本书可供中央各部委和流域有关机构以及地方政府决策参考，亦可作为气候、气象、水文水资源、生态与环境、社会经济等领域的科研人员和有关大专院校师生的参考书。

图书在版编目(CIP)数据

塔里木河流域气候变化影响评估报告/陈亚宁等主编.
—北京：气象出版社，2014.5
（流域/区域气候变化影响评估报告）
ISBN 978-7-5029-5922-7

Ⅰ.①塔… Ⅱ.①陈… Ⅲ.①塔里木河-流域-气候变化-气候影响-研究报告 Ⅳ.①P468.245

中国版本图书馆 CIP 数据核字(2014)第 074093 号

Talimuhe Liuyu Qihou Bianhua Yingxiang Pinggu Baogao
塔里木河流域气候变化影响评估报告
陈亚宁　苏布达　陶辉　赵成义　毛炜峄　主编

出版发行：气象出版社
地　　址：北京市海淀区中关村南大街 46 号　　**邮政编码**：100081
总 编 室：010-68407112　　**发 行 部**：010-68406961
网　　址：http://www.cmp.cma.gov.cn　　**E-mail**：qxcbs@cma.gov.cn
责任编辑：张锐锐　　**终　　审**：黄润恒
封面设计：博雅思企划　　**责任技编**：吴庭芳
责任校对：永　通
印　　刷：北京中新伟业印刷有限公司
开　　本：787 mm×1092 mm　1/16　　**印　　张**：12
字　　数：320 千字
版　　次：2014 年 5 月第 1 版　　**印　　次**：2014 年 5 月第 1 次印刷
定　　价：48.00 元

序言

科学研究表明，当前全球气候正经历一次以变暖为主要特征的显著变化。政府间气候变化专门委员会（IPCC）2013 年公布的第五次评估报告（AR5）指出，1880—2012 年间全球平均地表气温升高了 0.85℃，这是由于人类活动所排放温室气体产生的增温效应造成的，预计到 21 世纪末全球平均气温将升高 0.3～4.8℃。由气候变暖引起的一系列气候和环境问题日益突出，将对农业（含林业）、水资源、自然生态系统（草原、湖泊湿地、冰川和冻土）、人类健康和社会经济等产生重大影响，甚至给人类社会带来灾难性后果，已经成为全球可持续发展面临的最严峻挑战之一。因此，人类社会应积极应对气候变化并采取措施减缓气候变化带来的负面效应。

我国幅员辽阔，生态环境脆弱，气候变化对不同地区的生态系统将产生不同的影响。我国不同的区域对气候变化的响应不同，敏感度和适应能力也不同，是遭受气候变化不利影响最为严重的国家之一。妥善应对气候变化，事关我国经济社会发展全局和人民群众切身利益，事关国家根本利益。2008 年 6 月，中共中央政治局将第 6 次集体学习内容定为“全球气候变化和我国加强应对气候变化能力建设”，胡锦涛总书记强调，必须以对中华民族和全人类长远发展高度负责的精神，充分认识应对气候变化的重要性和紧迫性，坚定不移地走可持续发展道路，采取更加有力的政策措施，全面加强应对气候变化能力建设，为我国和全球可持续发展事业进行不懈努力。他还在讲话中指出，我国正处于全面建设小康社会的关键时期，同时也处于工业化、城镇化加快发展的重要阶段，发展经济和改善民生的任务十分繁重，应对气候变化的任务也十分艰巨，并要求加强气候变化综合影响评估，在经济建设和城乡建设中高度重视气候评价和灾害风险评估，夯实应对气候变化及其风险的工程基础。为了贯彻落实胡锦涛总书记的重要讲话精神，相继出版了第二次《气候变化国家评估报告》《中国气候与环境演变：2012》等一系列重要的气候变化科学评估报告。而《气候变化国家评估报告》《中国应对气候变化国家方案》《适应气候变化国家战略》等方案的发布和实施，有力地推动了气候变化影响的研究和评估工作。中国气象局于2008年成立了气候变化中心，强化气候变化决策和公共服务职能，并重点加强在区域温室气体监测、气候系统基础数据分析处理、极端天气气候事件分析和气候系统模式研发，以及农业、水资源等关键领域气候变化影响综合评估、决策咨询服务等方面的工作。在地方层面，为了给地方政府应对气候变化方案提供科学支撑，同时为地方政府把气候变化纳入到区域发展规划提供科学支撑，中国气象局气候变化中心在全国范围组织了流域/区域气候变化影响评估系列报告的编写，在不同的气候变化响应的区域和流域上，探索研究中国的气候变化及其影响所具有的区域特征，以及气候变化对自然和社会经济系统的影响、脆弱性和适应性；发展区域尺度上气候变化影响评估的理论、方法和技术。

《流域/区域气候变化影响评估报告》系列丛书的出版，适逢IPCC第五次评估报告进入IPCC全会批准阶段，IPCC第五次评估第一工作组报告已于2013年9月正式出版，而第二和第三工作组报告于2014年3月和4月正式出版。丛书中富有区域特色的气候变化影响事实与适应对策论述，将为全球尺度的气候变化影响评估工作提供有益参考。这项研究成果的出版，得益于2009年中国气象局气候变化专项的特别资助，同时还要感谢参加编写的所有作者和参与此项工作的评审专家和相关工作人员。

中国气象局局长

郑国光

前　言

全球气候变化过去对人类而言还比较陌生，而它现在却成了全社会的热门话题。这种变化深刻影响着人类生存和发展，是世界各国共同面临的重大挑战。科学研究表明，近百年来全球气候正经历显著的变化并带来巨大的影响，人类也切身体会到了气候变化的影响，开始了一场应对气候变化的全球大行动。在这种大背景下，自 2008 年起，中国气象局组织了对中国 8 个不同气候敏感区的气候变化综合影响评估，为国家和各敏感地区提供应对及减缓气候变化的依据。本评估报告是针对西北干旱区典型内陆河的塔里木河流域编写。

塔里木河流域是中国最大的内陆河流域，它是环塔里木盆地的阿克苏河、喀什噶尔河、叶尔羌河、和田河、开都河—孔雀河、迪那河、渭干河与库车河小河、克里雅河以及车尔臣河等九大水系 144 条河流的总称。流域地处欧亚大陆的中心，北依天山山脉，南靠昆仑山和阿尔金山，西邻帕米尔高原和喀拉昆仑山，东至库木塔格沙漠，地势西高东低。流域内分布有南疆阿克苏地区、喀什地区、和田地区、克孜勒苏柯尔克孜自治州和巴音郭楞蒙古族自治州 5 地州的 42 个县市，新疆生产建设兵团 4 个师的 56 个团场，另外，还包括部分国外产流区面积，总面积 102 万 km^2，约占新疆国土面积的 61.27%，流域中部的塔克拉玛干大沙漠，面积达 33 万 km^2，是世界第二大沙漠，山前平原和绿洲约 20 万 km^2。受全球及区域尺度气候变化影响，塔里木河流域经济社会已表现出高度的敏感性，对气候变化的脆弱性加剧。本项评估将为塔里木河流域应对气候变化工作提供科学基础，是区域自然环境及经济社会可持续发展的迫切要求，对协调区域经济发展、社会进步和环境保护三者之间的关系具有指导性作用。

参照 IPCC 第五次评估报告的编写程序和方法，《塔里木河流域气候变化影响评估报告》从塔里木河流域气候变化的基本事实与可能原因出发，预估塔里木河流域未来的气候变化，为气候变化影响、适应和减缓对策研究提供科学依据。该报告的编制以详实的数据，对气候变化对水资源、农业、能源、人体健康等方面影响做出区域分析并提出对策与评价，着眼于未来气候变化趋势及可能影响，进而在加强适应气候变化的基础能力、气候变化科技创新能力、法律法规体系建设和建立完善机构和组织管理体系、加强人力资源开发和人才的培养、提高公众应对气候变化的意识、加强中外的交流与合作等几个方面提出应对气候变化对策建议。

报告是在中国气象局气候变化研究2009年专项经费和国家重点基础研究发展计划经费共同支持下，由国家气候中心姜彤研究员组织，经过中国科学院新疆生态与地理研究所、中国科学院南京地理与湖泊研究所、国家气候中心、新疆维吾尔自治区气候中心、阿克苏水文水资源勘测局、南京信息工程大学等单位10余位长期从事新疆塔里木河流域气候和水文研究的学者历时三年多的时间共同完成。

报告共分8章，主要内容包括塔里木河流域气候变化的观测事实，气候变化对塔里木河流域水资源、农业、自然生态系统、能源与社会经济、人体健康与人居环境的影响和适应性，气候变化影响适应性措施的综合评估以及应对气候变化的减缓对策。各章编写人员如下：

前　　言　陈亚宁（中国科学院新疆生态与地理研究所）　苏布达（国家气候中心）
　　　　　黄金龙（南京信息工程大学）
报告提要　苏布达（国家气候中心）　姜　彤（国家气候中心）
　　　　　黄金龙（南京信息工程大学）　陶　辉（中国科学院南京地理与湖泊研究所）
第 一 章　陶　辉（中国科学院南京地理与湖泊研究所）
　　　　　毛炜峄　赵逸舟　陈鹏翔（新疆维吾尔自治区气候中心）
　　　　　黄金龙　朱娴韵（南京信息工程大学）
第 二 章　陶　辉（中国科学院南京地理与湖泊研究所）　苏布达（国家气候中心）
　　　　　王顺德　王彦国（阿克苏水文水资源勘测局）　高　蓓（南京信息工程大学）
第 三 章　陈亚宁　黎　枫（中国科学院新疆生态与地理研究所）
第 四 章　陈亚宁　周洪华（中国科学院新疆生态与地理研究所）
第 五 章　赵成义　施枫芝（中国科学院新疆生态与地理研究所）
第 六 章　毛炜峄（新疆维吾尔自治区气候中心）
第 七 章　陈亚宁　黄　湘　杨玉海　陈忠升（中国科学院新疆生态与地理研究所）
第 八 章　毛炜峄（新疆维吾尔自治区气候中心）　苏布达　翟建青（国家气候中心）

报告在编写和出版期间，得到了中国气象局乌鲁木齐沙漠气象研究所、中国科学院新疆生态与地理研究所、中国科学院南京地理与湖泊研究所、新疆维吾尔自治区气候中心、阿克苏水文水资源勘测局、南京信息工程大学、塔里木河流域管理局等诸多单位的帮助和支持，国家气候中心罗勇研究员在项目协调、规划和组织等方给予了大力支持；国家气候中心的许红梅、翟建青、李修仓以及德国专家Marco Gemmer给予了帮助，中国科学院水生生物研究所蔡庆华研究员为本报告提出了宝贵建议，在此一并表示感谢。

气候变化影响涉及面广，涉及塔里木河流域各个行业和部门。而目前中外有关塔里木河流域气候变化影响研究比较薄弱，积累较少。本书尚有许多不足之处，恳请广大读者批评指正，以便在后续研究和报告中加以改进。

报告提要

塔里木河流域是中国最大的内陆河流域，它是环塔里木盆地的阿克苏河、喀什噶尔河、叶尔羌河、和田河、开都河—孔雀河、迪那河、渭干河与库车河小河、克里雅河以及车尔臣河等九大水系144条河流的总称，流域总面积102万km^2（中国境内流域面积99.6万km^2），其中山地占47%，平原区占20%，沙漠面积占33%。流域涵盖南疆阿克苏地区、喀什地区、和田地区、克孜勒苏柯尔克孜自治州和巴音郭楞蒙古族自治州等5地州行政区域共42个县市和兵团农一师、农二师、农三师、和田农垦管理局共56个农垦团场，是以维吾尔族为主体的多民族聚居区。据2008年统计，流域总人口为926万人，其中少数民族781万人，约占总人口的85%，流域内现有灌溉面积近169万hm^2。塔里木河流域内土地资源、光热资源和石油天然气资源十分丰富，是中国重要的棉花生产、石油化工基地和21世纪能源战略储备区。20世纪90年代以来，随着塔里木盆地石油和天然气勘探开发、国家商品棉基地建设、南疆铁路线开通，特别是国家西部大开发战略的实施，推动了流域生态环境的改善、流域经济的腾飞和社会的发展。塔里木河流域水资源开发利用和生态环境保护，不仅关系到流域自身的生存和发展、民族团结、社会安定、国防稳固的大局，也关系到西部大开发战略的顺利实施，战略地位十分重要。因此，在全球气候变化背景下，开展气候变化影响评估具有十分重要的现实意义。

一、1961—2010年塔里木河流域的气温始终是波动上升的，到21世纪初气温达到了最高值，四季气温上升都很明显。近几十年来，流域降水量明显增大，其中夏季降水量增大最为明显。

自1861年有仪器观测记录以来，全球地表气温持续上升。20世纪的上升幅度超过0.6℃。在这种气候变化格局下，全球各区域表现出不同的响应特征。塔里木河流域地域辽阔、地形复杂，各地变暖程度不完全相同。流域内平均气温在1961—2010年总体上是上升的，且20世纪90年代后上升趋势更趋明显，这和全球变暖的趋势一致。而塔里木河流域平均气温1961—2010年上升了0.8～1.5℃，几乎是全球近百年增幅的两倍。20世纪60年代以来，流域的气温始终是波动上升的，到21世纪初气温达到了最高值，比20世纪60年代平均气温高出1℃，线性倾向率为0.28℃/10 a。从季节尺度来看，四季气温上升都很明显，且以冬季温度上升最为明显。

受全球气候变化以及中纬度西风环流带来的水汽影响，近几十年来，塔里木河流域降水量明显增大。21世纪初(2001—2010年)流域降水量平均值与20世纪60年代平均值相比，增加了近33%，对于降水相对稀少的塔里木河流域，降水变化必然对流域水资源产生深刻影响。从季节尺度来看，夏季降水量增大明显。全球气候模式预估结果表明，2011—2050年塔里木河流域气温在A1B、B1和A2三种排放情景下均呈上升趋势。区域气候模式极端气候变化表明，RCP4.5情景下2011—2040年流域的极端气候事件(特别是暖事件)可能有增加趋势，流域极端气温事件的强度也在加强，未来流域中部的干旱可能更严重，而流域边缘区域将变得湿润。

二、气候变化对塔里木河流域水资源、农业生产、自然生态系统以及社会经济等方面产生了一定的影响。气候变化影响评估将为应对和减缓气候变化所带来的影响提供科学依据。

对水资源的影响。受全球气候变化影响，塔里木河流域出现了明显的由暖干向暖湿转型的趋势，水汽净输入量1961—2008年有逐年增大的趋势，由于地理位置分布和气候条件等因素的制约，流域内干旱的气候环境并不会因为短期的降水增多而发生质的变化。径流量变化趋势表明，源流区出山口径流量除和田河年径流量总体略微减少外，其他河流均呈增加趋势，其中阿克苏河年径流量增幅最为明显，而降水增多最显著的地方也在天山南坡，两者存在一致性，表明塔里木河流域降水量变化对径流量变化有显著影响。受气温的影响，塔里木河流域量算的冰川既有退缩的，也有处于前进状态的，其中退缩的冰川数量占量算冰川数量的比重较大。

对农业生产的影响。受气候变化、政策及社会经济等因素影响，近年来谷类作物种植面积较1990年有所减小，其中水稻种植面积减少幅度较大，5地州中巴州和阿克苏地区减少幅度较大，和田地区略有增加。由于塔里木河流域小麦种植区之一的阿克苏地区小麦种植面积的大幅减少，整个流域小麦种植面积有所减少。塔里木河流域玉米种植面积变化不大，各地州种植面积有增有减。统计结果显示，流域经济作物中棉花种植面积增加幅度较大。从粮食产量看，塔里木河流域主要作物产量基本呈现增加趋势。尽管谷类种植面积有所减少，但是2008年5地州和整个流域谷类总产量较1990年还是有所增加。水稻、小麦和玉米三种主要粮食作物产量也不同程度增加。以棉花为主要代表的经济作物产量在2008年则较1990年明显增加，从1990年的219706 t增加到2008年的1149009 t。受油料作物种植面积减少的影响，油料作物产量有所减少。此外，气候变化对农业生产的影响还表现在对作物生育进程、生理生态以及农业病虫害等方面的影响。

对自然生态系统的影响。由于受全球气候变化而导致的温度胁迫、水分胁迫以及物候变化影响，塔里木河流域森林生态系统受影响主要表现在山地森林生态系统的耐寒性树种如云杉、圆柏等将逐渐退化，或被一些中山带或低山带建群树种取代，同时随着气候变暖导致的干旱加剧，胡杨等流域森林生态系统建群种将逐渐衰退，被更为耐旱的柽柳等灌丛所取代，进而逐渐向荒漠生态系统转变。草地生态系统表现为天然草地退化严重，部分地区天然草地正在向裸地和沙地演变，塔里木河下游英苏以下地区，草地严重退化，已失去放牧的利用价值。对水域生态系统的影响表现为湖泊、湿地等水位、面积的变化以及动植物种类和数量的急剧减少。对荒漠生态系统的影响则可以概括为"两扩大"和"四缩小"，即绿洲与沙漠同时扩大，而处于两者之间的天然林地、草地、野生动物栖息地和水域缩小，即沙漠与绿洲之间的过渡带在缩小。

对能源、社会经济的影响。随着平均气温的上升，尤其是冬季，塔里木河流域冬半年"供暖度日"呈现减小的趋势，所需能耗（煤热）减少；夏半年"制冷度日"出现上升趋势，能耗（电能）增多。未来60年塔里木河流域最高和最低气温总体变化依然表现出升高趋势，其中夏季升温幅度最大，势必会继续增加流域机械制冷的电力消耗，对保障电力供应带来更大压力。在塔里木河流域，沙尘暴、极端降水等是影响交通的重要因素。未来全球气候变化所导致的气温升高、降水时空分布变化、暴雨强度和频率加大、地质灾害频发、洪涝干旱极端事件增多等都将对塔里木河流域基础设施建设、功能及运行带来严重影响。

三、塔里木河流域对气候变化影响的适应性措施主要集中在水资源、农业、自然生态系统、能源、社会经济和人体健康等领域。

水资源对气候变化的适应性对策。基于人水和谐原则，防治水旱灾害，加强节水高效利用，强化需水管理、控制水资源消费，积极开发流域空中水资源，实施流域综合管理；同时完善政策、法规，加强水资源综合管理，增强公众意识与管理水平。

农业对气候变化的适应性对策。根据气候变化，调整农业结构和布局，避开或减轻不利作用影响；同时，还要重视对有利作用的利用。加强建设、改造农业排灌工程设施，合理灌溉、排水，防止土壤盐碱化，同时推广灌溉、施肥、病虫防治、先进耕作制度等新技术。

荒漠河岸林生态系统对气候变化的适应性对策。在加强生物多样性监测的基础上，对重要农业野生物种采取非原生境保护、种子库保护等措施；加强对外来入侵生物的监控、研究，防止其对生态环境产生大的影响。加强引进、驯化、选择、培育适合于不同气候、土壤和生态环境的植物品种，利用人工辅助手段或措施恢复荒漠河岸林生态系统，以提高抗御不良环境影响的能力。

能源、社会经济对气候变化的适应性对策。对于气候变化带来的能源需求和碳排放等引起的能源安全以及气候变暖背景下的极端气候事件发生的增加，需调整能源结构与供需方案，发展绿色能源、加强极端气候事件预警，构建安全节能的交通系统；同时要全面考虑全球气候变化可能产生的影响，完善旅游规划与景区管理，保护自然旅游资源、加强城市防灾、减灾能力，健全城市法律、法规，提高基础设施设计标准，制定、储备气候灾害应急方案。

人体健康对气候变化的适应性对策。在气候变化的背景下，积极开展气候变化与人体健康的相关研究，推进卫生、气象等多部门跨领域的合作。建立和完善气候变化对人体健康影响的监测、预警，降低因气候变化导致的对人体健康的危害。强化敏感区域的综合应对措施，加强对疾病流行区与非流行区交界处的监测，预防疾病流行范围的扩大；加强对脆弱区域及脆弱人群的监测，对特殊人群采取有效的保护措施。

四、塔里木河流域应对气候变化的减缓对策

在气候变化的背景下，应对气候变化的工作对既定的发展模式、能源结构、能源技术创新、森林资源保护和发展、农业、水资源开发和保护、防灾减灾能力提出了挑战。根据塔里木河流域自身的特点，减缓气候变化对策主要有以下几点。

贯彻科学发展理念，转变经济增长方式。加快发展方式转变，注重高起点、高水平、高效益，把区域经济发展与资源节约、环境保护、控制温室气体排放有机结合起来。加速推进新型工业化，大力发展节能环保、新能源等战略性新兴产业。

加强减缓气候变化的法律、法规建设，依法推进应对气候变化工作。依法加强对重点用能单位能源利用状况的监督检查，加强对高耗能行业及政府办公建筑和大型公共建筑等公共设施用能情况的监督；加强对产品能效标准、建筑节能设计标准和行业设计规范执行情况的检查。

推动减缓温室气体排放等技术开发和推广。加大能源生产和转换先进适用技术开发和推广力度，强化重点行业的节能技术开发和推广，加大低碳农业技术开发和推广利用力度；研究与开发森林病虫害防治和森林防火技术，开发和利用生物多样性保护及恢复技术，特别是森林和野生动物类型自然保护区、湿地保护与修复、濒危野生动植物物种保护等相关技术；加大水资源配置、综合节水技术的研发与推广；推进气候变化重点领域的科学研究与技术开发。

推动清洁发展机制(CDM)项目开发。鼓励符合条件的企业参与CDM项目合作(如风电、光伏发电等),改善流域环境和能源结构,促进技术进步,实现经济社会的可持续发展。

加强宣传教育,提高公众意识,鼓励和倡导低碳生活方式,倡导节约用电、用水,增强垃圾循环利用和垃圾分类的自觉意识等;建立公众和企业界参与的激励机制,发挥企业参与和公众监督的作用。

目录

塔里木河流域气候变化与情景预估

陶辉(中国科学院南京地理与湖泊研究所)
毛炜峄,赵逸舟,陈鹏翔(新疆维吾尔自治区气候中心)
黄金龙,朱娴韵(南京信息工程大学)

引言

塔里木河流域是新疆维吾尔自治区重要的粮食和名优果品基地,也是中国国家级的商品棉生产基地,丰富的石油天然气资源又使其成为中国21世纪能源战略接替区和石油化工基地,其战略地位十分重要。近几十年来,气候变化与人类活动的加剧,塔里木河流域水资源供需矛盾日益突出。开展塔里木河流域的气候变化评估以及未来情景下的预估,对合理开发利用水资源、进行塔里木河流域工农业生产发展和生态环境保护具有重大的理论和现实意义。因此,本章就针对塔里木河流域历史气候变化事实以及未来气候变化进行分析。

专栏

气候:狭义上,气候通常被定义为天气的平均状况,或更严格地表述为,在某一个时期内对相关变量的均值和变率做出的统计描述,而一个时期的长度从几个月至几千年甚至几百万年不等。通常求各变量平均值的时期是世界气象组织(WMO)定义的30 a期。这些相关量一般指地表变量,如气温、降水和风。更广义上，气候就是气候系统的状态，包括统计上的描述(IPCC，2007)。

气候变化：是指气候平均态统计学意义上的巨大改变或者持续较长一段时间(典型的为10 a或更长)的气候变动。气候变化的原因可能是自然的内部进程，或是外部强迫，或者是人为地持续对大气组成成分和土地利用的改变。《联合国气候变化框架公约》(UNFCCC)第一款中，将“气候变化”定义为：“经过相当一段时间的观察，在自然气候变化之外由人类活动直接或间接地改变全球大气组成所导致的气候改变。”UNFCCC因此将因人类活动而改变大气组成的“气候变化”与归因于自然原因的“气候变率”区分开来(IPCC，2007)。

气候变率：是指在所有空间和时间尺度上气候平均状态和其他统计值(如标准偏差，出现极值的概率等)的变化，这种变化超出了单个天气事件的变化尺度。变率或许由于气候系统内部的自然过程(内部变率)，或由于自然或人为外部强迫(外部变率所致)(IPCC，2007)。

第一节　气候基本特征

塔里木河流域深居欧亚大陆腹地，由于山体阻挡使来自太平洋的东南季风、印度洋的西南季风和北冰洋气流难以进入，本区具有降水稀少且时空分布极不均匀、温差大、潜在蒸发量高等典型的大陆性干旱和半干旱气候特征。史玉光和孙照渤(2008)研究认为，环流系统和地形作用是影响塔里木河流域降水的关键因素。天山山脉海拔约为3000 m，阻挡了北方冷空气进入，西侧帕米尔高原海拔为3000 m左右，塔里木河流域处于天山山脉和帕米尔高原背风坡的下沉气流控制下，该地区产生降水的动力条件和水汽辐合条件十分不利于降水，虽然空中水汽含量高于北疆和山区，但降水量却远小于天山北坡地区。流域年平均降水量随海拔高程增加而增大，海拔2000～4500 m中山带，年降水量200～400 mm，4500 m以上高山带，年降水量在400～1000 mm，平原区为50～80 mm，东南缘20～30 mm，流域中心约10 mm，且季节分配不均，其中夏季降水约占60%。

塔里木河流域光热资源丰富，年辐射总量为6000～6200 MJ/m^2，其中生长季(4—10月)约为4000～4500 MJ/m^2；日照时数2800～3200 h，其中生长季日照时数1600～1800 h，日照百分率在60%以上。10℃以上的活动积温在4000～4500℃·d，最热月平均气温在25℃以上，15℃以上持续日数超过160 d，无霜期200～250 d，年平均气温10～12℃，其中平原地区多年平均气温在10℃以上，高山冰川作用区年平均气温在0℃以下。气候干燥，年平均相对湿度在55%以下，年均水汽压在7～8 hPa。云雾天气少，全年阴天频率仅为25%左右。潜在蒸发能力强，年蒸发量2800～3500 mm。沙尘暴、扬沙、浮尘天气多，年均沙暴、扬沙分别在20 d左右；浮尘约100 d。气象要素变幅大，气温年较差、日较差分别在30～35℃和13℃左右；太阳辐射总量年变幅达450 MJ/m²。

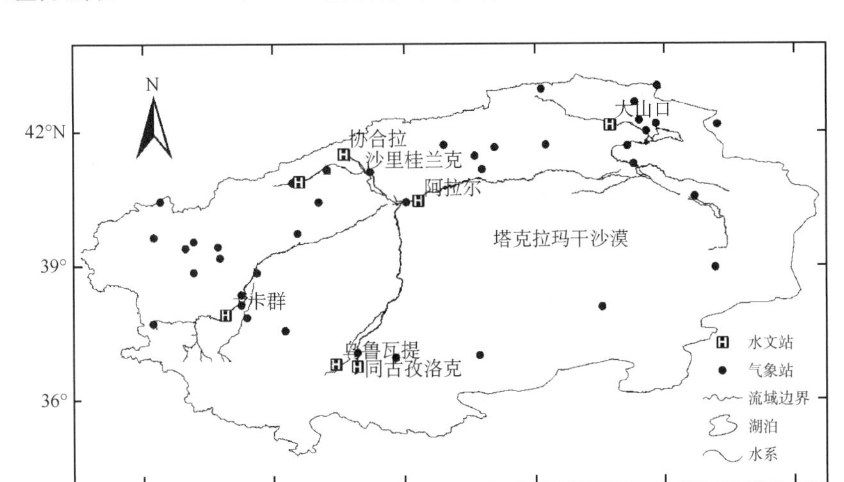

图1.1　塔里木河流域主要水系、气象站点与关键水文站点示意图

第二节　观测到的气候变化

一、气温的变化

塔里木河流域地域辽阔、地形复杂，各地变暖程度不完全相同。流域内平均气温1961—2010年总体上是上升的，且20世纪90年代后上升趋势更趋明显，这和全球变暖的趋势一致。而塔里木河流域平均气温1961—2010年上升了0.8～1.5℃，几乎是全球近百年增幅的两倍。20世纪60年代以来，流域的气温始终是波动上升的，到21世纪初气温达到了最高值，比20世纪60年代平均气温高出了1℃（图1.2），线性倾向率为0.28℃/10 a。

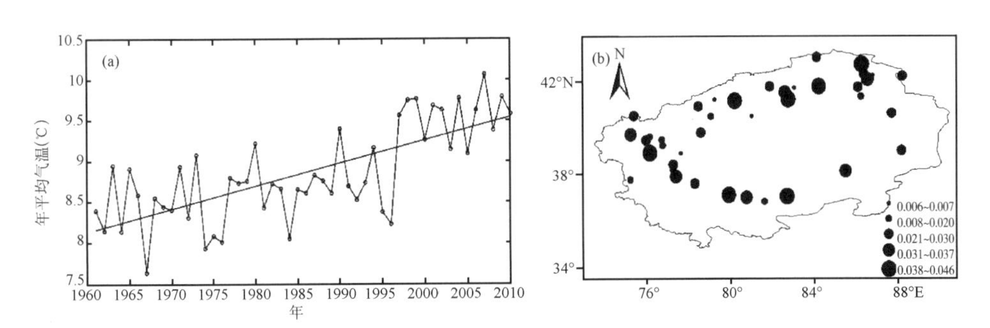

图1.2　1961—2010年塔里木河流域年平均气温变化(a)及倾向率(b,℃/a)空间分布

1961—2010 年的四季平均气温变化情况如图 1.3 所示，春、夏、秋、冬四季均出现不同程度的上升。冬季平均气温的上升幅度最大，其气候倾向率为 0.43℃/10 a，春、秋次之，夏季最小为 0.19℃/10 a。

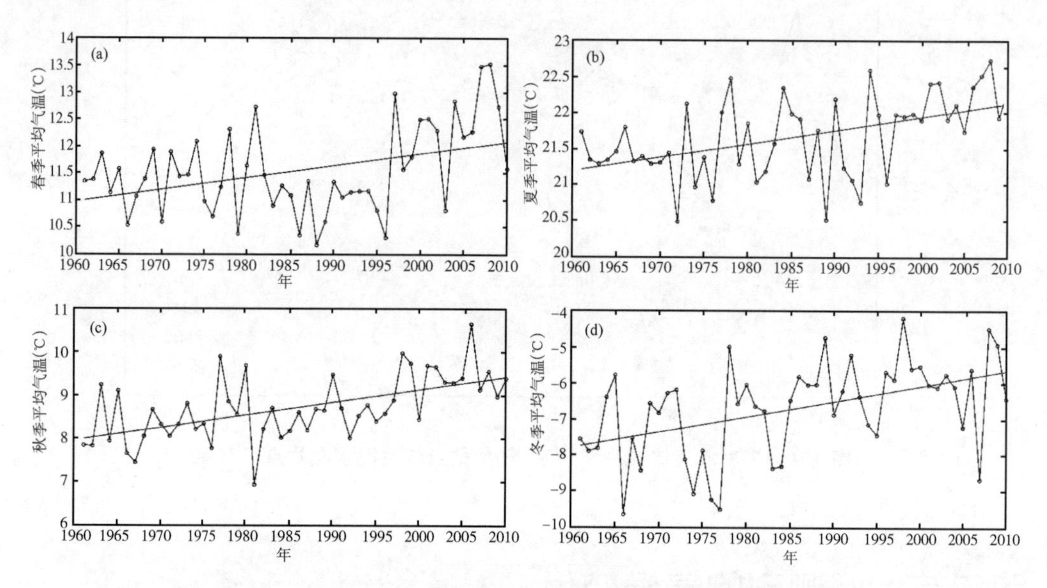

图 1.3　1961—2010 年塔里木河流域四季平均气温变化曲线

塔里木河流域气温季节变化比较明显(表 1.1)，夏季全流域平均气温为 21.7℃，冬季为－6.7℃。相比于 20 世纪 60 年代平均气温，21 世纪初(2001—2010 年)流域年平均气温上升最多，升高了 1.2℃。各季节的气温上升都很明显，通过了 $\alpha=0.05$ 的显著性水平检验。塔里木河流域气温升高是全球变化的局地表现，反映了区域气候系统对全球气候变化的积极响应(王顺德，2003；陶辉等，2009)。

表 1.1　塔里木河流域年及各季平均气温(单位:℃)

年代	年	春季	夏季	秋季	冬季
1961—1970	8.4	11.3	21.4	8.2	－7.5
1971—1980	8.6	11.4	21.5	8.7	－7.4
1981—1990	8.7	11.1	21.6	8.4	－6.6
1991—2000	9.0	11.4	21.6	8.8	－5.9
2001—2010	9.6	12.4	22.2	9.5	－6.1
多年平均	8.9	11.5	21.7	8.7	－6.7

二、降水的变化

受全球气候变化以及中纬度西风环流带来的水汽影响，近几十年来，塔里木河流域降水量明显增大，线性倾向率为 7.3 mm/10 a。21 世纪初(2001—2010 年)流域降水量平均值与 20 世纪 60 年代平均值相比，增加了近 33%，对于降水相对稀少的塔里木河流域，降水变化必然对流域水资源产生深刻影响。

从年降水量倾向率的空间分布来看(图 1.4)，所有站点的年降水量均呈现上升趋势，降水量倾向率较大的站点主要位于天山南坡。

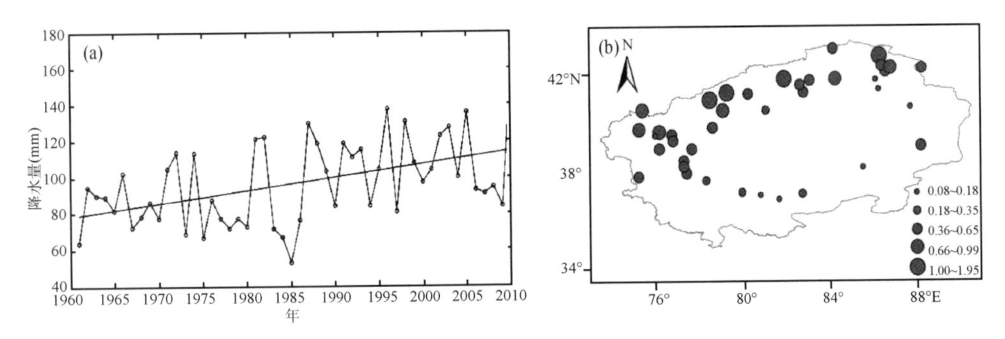

图 1.4　1961—2010 年塔里木河流域降水变化(a)及倾向率(b,mm/a)空间分布

1961—2010 年全流域多年平均四季降水量显示(表 1.2)，塔里木河流域降水主要集中在夏季，夏季降水量的年际变化与年降水量的年际变化形势基本一致(图 1.5b 和图 1.4)。整体上，夏季(6—8 月)降水最多，春、秋次之，冬季(12 月—次年 2 月)最少(图 1.5c)。从塔里木河流域不同年代降水量的变化来看，年、春季、夏季、秋季和冬季的降水量都有增加，其中年、夏季和秋季有着显著的增大，通过了 $\alpha=0.05$ 的显著性水平检验。从各年代的变化中可以发现，自 20 世纪 60 年代以来年降水量在持续增加，因此，塔里木河流域是否在“变湿”或是由于降水量的周期波动造成，有待进一步研究。

表 1.2　　1961—2010 年塔里木河流域不同年代平均降水量(单位:mm)

年代	年	春季	夏季	秋季	冬季
1961—1970	83.6	21.4	46.2	12.4	3.5
1971—1980	85.4	16.6	48.4	14.2	6.4
1981—1990	94.7	24.0	51.3	15.3	4.4
1991—2000	108.8	25.1	64.7	12.7	5.6
2001—2010	111.5	21.7	60.6	21.9	7.2
多年平均	96.8	21.7	54.3	15.3	5.4

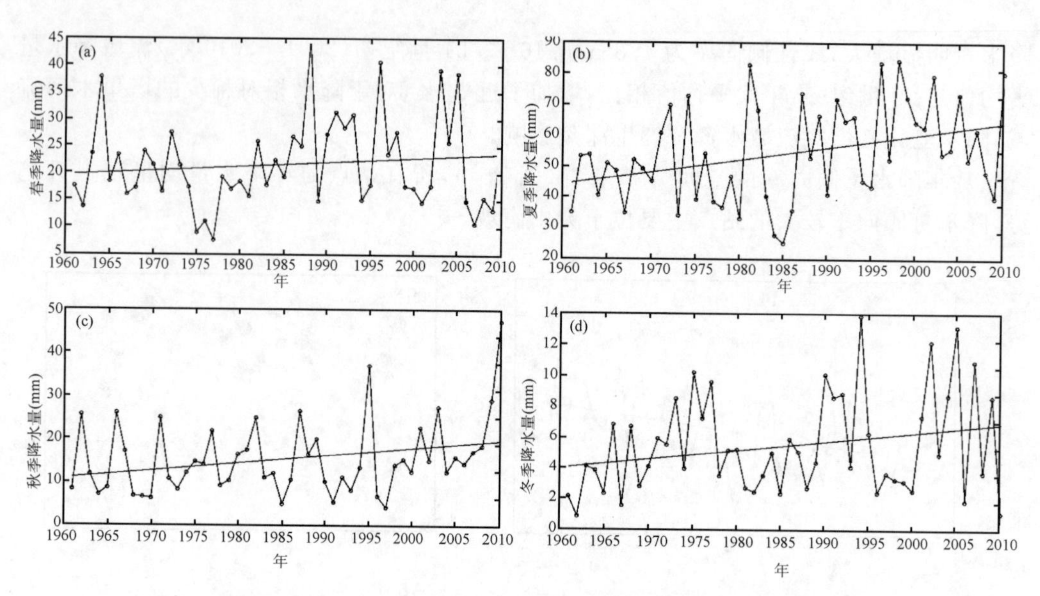

图 1.5　1961—2010 年塔里木河流域四季降水量变化曲线

三、其他气候要素变化

表 1.3 为塔里木河流域 1961—2010 年另外 4 个气候要素(相对湿度、实际水汽压、风速、日照时数)的统计分析。通过非参数化检验的 M-K 值可看出,四季的风速呈现显著减小的趋势;实际水汽压在夏季、秋季和冬季显著增大;相对湿度在秋季显著增大;日照时数在夏季、秋季和冬季呈显著减少趋势。

表 1.3　　1961—2010 年塔里木河流域气候要素年际与季节变化特征统计

要素	多年平均值	M-K 值				
		春季	夏季	秋季	冬季	年
相对湿度(%)	48.92	0.18	1.69	2.66**	0.96	2.49*
实际水汽压(hPa)	6.11	1.52	3.81**	4.30**	3.83**	4.67**
风速(m/s)	1.95	−6.04**	−5.67**	−5.45**	−3.68**	−5.65**
日照时数(h)	7.73	0.42	−2.61**	−2.69**	−2.25*	−2.98**

注:* 和 ** 分别代表 0.05 和 0.01 显著性水平;负号表示呈下降趋势。

对研究区各气候要素年际变化特征进行了分析,即利用累计和方法对实测年相对湿度、日照时数、风速以及实际水汽压时间序列进行突变点检验,并利用解靴法对突变点显著性进行检验(图 1.6)。

从图 1.6 可看出,相对湿度、实际水汽压、风速在 1986 年发生突变,而日照时数在 1990 年发生突变。突变的置信度检验表明,除日照时数置信度达到 90%以外,其他所有要素的突变点置信度均达到 99%置信度水平。

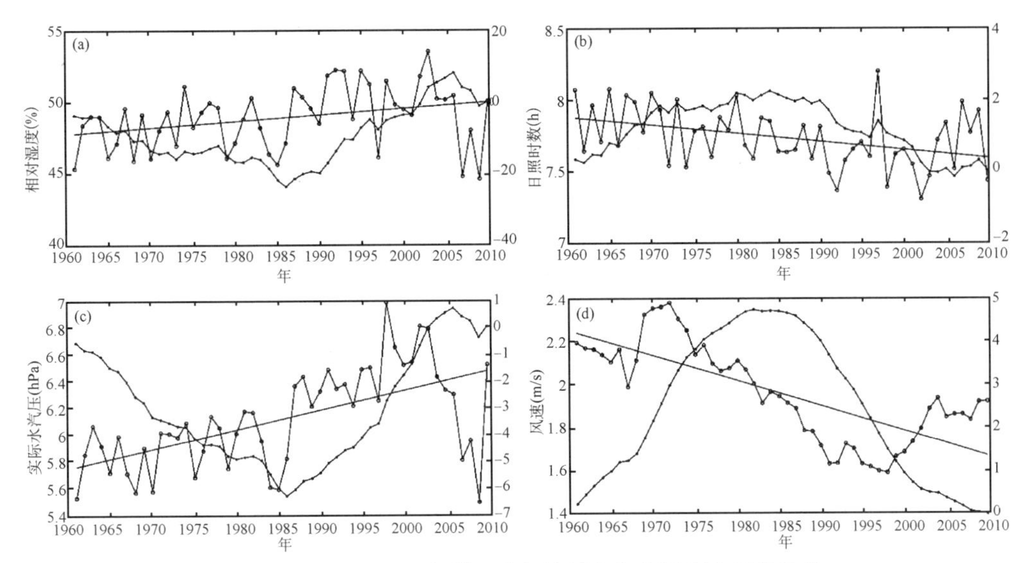

图 1.6　1961—2010 年塔里木河流域各气候要素和线性趋势

图 1.7 是塔里木河流域 1961—2008 年实际水汽压、相对湿度、日照时数及风速的变化趋势的 M-K 值空间分布，当$|Z|>1.96$时表示通过 95%置信度检验。从各气候要素的空间分布特征可以看出，大部分站点的实际水汽压呈上升趋势，而大部分站点的风速呈下降趋势。

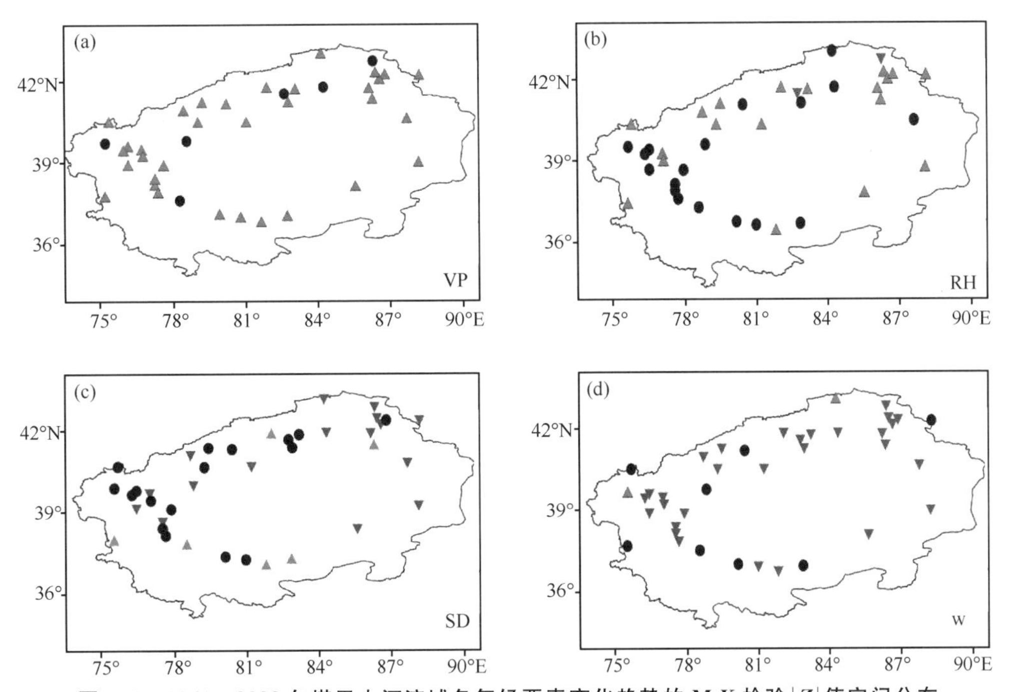

图 1.7　1961—2008 年塔里木河流域各气候要素变化趋势的 M-K 检验|Z|值空间分布

（正三角表示上升趋势，倒三角表示下降趋势，黑点表示无显著趋势变化；a. 实际水汽压，b. 相对湿度，c. 日照时数，d. 风速）

自20世纪60、70年代以来，塔里木河流域灌溉面积不断扩大，造成平原绿洲区的实际蒸发量增大，空气湿度增大，当出现有利于降水的环流时，首先就会形成更多的降水量，其次在环流强度弱，原来不能产生降水的情况下，可能出现弱的降水天气（崔彩霞等，2006）。同时，塔里木河流域特殊的山地—绿洲—沙漠地理结构，存在山谷风驱动的水分内循环机制，而作为塔里木盆地的主要平原绿洲群，叶尔羌河流域、阿克苏河流域和开都河流域的灌溉耗水占总耗水比例也都比较大（雷志栋等，2006），这种水分内循环机制可能是天山南坡降水增加的原因之一；另外，全球变暖所导致的全球水循环过程加剧与海洋水分蒸发量增大，使西风环流所携带的水汽含量增大也有可能是塔里木河流域局部地区如天山山区降水量增大而使水资源量增加的一个原因。

从上述分析可看出全球气候变暖在塔里木河流域反映比较明显，其中大部分站点气温变化显著，但降水只在中天山南坡表现出显著的上升趋势。而气候变暖必然引起塔里木盆地水分循环的变化，引起水循环要素时空特征的变化。如20世纪90年代以来，光热资源变幅增大，导致暴雨和融雪型洪水、夏秋季低温冷害等灾害性天气增多，极端天气、气候事件发生频率明显增加（沈永平等，2006）。

第三节　极端气候变化

1951年以来，中国的高温、低温、强降水、干旱、台风、大雾、沙尘暴等极端天气、气候事件的频率和强度存在变化趋势，并有区域差异（《第二次气候变化国家评估报告》编写委员会，2011）。对塔里木河流域气象资料进行的突变检验结果表明：降水、气温时间序列分别在1986、1996年都发生显著（95%置信度）突变（陶辉等，2011）。降水、气温的平均值或方差变化将会影响到极端气候事件发生概率（丁裕国等，2009），而对于降水，一般认为服从伽马分布（Bridges，*et al.*，1972；Husak，*et al.*，2007）；由于气温服从正态分布，因此气温用正态分布函数拟合。进一步对突变前后两时段的四季气温、降水概率进行了分析。结果表明：对于突变前后的降水概率变化，除秋季无明显变化外，其他三个季节均有所变化，其中夏季平均降水量增加较为明显，而春季和冬季降水变化则主要表现在方差增大，这意味着1986年后春、冬季降水机会增多（图1.8）。

分析突变前后的气温概率分布变化，可以发现1996年后塔里木河流域四季均呈现变暖趋势，最为明显的是夏季气温变化，其特征为平均气温升高，方差变小，这说明在变暖背景下，夏季极端高温出现的可能性有所增加，且有“常态化”趋势。

一、极端气温和降水

采用世界气象组织气候委员会推荐的一套极端气候事件指数，即“CCl/CLIVAR/JCOMM气候变化检测和指数联合专家组”（ETCCDI，The Joint CCl/CLIVAR/JCOMM Expert Team on Climate Change Detection and Indices）定义的极端气候指数，

利用流域内22个气象站的1961—2010年逐日实测数据对塔里木河流域极端降水和气温变化进行分析研究。与降水、气温相关的极端气候指数见表1.4。

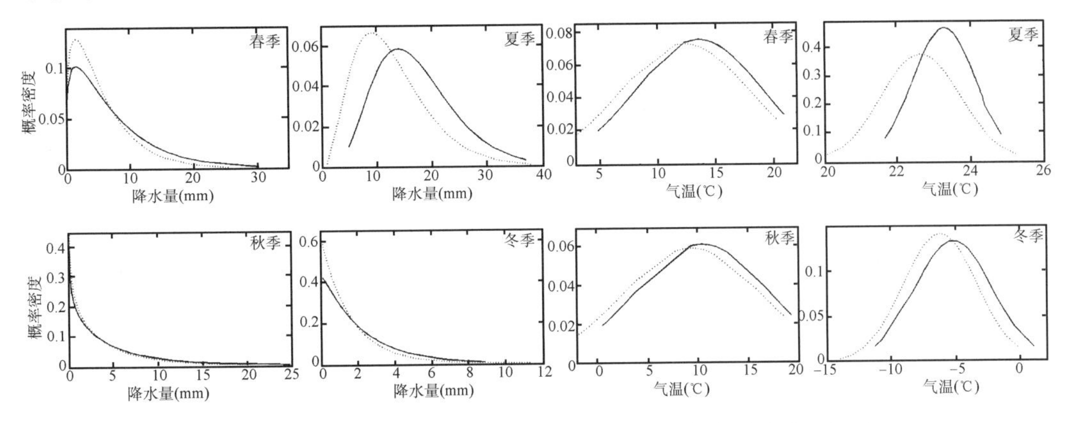

图1.8 四季降水的概率变化(左四)和四季气温的概率变化(右四)

(虚线为突变前,实线为突变后)

表1.4 主要极端气候指数

代码	名称	定义	单位
Tn10p	冷夜指数	日最低气温(TN)<第10百分位值	%
Tx90p	暖昼指数	日最高气温(TX)>第90百分位值的日数	%
DTR	气温日较差	最高气温与最低气温之差	℃
TXx	极端最高气温	最高气温的最大值	℃
TNn	极端最低气温	最低气温的最小值	℃
WSDI	暖期持续指数	每年至少连续6 d日最高气温(TX)>第90百分位值的日数	d
PTOT	年总降水量	每年全部雨(雪)日(日降水量≥1 mm)的总降水量	mm
SDII	降水强度	年降水量与降水日数(日降水量≥1 mm)比值	mm/d
CDD	持续干期	日降水量连续<1 mm的最长时期	d
CWD	持续湿期	日降水量连续≥1 mm的最长时期	d
R95pTOT	强降水量	日降水量>第95百分位值的总降水量	mm
Rx1day	1日最大降水量	最大1 d降水量	mm

图1.9和图1.10显示了极端气温指数的时空变化。在空间上73%气象站点冷夜比例(Tn10p)有着显著的下降,流域内1961—2010年冷夜比例每10 a减少1.75%。而暖昼比例在流域内呈显著的上升趋势,上升趋势为1.60%/10 a。流域气温日较差以0.22℃/10 a的趋势下降,空间上91%站点有着下降的趋势,73%站点有着显著的下降趋势。时间上流域的极端最高气温、极端最低气温、暖期持续指数都有着增加的趋势,

趋势分别为 0.12℃/10 a、0.64℃/10 a 和 2.3 d/10 a。空间上大多站点的极端最高气温、极端最低气温、暖期持续指数都呈现出增加的趋势，其中极端最低气温最为明显，82%站点上升趋势显著。极端气温指数的变化较显著。全球变暖背景下，暖事件在增加。

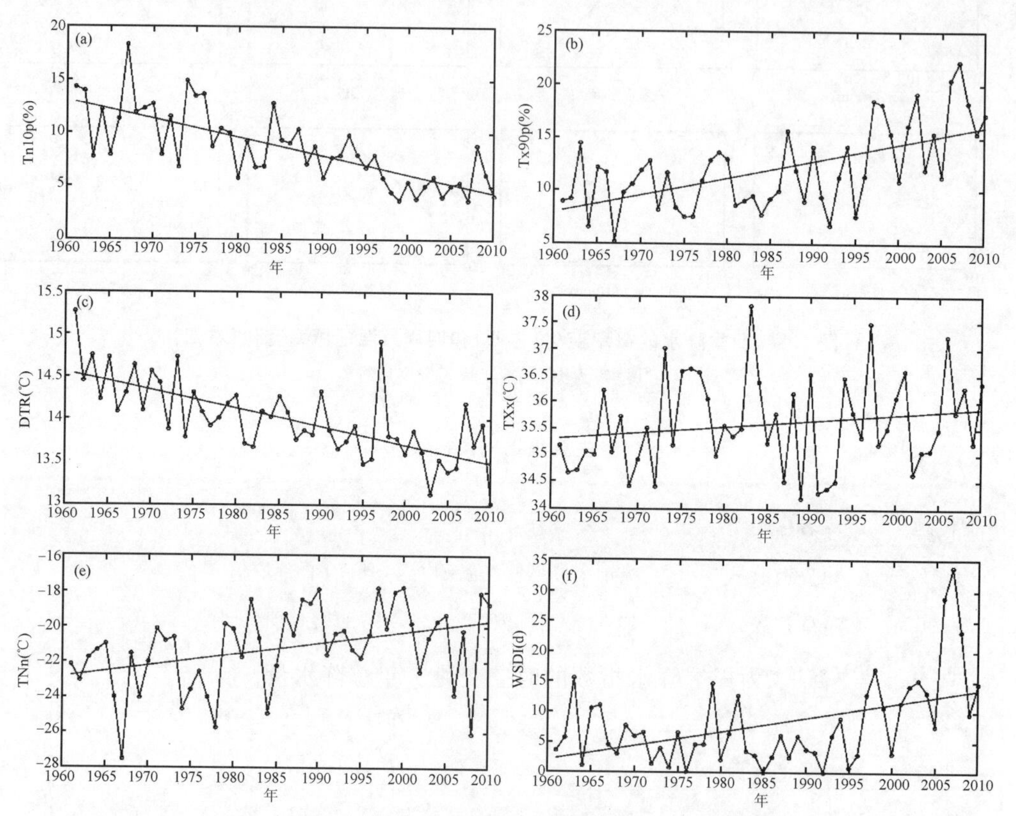

图 1.9　1961—2010 年塔里木河流域极端气温指数变化

(a. Tn10p, b. Tx90p, c. DTR, d. TXx, e. TNn, f. WSDI)

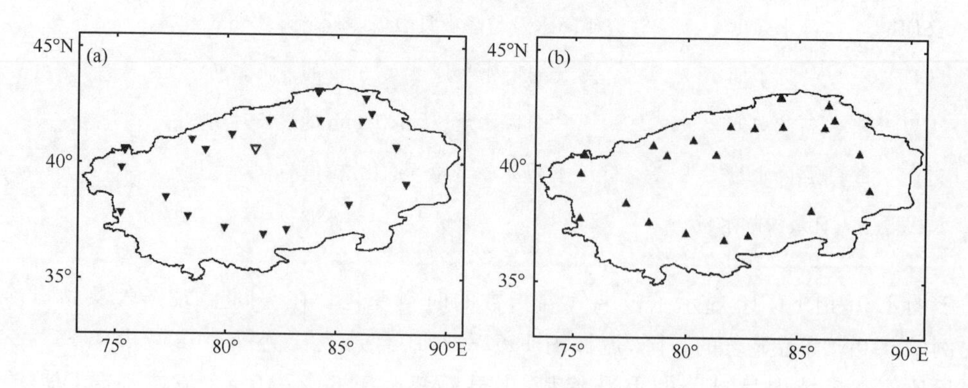

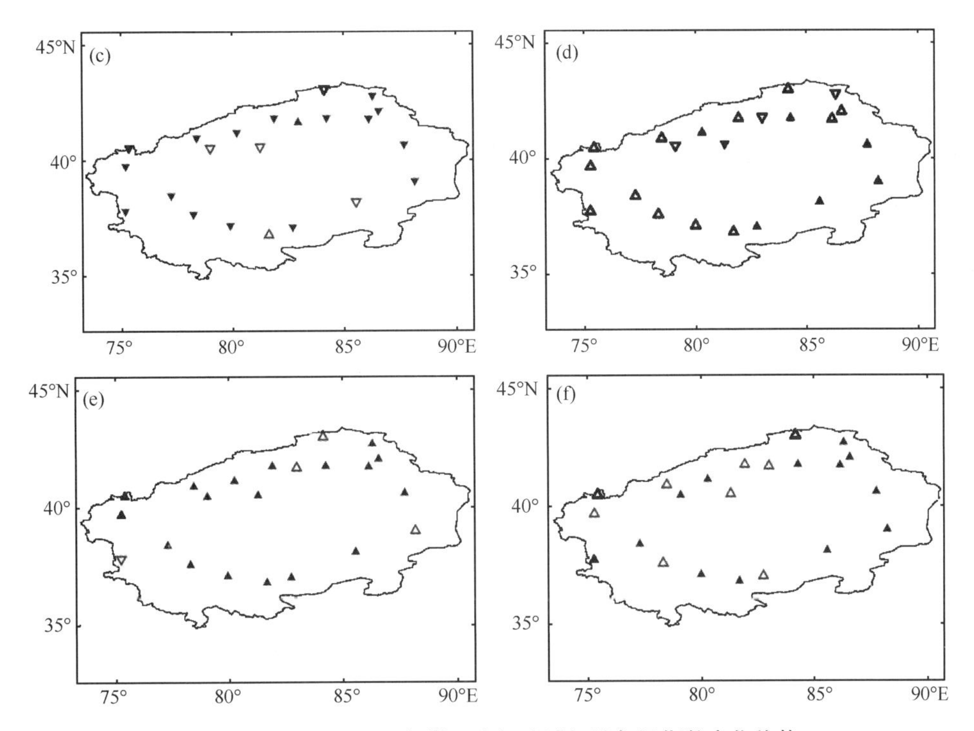

图 1.10　1961—2010 年塔里木河流域极端气温指数变化趋势

(a. Tn10p, b. Tx90p, c. DTR, d. TXx, e. TNn, f. WSDI)

(正三角表示上升趋势,倒三角表示下降趋势,实心表示显著水平达到 0.05,空心表示趋势不明显)

图 1.11 和 1.12 为极端降水指数的时空变化。年总降水量(PTOT)呈增加趋势,趋势为 7.01 mm/10 a。年总降水量空间上站点都表现为增大,其中 45%站点为显著增大。降水强度(SDII)变化的趋势不明显,大多站点有着增强的趋势但是并不显著。流域持续干期(CDD)以 3.3 d/10 a 的趋势下降,流域内站点基本都表现为下降趋势,其中 41%站点有着显著的下降趋势。而持续湿期(CWD)、强降水量(R95pTOT)和 1 d最大降水量(Rx1day)都呈增大趋势,线性趋势分别为 0.113 d/10 a、2.41 mm/10 a 和 0.587 mm/10 a。持续时期与持续干期在空间上变化基本相反,可见塔里木河流域在变湿。强降水量和 1 d 最大降水量在空间上大多站点呈增大的趋势但不显著,极端降水事件在增多。

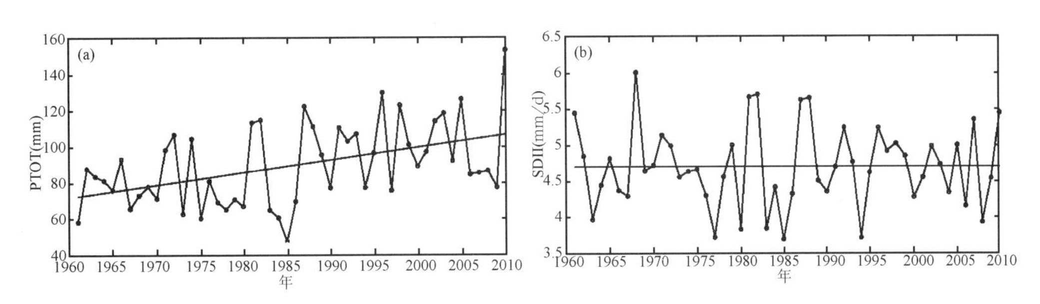

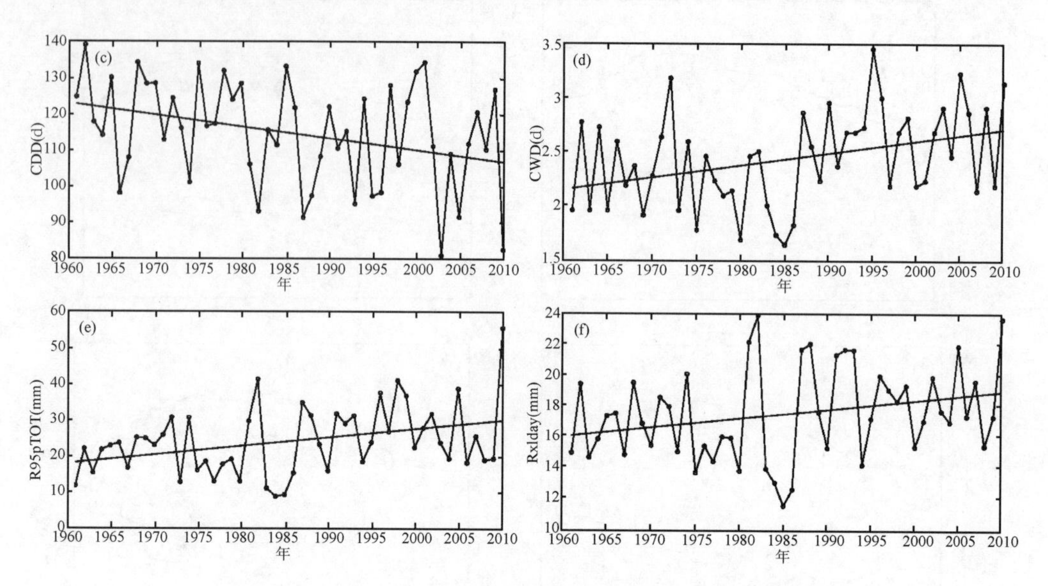

图 1.11　1961—2010 年塔里木河流域极端降水指数变化
（a. PTOT, b. SDII, c. CDD, d. CWD, e. R95pTOT, f. Rx1day）

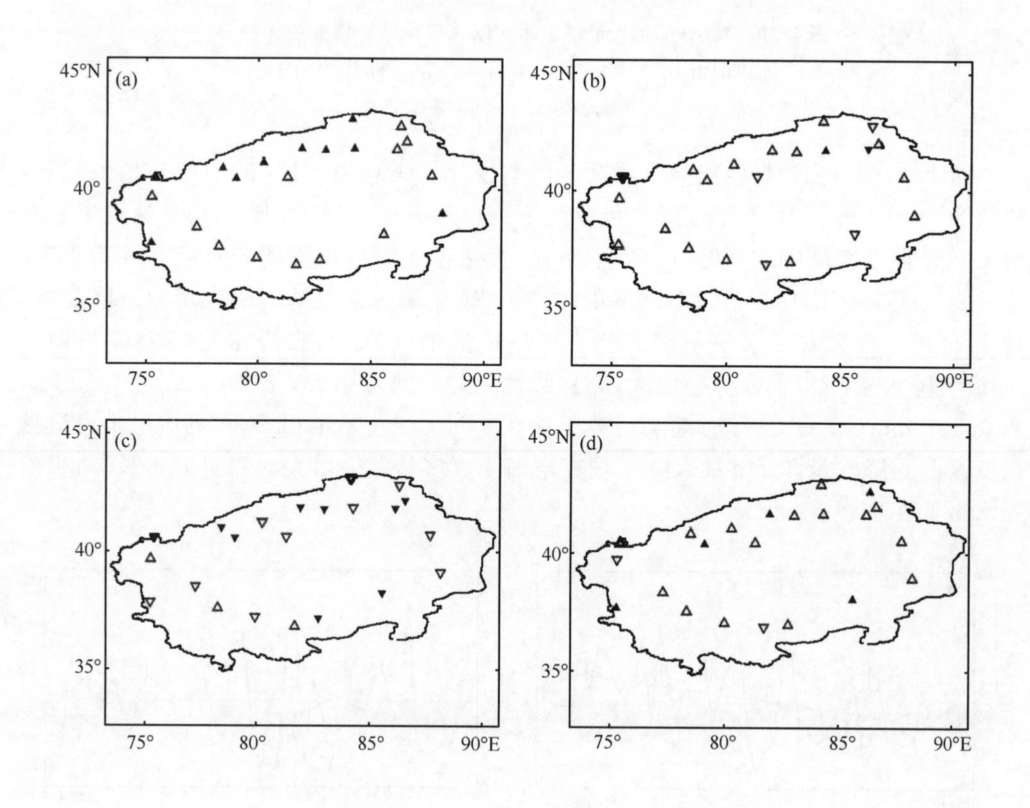

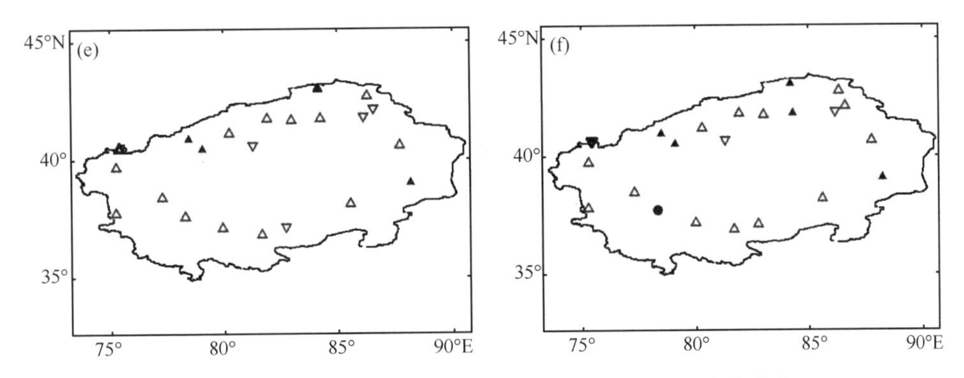

图 1.12 1961—2010 年塔里木河流域极端降水指数变化趋势

(a. PTOT, b. SDII, c. CDD, d. CWD, e. R95pTOT, f. Rx1day)

(正三角表示上升趋势,倒三角表示下降趋势,圆点无趋势,实心表示显著性水平达到 0.05,空心表示趋势不明显)

二、极端干湿事件

干湿变化是表征水热平衡的重要指标,其时空变化特征与归因研究对探讨水循环变化规律和防灾减灾具有重要意义。随着全球气候变暖导致水循环过程加剧,该地区干湿变化问题引起了广泛关注。本节通过标准化降水蒸散指数(SPEI),对 1961—2010 年的塔里木河流域的极端干湿状况及其演变特征和发生规律进行分析,同时对依据 SPEI 挑选出的典型干湿月份及突变前后对应的北半球位势高度场、风场变化进行合成分析,进而探讨大气环流变化对塔里木河流域干湿变化的可能影响。

1. SPEI 趋势分析

对塔里木河流域 1961—2010 年 SPEI 区域年平均值的趋势分析表明:近 50 年来,塔里木河流域 SPEI 呈显著上升(95%置信水平)趋势并在 1986 年发生突变(图 1.13a),显著性检验表明该突变点显著性达到 99%的置信度水平。但从各站点趋势变化的空间分布图来看,大部分站点在年际尺度上呈变湿趋势(图 1.13b),变湿比较明显的站点主要集中在流域北部地区。

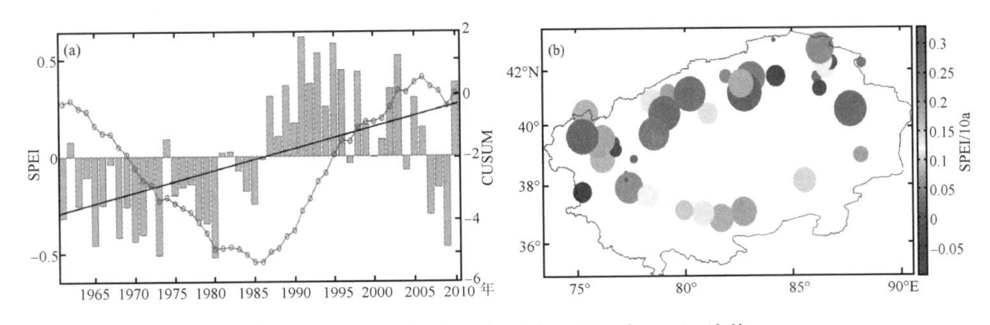

图 1.13 塔里木河流域 1961—2010 年 SPEI 均值

(a)年际变化特征(直线为线性趋势,点线为 CUSUM 曲线)及(b)各站点趋势空间分布

2. 突变前后干湿变化特征

从干湿事件多年平均发生频率来看(图 1.14a)，突变前后 39 站发生频率最高的分别是轻度干旱和轻度湿润事件，突变后极端干旱事件频率略有增加，但轻度和中度干旱事件频率有所减少，而不同等级的湿事件频率则一致地表现为增加，其中，极端湿润、中度湿润及轻度湿润事件的发生频率增加幅度均超过 200%。从不同尺度干湿事件的时间演变特征来看(图 1.14b)，突变前后呈现出明显的由干到湿的转变，尤其是在长时间尺度上。值得一提的是，尽管这种变化对改善局地气候变化有一定的作用，但由于特殊的地理位置，干旱仍然是塔里木河流域的基本气候特征。

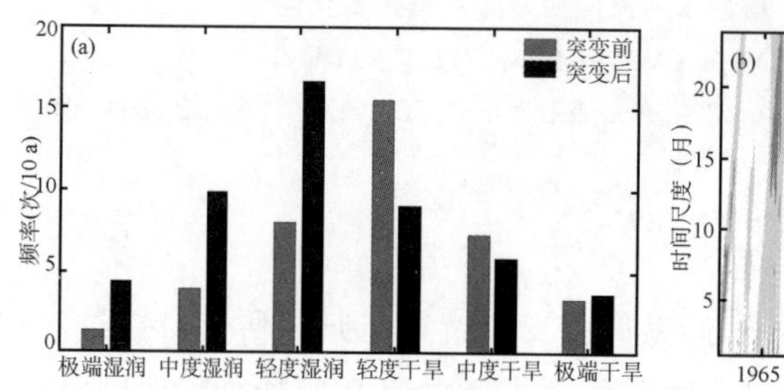

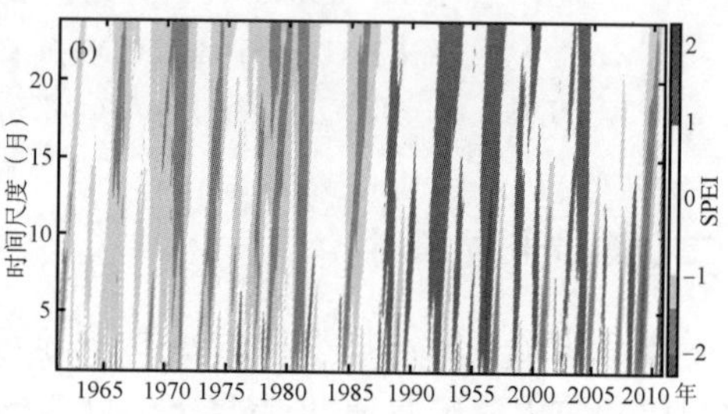

图 1.14　突变前后不同等级(a)与不同尺度(b)干湿事件变化

3. 干湿变化与大气环流关系

大气环流异常是形成气候变化从而引起干湿变化的直接原因。本节通过对塔里木河流域 39 站 SPEI 进行统计分析，挑选出 SPEI ≤−1.5 或 SPEI≥1.5 的站点数≥40% 的月份作为塔里木河流域典型干湿月份(极端干月、湿月分别有 4 例)。鉴于 SPEI 上升趋势显著的月份主要集中在暖季(5—10 月)，前期研究亦表明影响塔里木河流域干湿变化的降水在夏季上升趋势显著，本节仅分析暖季典型干湿月份的环流特征，即绘制暖季典型干湿年月所对应的北半球 500 hPa 的位势高度场和风场平均值差值图(图 1.15)，从图可看出：暖季湿润月份 500 hPa 合成的位势高度场上，乌拉尔山附近的高压脊加强，正距平中心位于北纬 60°N、东经 55°E 附近。同时从中亚到新疆西部地区的低值系统也加强，负距平中心位于塔里木河流域西侧北纬 40°N、东经 70°E 附近。表明湿润月份乌拉尔山地区的高压脊出现的频率更高，而在塔里木河流域西部天气上游中亚地区出现低值系统的频率更加频繁，而张云惠等(2012)指出中亚低涡有利于新疆降水的形成。暖季在 500 hPa 合适的副热带环流系统配置下，中亚地区低值系统可与阿拉伯海北上的热带低值系统连通，引导阿拉伯海的水汽引入中亚地区，从而影响塔里木河流域的干湿变化。此外，异常低压区里的上升运动也有利于强降水的发生。杨莲梅等(2007)对南疆降水偏多年和偏少年夏季垂直环流研究的部分结果表明南疆夏季降水偏多年，青藏高原北部和南疆地区为上升的垂直环流距平，Ferrel 环流减弱，出现弱不稳定大气层结的概率增加；降水偏少年则相反。

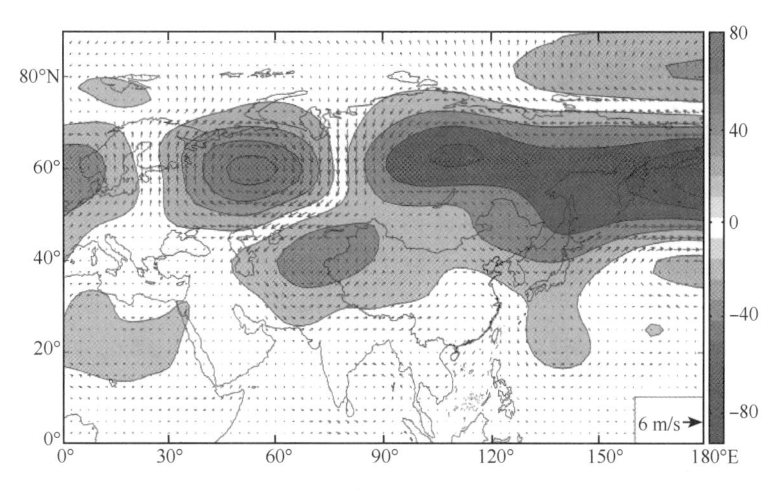

图 1.15　暖季典型干湿月 500 hPa 位势高度与风场合成图(湿月—干月,图例单位:gpm)

对突变前后暖季 500 hPa 位势高度场与风场的合成分析结果表明(图 1.16),突变后暖季 500 hPa 上欧亚大陆位势高度上升,出现一明显反气旋环流变化,中心在蒙古高原上空,这表明突变后从中高纬度向我国西北内陆地区的水汽输送有所增强。同时,在伊朗高原上空有一个较弱的气旋环流变化,其东南边的南风加强,与蒙古高原以西的中亚地区的南风加强叠加,更加有利于形成一个系统的南风通道,将暖季盛行的印度西南季风的水汽从阿拉伯海北部导入中亚地区和新疆西部。陈活泼等(2012)对新疆夏季降水年代际转型的归因分析研究亦表明,由于受来自阿拉伯海向新疆地区水汽输送通道加强的影响,突变后夏季由南边界西侧向新疆境内输送的水汽有所增加。该气流与北部的高压异常引导来自北方的干冷气流相互作用,导致塔里木河流域,尤其是在塔里木河流域西部山区降水的增加。因此,增加的水汽和该区域的弱不稳定大气结构变化有利于塔里木河流域暖季降水增加。

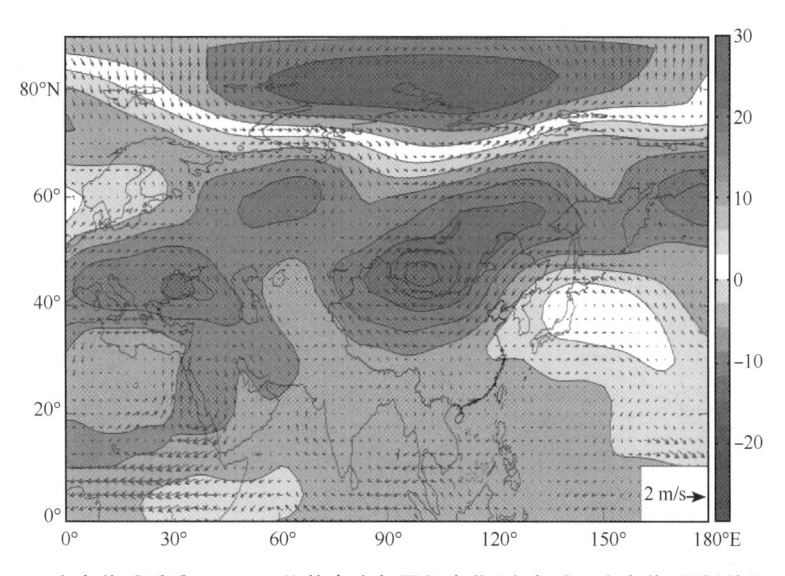

图 1.16　突变前后暖季 500 hPa 位势高度与风场变化(突变后—突变前,图例单位:gpm)

三、典型极端天气、气候事件

1.2006 年喀什林果种植区异常低温、降雪

2006 年开春后，南疆大部分地区气温回升明显，但呈极不稳定态势，冷、暖交替明显，波动较大。其中:3 月上旬，南疆大部地区气温异常偏高；但 3 月 11—13 日受西西伯利亚低压槽南下影响，新疆出现大范围大风、强沙尘和降温天气，南疆部分林果种植区出现了不同程度的霜冻，使喀什地区部分处于展叶或开花期的果树遭受冻害。4 月 9—11 日，全疆出现强寒潮天气。其中，喀什地区先后出现了大风、降温、沙尘暴、冰雹、大降水、浮尘等灾害性天气，天气的复杂程度居历史第一位。叶城、莎车、英吉沙、疏附等县的山区乡普降大雪，局部区域积雪厚度 10～20 cm。异常天气致使喀什地区尤其是海拔 1500 m 以上的山区乡镇露地栽培的果树普遍遭受冻害，杏树、核桃、巴旦木等果树的花芽和一年生核桃的枝条严重受冻，给 2006 年喀什地区的林果产量造成严重减产，农民增收受到严重影响。

2. 开春期异常偏早

2007 年开春期，新疆各地普遍偏早，北疆大部分地区比常年偏早 1～3 候，南疆、东疆地区比常年偏早 2～6 候。其中库尔勒、阿克苏、阿图什、喀什、和田等 42 个县市开春期偏早幅度居有气象记录以来第一位，和静、阿克陶、岳普湖、伽师、麦盖提、墨玉等 9 个县市偏早幅度突破极值。

3.2007 年 2 月 28 日吐鲁番狂风致火车脱轨侧翻

受北方强冷空气入侵影响，2007 年 2 月 27—28 日，吐鄯托盆地和东疆风口出现了 14 级强风，三十里风区、百里风区瞬间最大风速分别为 41.8 和 45.0 m/s。受大风天气影响，28 日凌晨由乌鲁木齐开往南疆阿克苏的 5807 次旅客列车，在行至吐鲁番的珍珠泉至红山渠站之间时(属三十里风区)，11 节车厢脱轨侧翻，造成重大人员伤亡，南疆线被迫中断行车 9.5 h，滞留旅客人数达 1100 人。因大风刮翻火车并造成旅客死亡的重大事故，在中国气象灾害史上尚属首次。除铁路列车外，当地当日还有货运汽车在公路因大风造成侧翻事故，大风造成吐乌高速公路长时间关闭，大量车辆和旅客被滞留在乌鲁木齐市和吐鲁番市郊；乌鲁木齐机场大量航班延误或取消，数千名旅客滞留。

4.2008 年塔里木盆地低温阴雪过程

2008 年 1 月至 2 月中旬，新疆大部分地区气温持续偏低，塔里木盆地 1 月下旬至 2 月上旬异常偏低，1 月 15—26 日，塔里木盆地平均最高气温为－7.0℃，较历史同期偏低 5.0℃，居历史同期第 2 位，仅次于 1978 年；其中，阿图什、伽师、喀什、巴楚、岳普湖、英吉沙、皮山、策勒、民丰、且末、于田 11 站最高气温的偏低幅度居历史同期首位。受 1 月 15—26 日持续的降雪天气的影响，塔里木盆地内大部分地区降水量异常偏多，1 月下旬，南疆出现了大面积积雪(达 75 万 km^2)，是自 20 世纪 80 年代有卫星遥感监测数据以来的极值。受这次低温阴雪天气过程的影响，塔里木盆地各地州的林果业、设施农业、畜牧业等遭受严重损失，野生动物受冻死亡，新疆全区农业直接经济损失达 47.45 亿元，对当地经济社会发展影响很大。

5. 2010 年降水量突破历史极值

2010 年，南疆区域平均降水量为 92.9 mm，偏多 9 成，偏多幅度居历史同期第一位；其中 21 站突破历史同期极值，特别是南疆偏西地区有 13 站降水量超过历史平均值两倍。南疆四季降水量均偏多，其中夏、秋季明显偏多，夏季（汛期）降水量偏多 4 成，柯坪等 9 站突破历史同期极值；秋季降水量偏多 3 倍，偏多幅度居历史同期第一位，阿克苏等 19 站突破历史同期极值。

2010 年 7 月 28—31 日，南疆出现了暴雨过程，累计降水量有 14 站超过 20 mm、4 站超过 40 mm，岳普湖达 64.9 mm，库车大龙池景区高达 104 mm。受暴雨影响，加之前期高温融雪的作用，南疆各主要河流来水量剧增，出现了大范围的严重汛情，部分河流出现超保证流量和有资料记载以来的第一、二位洪水。其中，皮山县阿克肖水库遇超标洪水漫坝决口；处于除险加固中的拜城县克孜尔水库遭遇历史第二位洪水。同时暴雨洪水造成库车大龙池景区 1000 余名游客及牧民被困。

第四节　气候变化情景预估

专栏

气候模式：气候系统的数值表述，是建立在其系统各部分的物理、化学和生物学性质及其相互作用和反馈过程的基础上，以解释全部或部分已知的特征。气候系统可以用不同复杂程度的模式进行描述，即：通过某个分量或者分量组合就可以对某个模式体系进行识别。各模式的不同可以表现在以下几个方面，如空间维数、物理、化学或生物过程所明确表述的程度，或者经验参数化的应用程度。耦合的大气/海洋/海冰大气环流模式（AOGCM）给出了对气候系统的一个综合描述，可包括化学和生物的复杂模式在内。气候模式不仅是一种模拟气候的研究手段，而且还被用于业务预测，包括月、季节、年际的气候预测。

气候预估：对气候系统响应温室气体和气溶胶的排放情景或浓度情景或响应辐射强迫情景所作出的预估，通常基于气候模式的模拟结果。气候预估与气候预测不同，气候预估主要依赖于所采用排放/浓度/辐射强迫情景，而气候预估则基于相关的各种假设，例如：未来也许会或也许不会实现的社会经济和技术发展，因此具有相当大的不确定性。

排放情景：是指为了制作未来全球和区域气候变化的预测，根据一系列驱动因子（包括人口增长、经济发展、技术进步、环境变化、全球化、公平原则等）的假设提出的未来温室气体和硫化物气溶胶排放的情况。目前，广泛应用的是SRES-A2（高排放，注重经济增长的区域发展），SRES-A1B（中排放，注重经济增长的全球共同发展），SRES-B1（低排放，强调环境可持续开发的全球共同发展）三种情景。为了协调不同科学研究机构和团队的相关研究工作，强化排放情景对研究者和决策者研究和应对气候变化的参考作用，并在更大范围内研究潜在气候变化和不确定性，IPCC决定为第五次评估报告开发以稳定浓度为特征的新情景。RCP为代表性浓度路径（representative concentration pathway）、RCP8.5为CO_2排放参考范围90百分位数的高端路径，其辐射强迫高于SRES-A2情景。RCP6和RCP4.5都为中间稳定路径，且RCP4.5的优先性大于RCP6。RCP3-PD为比CO_2排放参考范围低10百分位数的低端路径（采用RCP2.6），它与实现2100年相对工业革命之前全球平均温升低于2℃的目标一致。社会经济新情景共享社会经济路径（SSPs）是建立在RCPs基础上的，反映辐射强迫和社会经济发展间的关联。每一个具体的SSP代表了一类发展模式，包括相应的人口增长、经济发展、技术进步、环境条件、公平原则、政府管理、全球化等发展特征和影响因素的组合，可以包括人口、GDP、技术生产率、收入增长率以及社会发展指标（如收入分配）等定量数据，也包括对社会发展的程度、速度和方向的定性描述，但不包括排放、土地利用和气候政策（减缓或适应）等假设。从未来社会经济面临的减缓和适应挑战角度来设定SSPs，可以划分为分别代表可持续发展、中度发展、局部发展、不均衡发展和常规发展5种路径（曹丽格等，2012）。

目前，对中国西部地区当前以及未来气候变化状况许多学者进行了大量的研究。根据新疆维吾尔自治区近50年来的气候变化趋势分析，其温度和降水都呈现增加的趋势，10 a平均温度升高了0.2℃，降水增大了15 mm。自20世纪50年代以来，新疆的气温持续升高，并且升温和降水增加主要发生在冬季，而春季偏低（张家宝等，2002；张丽旭等，2001）。赵宗慈等（2003）、徐影等（2003）、高学杰等（2003）、李兰海等（2012）利用气候模式对西北地区的未来气候变化做了详细的研究。在这些研究中也着重分析了新疆地区的气候变化，赵宗慈等（2003）、徐影等（2003）综合IPCC第三次评估报告中的全球气候模式模拟结果认为，到2070年，新疆地区在SRES-A2、SRES-B2情景下温度分别升高5.5、4.4℃，降水增加12%、9%；高学杰等（2003）使用区域气候模式模拟认为，在2070年大气中CO_2含量加倍时，新疆地区温度升高、降水增加分别为2.6℃和24%。张英娟等（2004）基于中国科学院大气物理研究所LAP/LASG GDALS模式的预估结果表明：中国西部地区在温室气体浓度增高的情况下，大部分地区的未来气候趋于变暖、变湿，而新疆西北部趋于变干。

许崇海等（2007）在IPCC所设定的SRES-A1B、SRES-A2、SRES-B1基础上，针对新疆地区的模拟结果认为21世纪新疆地区温度将上升、降水将进一步增多。到21世纪末（2091—2099年），新疆地区SRES-A1B、SRES-A2、SRES-B1情景下温度将分别升高

4.2、5.0、2.7℃。SRES-A1B、SRES-A2 情景下：在不同时期内，夏季、冬季温度升高幅度大于春季、秋季；SRES-B1 情景下，模拟的四季 10 a 平均温度升高幅度差别比较小。在 21 世纪前半叶，新疆地区年平均降水量增多幅度不大，2041—2050 年，SRES-A1B、SRES-A2 情景下，年平均降水增多 5% 左右，此后降水持续增多，到 21 世纪末超过 10%。SRES-A2 情景下降水增多趋势较小，2050 年以后降水增多幅度基本维持在 9% 左右。就各个季节的降水变化来看，模拟结果表明冬季降水增多幅度最大，春季次之；在同一时期内冬季降水增多幅度是其他季节的几倍。就区域来说，新疆盆地地区气温将明显增加，但降水增加幅度不大。此外吴佳等(2011)采用区域气候模式 RegCM3(嵌套 MIROC 3.2 hires)进行的预估表明：在 SRES-A1B 情景下，塔里木盆地的增温幅度较中国略大，增温在盆地较山区更显著，除塔里木盆地中部外，区域降水也将显著增加。

基于上述的分析，21 世纪前期新疆气候变化的总趋势是：气温仍然具有偏高趋势，而降水呈增多趋势，但是干旱、洪灾害会有所增加。正如 IPCC 报告中指出的，目前气候模式在模拟中存在一定的不确定性，另外也由于全球模式的分辨率比较低，因此，目前的研究结果带有一定的不确定性。

一、全球气候模式气候变化预估

1. 模拟能力评估

气候模式评估与未来气候变化趋势预估为当前的热点问题，不少学者对中国的一些地区开展了一些研究(张雪芹等，2008；Chen H P，*et al.*，2009；许崇海等，2007；王澄海等，2009)。目前，塔里木河流域气候变化研究主要集中于对近半个世纪来的观测数据的统计分析(徐长春等，2006；Xu Z X，*et al.*，2004；Chen Y N，*et al.*，2006)，针对塔里木河流域的气候变化预估研究还不多。本节采用塔里木河流域 39 个气象站点 1961—2008 年气温、降水观测数据，对 IPCC AR4 气候模式对塔里木河流域降水、气温的模拟性能进行了评估。气候模式模拟的数据采用中国气象局国家气候中心整编的 IPCC 第四次评估报告中使用的 17 个模式的月数据及其加权平均数据(Xu Y，*et al.*，2010)，首先将各模式不同排放情景下的结果统一插值成 1°×1°的格点数据，然后再将各模式的格点结果按选定的插值方法(Gao X J，*et al.*，2001)插值到站点(图 1.17)。采用 IPCC AR4 使用的三种温室气体排放情景，即 SRES-A2、SRES-A1B 及 SRES-B1(IPCC，2007)。

对气候模式的评估和未来气候变化趋势研究，在方法上，首先提取各气候模式在塔里木河流域的月降水、气温模拟结果，并分别与实测月气温、降水的年内变化进行比较，然后合成年降水、气温数据，与实测数据进行相关性分析、均值比较，并利用 M-K 法进行趋势检验。最后根据模式评估结果，对塔里木河流域未来气候变化趋势进行分析。采用多年平均降水量，年平均气温为指标，对 17 个气候模式的模拟能力进行评估。对于平均气候态(降水：80.4 mm/a，气温：9.71℃)，仅有 GISS_AOM 和 ECHAM5 模式结果接近实测年平均气温，但仍偏低 2℃左右，而对于年平均降水量，仅 CSIRO_MK3 和 ECHAM5 接近实际情况，但仍偏高 100 mm 左右。从年际变化趋势来看，有 10 个模式模拟出了 20 世纪 60 年代以来塔里木河流域的升温趋势，仅有 3 个模式模拟出了降水的增多趋势。从年内变化来看，所有模式均模拟出了塔里木河流域气温的年内变化，但几乎所有模式的月平均气温均低于实测值；而对降水的模拟几乎所有模式的月平均降水量均高于实测值，而且出现季节上的偏移，甚至还出现双峰型变化，与实际情况不符，模拟结果较差（图 1.18）。

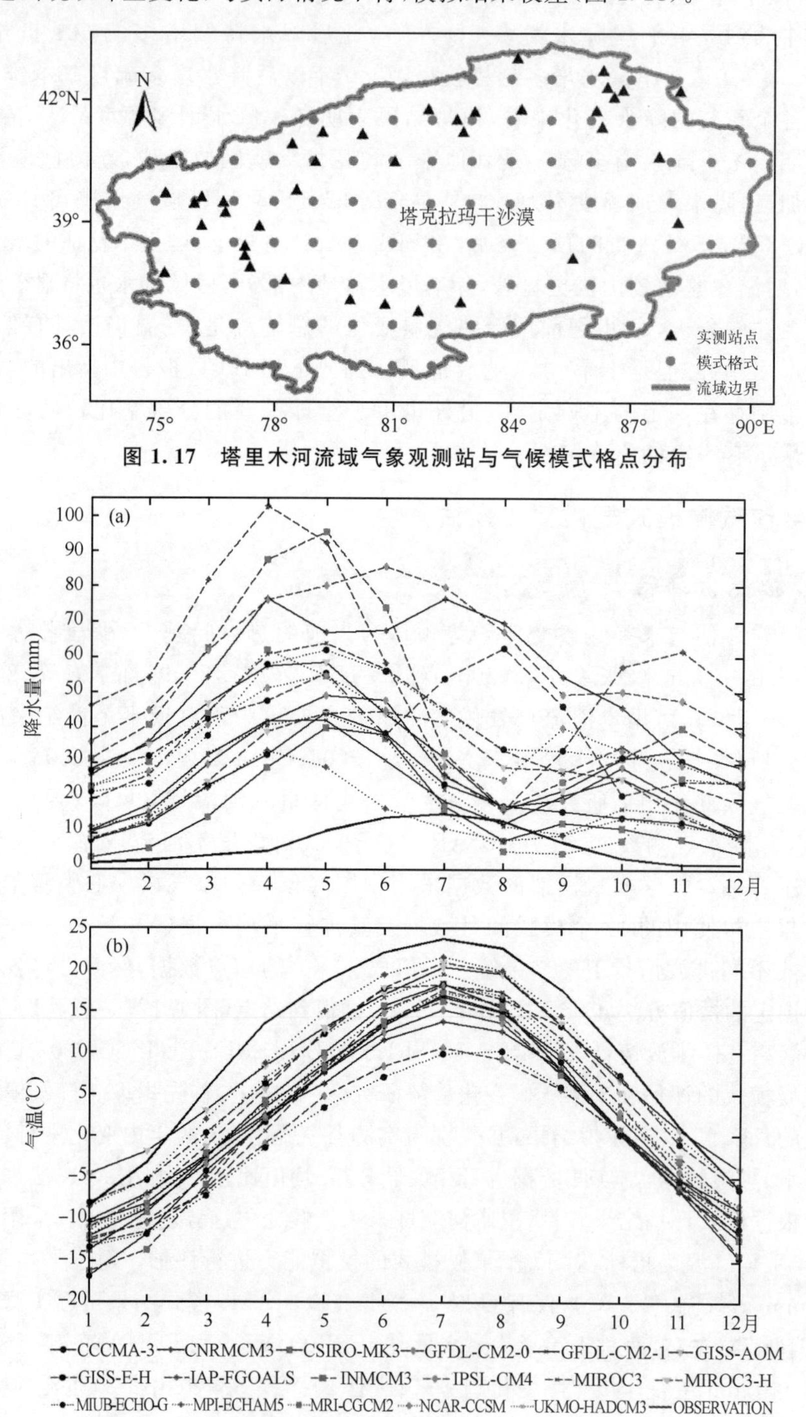

图 1.17　塔里木河流域气象观测站与气候模式格点分布

图 1.18　模式结果与实测降水(a)、气温(b)年内变化比较

分析各模式对塔里木河流域的年平均降水、气温与实测数据的相关表明，仅有1个模式(MRI_CGCM2)的降水数据与实测数据呈显著相关，5个模式的气温数据与实测数据呈显著相关(图1.19)。MRI-CGCM2模式的年平均降水量为320.4 mm；而对于5个与实测气温数据显著相关的模式中，仅GISS_AOM模式年平均气温接近实际情况。

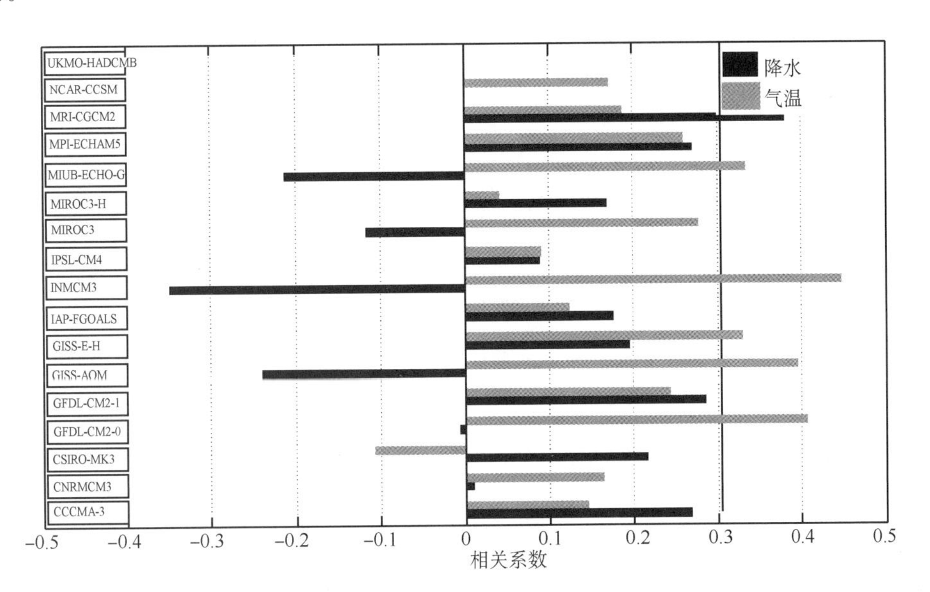

图1.19　各模式降水、气温与实测值相关系数(实线为95%显著性检验值)

2. 未来气候情景预估

通过比较多个全球模式对研究区降水和温度的模拟能力，可以看出，尽管各模式对塔里木河流域气温具有一定模拟能力，但相对于各模式在东亚和中国东部地区的模拟结果，各模式输出的塔里木河流域降水、气温结果仍然较差。因此采用气候模式加权平均数据仅对塔里木河流域未来不同排放情景下的气温变化进行预估。

气候模式加权平均数据结果表明，2011—2050年塔里木河流域气温在SRES-A1B、SRES-B1和SRES-A2三种排放情景下均呈上升趋势，相对于基准期(1961—1990年)的气温平均值，气温上升幅度在0.5～2.4℃(图1.20)。

模式评估结果表明：参与评估的17个模式对塔里木河流域气候变化具有一定的模拟能力，但只有5个模式的年平均气温和1个模式的年平均降水量与实测值相关性达到95%显著性水平，且所有模式模拟的年平均降水均偏高，而气温则偏低。各模式可以再现塔里木河流域气温年内变化，但对降水的年内分布有所提前。总体来看，气温模拟效果相对较好，降水模拟较差。因此，仅采用多模式加权平均数据对塔里木河流域未来气温变化进行预估。结果表明：未来40年塔里木河流域气温在三种排放情景下均呈现上升趋势，升温幅度在0.5～2.4℃。

对塔里木河流域气候变化进行了初步分析，当前，全球模式的分辨率都还很低，这在很大程度上影响了预估结果，未来应使用高分辨率的区域气候模式进行模拟，对未来"近期"(2016—2035年)的模拟，应使用高分辨率、多初始场集合进行。

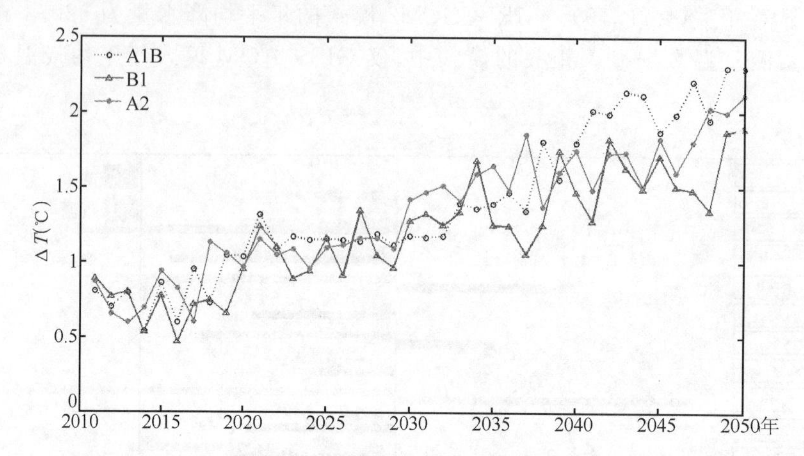

图 1.20　不同排放情景下 2011—2050 年年平均气温变化(相对于基准期 1961—1990 年)

二、区域气候模式极端气候变化预估

区域气候模式模拟数据源于德国波茨坦气候影响研究所(PIK)基于德国气象局的LM(the local model)发展而来的区域气候模式CCLM。CCLM是一种动力降尺度的区域模式，其数据集的分辨率为0.5°×0.5°。实测数据采用中国国家气候中心提供的由地面气象台站插值而成的格点逐日数据。该数据集的分辨率为0.25°×0.25°。选取与模拟数据对应的格点数据展开塔里木河流域极端气候变化的研究。排放情景采用新情景RCP4.5。在方法上为了增加未来变化的可信度，采用了偏差校正，建立历史时期的模型输出的模拟结果与观测结果的统计关系或转换函数，用来推断模型预估的未来实测轨迹。

1. 模拟能力评估与偏差校正

从表1.5中可以看出，CCLM对塔里木河流域在空间上的年均值分布有着较强的模拟能力，对气温的模拟能力要高于降水，最高、最低气温的空间相关系数都超过0.97。最高、最低气温在空间上的分布较一致，低值区分布在流域的天山和昆仑山区域，高值区在流域的中部(图1.21)，也反映出CCLM能较为细致地描述出塔里木河流域气温随地形的变化。年总降水量的高值区主要在天山南坡，CCLM也模拟出了天山南坡的高值，但在流域的东南地区模拟的年降水量明显高于实测。CCLM模拟的最高、最低气温的跨度要大于实测，高值区更高、低值区更低。假定模拟数据为预估数据，利用偏差校正方法校正后，可以发现校正后的模拟几乎与实测一致，空间相关系数在0.99以上，最高最低气温的偏差已接近0，年总降水量的年平均偏差和均方根误差都有所缩小。可见，CCLM对极端气候要素有着较强的模拟能力，特别是在空间的变化上。偏差校正对于CCLM极端气候要素平均值的改进也十分明显，特别是对降水的校正。

对实测、CCLM模拟、校正后CCLM模拟的极端气候要素计算的极端气候指数对比分析。指数名称见表1.6。

表1.5　1986—2005年极端气候要素CCLM模拟、校正后CCLM模拟与实测对比分析

	模拟与实测对比			校正后模拟与实测对比		
	偏差	均方根误差	空间相关系数	偏差	均方根误差	空间相关系数
T_{max}(℃)	−0.86	1.16	0.98**	−0.00	0.75	1.00**
T_{min}(℃)	1.89	2.00	0.97**	−0.00	0.63	1.00**
降水(mm)	43.86	56.52	0.74**	−31.12	39.29	0.99**

注：**表示0.01的显著性水平，*表示0.05的显著性水平。

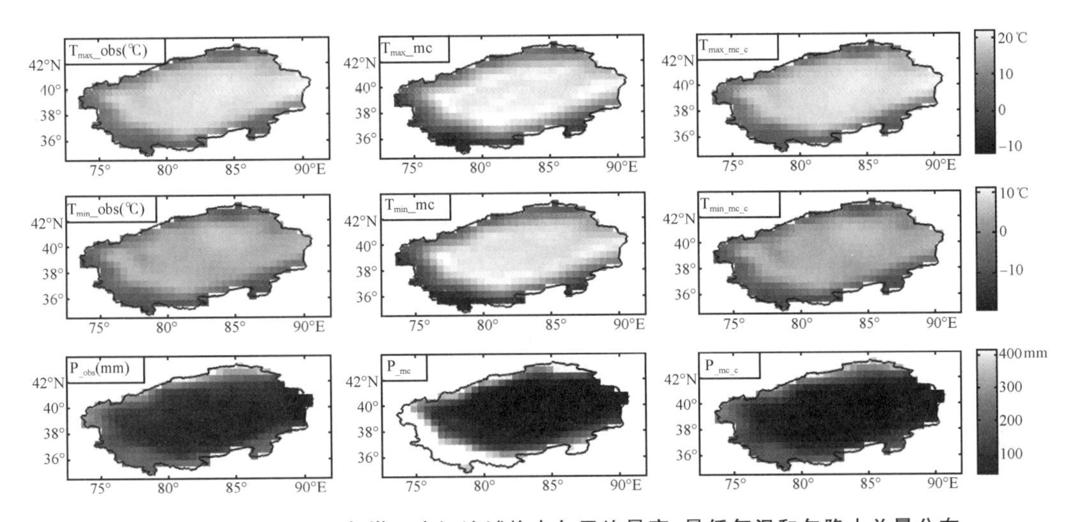

图1.21　1986—2005年塔里木河流域格点年平均最高、最低气温和年降水总量分布

（obs为实测数据，mc为模拟数据，mc_c为校正后模拟数据）

极端气温指数中，极端最高气温、极端最低气温、气温日较差的空间相关系数都在0.5以上。而极端降水指数中，除了降水强度外，空间相关系数都在0.34以上(表1.6)。表明CCLM对极端气候也有着一定的模拟能力。但CCLM对于冷夜和暖昼的模拟空间相关系数较小，对于降水强度的模拟相关系数为负值，模拟较差。利用校正后的模拟极端气象要素计算的极端指数有了很大的改进，极端降水指数与实测的空间相关系数都在0.58以上，特别是降水强度由负转正并达到0.58，极端气温指数空间相关系数也有改进，但暖期持续指数、冷夜以及暖昼改进不大，但年平均偏差和均方根误差都得到了改进。

表 1.6　　1986—2005 年极端指数对比分析

	模拟与实测对比			校正后模拟与实测对比		
	偏差	均方根误差	空间相关系数	偏差	均方根误差	空间相关系数
TXx(%)	3.27	3.52	0.97**	0.16	1.18	1.00**
TNn(℃)	2.87	3.82	0.91**	0.03	2.04	1.00**
DTR(℃)	−2.75	2.79	0.50**	−0.00	0.48	1.00**
WSDI(d)	25.99	26.92	0.19	2.70	6.23	−0.07
Tx90p(%)	7.50	8.46	0.13	0.23	4.17	−0.23**
Tn10p(%)	5.44	6.73	−0.22**	1.49	5.29	0.05
PTOT(mm)	65.92	74.41	0.62**	−14.41	26.63	0.99**
SDII(mm/d)	0.99	1.07	−0.17**	−0.29	0.47	0.58**
CDD(d)	18.38	27.43	0.34**	8.39	19.84	0.81**
CWD(d)	−0.94	1.22	0.45**	0.45	1.09	0.68**
R95p(mm)	63.68	67.62	0.55**	−14.41	17.21	0.71**
Rx1day(mm)	2.24	3.44	0.42**	−4.10	4.70	0.63**

注：** 表示 0.01 的显著性水平，* 表示 0.05 的显著性水平。

2. 未来气候情景预估

通过模拟能力评估和偏差校正可知，区域模式 CCLM 对于极端气温、降水有着一定的模拟能力，偏差校正方法对于气温、降水的校正也比较明显。因此，展开对未来时段的 CCLM 降水、气温数据进行偏差校正，并进行极端指数计算，从而能更好地实现对未来极端气候的变化分析。

从未来极端气温的空间分布可以看出（图 1.22），RCP4.5 情景下，相对于 1986—2005 年整个流域未来极端最高气温将升高 1.42℃（0.59～6.24℃）、极端最低气温将下

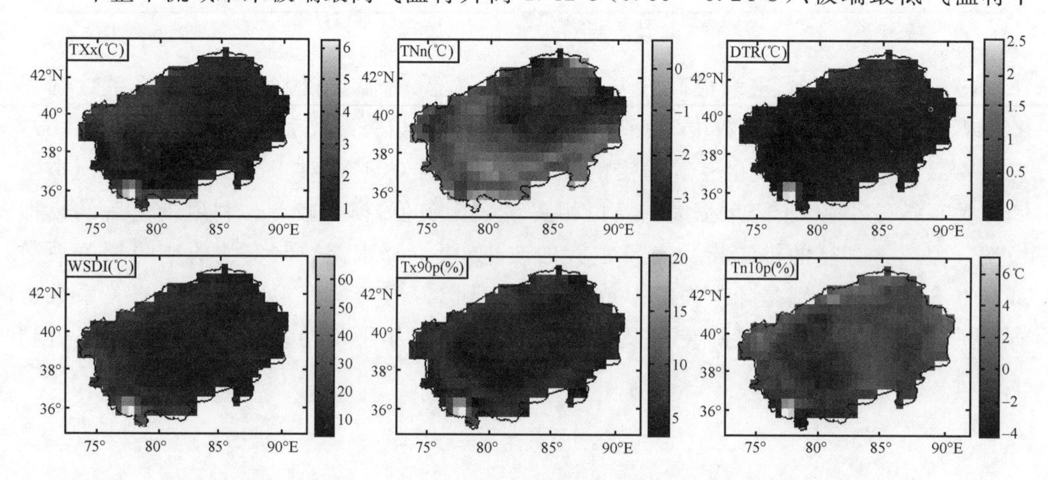

图 1.22　RCP4.5 情景下未来（2011—2040 年）极端气温指数空间变化（相对于 1986—2005 年）

降 1.91℃(−3.54～0.62℃)、气温日较差将上升 0.06℃(−0.23～2.50℃)、暖期持续指数将增加 12 d(3～68 d)、暖昼将增加 5.82%(3.01%～20.12%)、冷夜将减少 0.45%(−4.16%～7.06%)。从暖期持续天数指数的增加、暖昼的增加以及冷夜的减少可知，未来流域的极端气候事件(特别是暖事件)可能有增加趋势。同时，极端最高气温的升高和极端最低气温降低可知，未来流域极端气温事件的程度也在加深。

从未来极端气温的空间分布可以看出(图 1.23)，RCP4.5 情景下，相对于 1986—2005 年整个流域未来年总降水量将增加 2.79 mm(−49.49～104.85 mm)、降水强度将下降 0.12 mm/d(−1.08～0.76 mm/d)、持续干期将减少 1 d(−45～53 d)、持续湿期将增加 1 d(−53～10 d)、强降水量将减少 7.21 mm(−56.03～42.01 mm)、1 d 最大降水量将减少 2.42 mm(−8.79～3.82 mm)。流域的持续湿期和持续干期变化不大，流域中部持续干期在增加、持续湿期在减少，持续干期的减少和持续湿期的增加主要在流域边缘区域，可见未来流域中部的干旱可能更严重，而流域边缘区域在变湿。

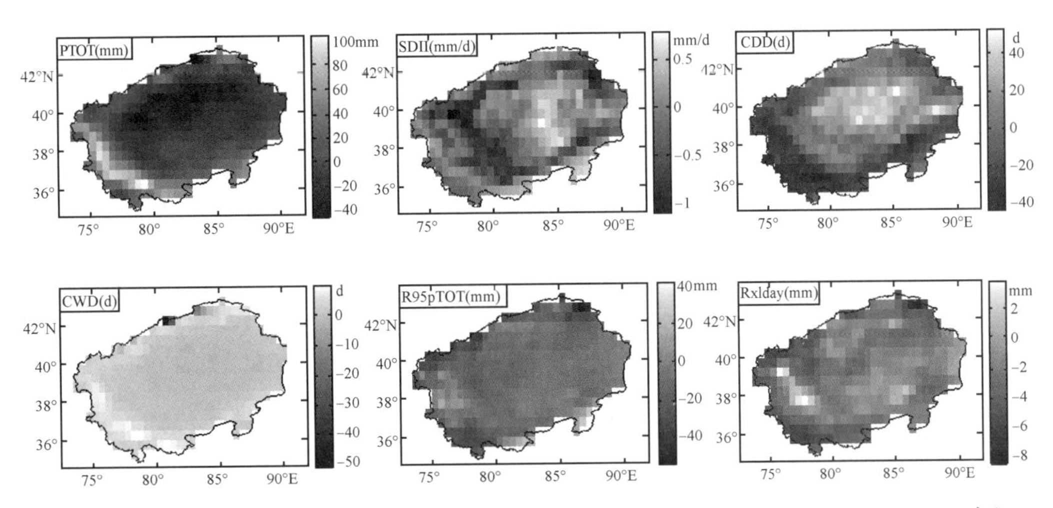

图 1.23　RCP4.5 情景下未来(2011—2040 年)极端降水指数空间变化(相对于 1986—2005 年)

小结

在全球变暖背景下，塔里木河流域内平均气温在 1961—2010 年总体上是上升的，且 20 世纪 90 年代后上升趋势趋于明显，这和全球变暖的趋势一致。20 世纪 60 年代以来，流域的气温始终是波动上升的，到 21 世纪初气温达到了最高值。四季气温上升都很明显。塔里木河流域近几十年来降水量明显增大，21 世纪初(2001—2010 年)流域降水量平均值与 20 世纪 60 年代平均值相比，增加了近 33%。降水量四季变化中，夏季和秋季降水量显著增多外，春季和冬季降水量增多均不显著。降水、气温时间序列分别在 1986、1996 年发生显著突变。突变后的降水除秋季无明显变化外，其他三个季节均有变化，其中夏季平均降水量增多较为明显，春、冬季降水机会增多；突变后的气温四季均呈现变暖趋势，最为明显的是夏季气温变化，夏季极端高温出现的可能性有所增大，且有“常态化”趋势。全球变暖背景下，暖事件和极端降水事件有增多的趋势。

各全球模式对塔里木河流域的气温模拟效果相对较好，降水模拟较差。区域气候模式 CCLM 对于极端气候要素和极端气候指数的模拟效果较好，且偏差校正方法能很好地改进模式模拟数据，增加了未来变化的可信度。根据全球气候模式预估结果，2011—2050 年塔里木河流域气温在 SRES-A1B、SRES-B1 和 SRES-A2 三种排放情景下均呈上升趋势。根据区域气候模式 CCLM 预估结果，RCP4.5 情景下，2011—2040 年流域的极端气候事件(特别是暖事件)可能有增加趋势，流域极端气温事件的强度也在加强，未来流域中部的干旱可能更严重，而流域边缘区域则有可能变湿。

参考文献

曹丽格，方玉，姜彤等. 2012. IPCC 影响评估中的社会经济新情景(SSPs)进展. 气候变化研究进展，**8**(1)：74-78.

陈活泼，孙建奇，范可. 2012. 新疆夏季降水年代际转型的归因分析. 地球物理学报，**55**(6)：1844-1851.

崔彩霞，魏荣庆，秦榕. 2006. 灌溉对局地气候的影响. 气候变化研究进展，**2**(6)：292-295.

《第二次气候变化国家评估报告》编写委员会. 2011. 第二次气候变化国家评估报告. 北京：科学出版社.

丁裕国，江志红. 2009. 极端气候研究方法导论. 北京：气象出版社.

高学杰，赵宗慈，丁一汇. 2003. 区域气候模式对温室效应引起的中国西北地区气候变化的数值模拟. 冰川冻土，**25**(2)：165-169.

李兰海，白磊，姚亚楠等. 2012. 基于 IPCC 背景下新疆地区未来气候变化的预估. 资源科学，**34**(4)：602-612.

雷志栋，胡和平，杨诗秀等. 2006. 塔里木盆地绿洲耗水分析. 水利学报，**37**(12)：1470-1475.

沈永平，王顺德，王国亚等. 2006. 塔里木河流域冰川洪水对全球变暖的响应. 气候变化研究进展，**2**(1)：32-35.

陶辉，白云岗，毛炜峄. 2011. 塔里木河流域气候变化及未来趋势预估. 冰川冻土，**33**(4)：738-743.

陶辉，毛炜峄，白云岗，姜彤. 2009. 45 年来塔里木河流域气候变化对径流量影响研究. 高原气象，**28**(4)：854-860.

史玉光，孙照渤. 2008. 新疆水汽输送的气候特征及其变化. 高原气象，**27**(2)：310-319.

王澄海，吴永萍，崔洋. 2009. CMIP 研究计划的进展及其在中国地区的检验和应用前景. 地球科学进展，**24**(5)：461-467.

王顺德，王彦国，王进等. 2003. 塔里木河流域近 40 a 来气候、水文变化及其影响. 冰川冻土，**25**(3)：315-320.

吴佳，高学杰，石英等. 2011. 新疆 21 世纪气候变化的高分辨率模拟. 冰川冻土，**33**(3)：479-487.

徐长春，陈亚宁，李卫红等. 2006. 塔里木河流域近 50 年气候变化及其水文过程响应. 科学通报，**51**(增刊)：21-30.

徐影，丁一汇，赵宗慈等. 2003. 我国西北地区 21 世纪季节气候变化情景分析. 气候与环境研究，**8**(1)：19-25.

许崇海，沈新勇，徐影. 2007. IPCC AR4 模式对东亚地区气候模拟能力的分析. 气候变化研究进展，**3**

(5):287-292.

许崇海,徐影,罗勇. 2008. 新疆地区 21 世纪气候变化分析. 沙漠与绿洲气象. **2**(3):1-6.

杨连梅,张庆云. 2007. 南疆夏季降水异常的环流和青藏高原地表潜热通量特征分析. 高原气象,**26**(3):435-441.

张家宝,史玉光. 2002. 新疆气候变化及短期气候预测研究. 北京:气象出版社:25-32.

张丽旭,魏文寿. 2001. 天山西部中山带积雪变化趋势与气温和降水的关系. 山地学报,**19**(5):403-407.

张雪芹,彭莉莉,林朝晖. 2008. 未来不同排放情景下气候变化预估研究进展. 地球科学进展,**23**(2):174-185.

张英娟,董文杰,余永强等. 2004. 中国西部地区未来气候变化趋势预测. 气候与环境研究,**9**(12):342-349.

张云惠,杨莲梅,肖开提・多莱特等. 2012. 1971—2010 年中亚低涡活动特征. 应用气象学报,**23**(3):312-321.

赵宗慈,丁一汇,徐影等. 2003. 人类活动对 20 世纪中国西北地区气候变化影响检测和 21 世纪预测. 气候变化与环境研究,**8**(1):26-34.

Bridges T C, Haan C T. 1972. Reliability of precipitation probabilities estimated from the gamma distribution. *Mon. Wea. Rev.*, **100**: 607-611.

Chen H P, Sun J Q. 2009. How the "Best" models project the future precipitation change in China. *Adv. Atmos. Sci.*, **26**(4):773-782.

Gao X J, Zhao Z C, Ding Y H, *et al*. 2001. Climate change due to greenhouse effects in China as simulated by a regional climate model. *Adv. Atmos. Sci.*, **18**(6):1224-1230.

Husak G J, Michaelsen J, Funk C. 2007. Use of the gamma distribution to represent monthly rainfall in Africa for drought monitoring applications. *International J. Climatology*, **27**: 935-944.

IPCC. 2007. *Climate Change* 2007: *The AR*4 *Synthesis Report*. Geneva, Switzerland.

Xu Y, Gao X J, Giorgi F. 2010. Upgrades to the REA method for producing probabilistic climate change projections. *Climate Res.*, **41**:61-81.

Xu Z X, Chen Y N, Li J Y. 2004. Impact of climate change on water resources in the Tarim River Basin. *Water Res. Management*, **18**: 439-458.

气候变化对塔里木河流域水资源的影响和适应对策

陶辉（中国科学院南京地理与湖泊研究所）
苏布达（国家气候中心）
王顺德，王彦国（阿克苏水文水资源勘测局）
高蓓（南京信息工程大学）

引言

西北干旱区是中国生态环境脆弱区，而水资源则是这一区域生态环境与社会经济发展的限制因素，而塔里木河流域作为中国21世纪经济社会可持续发展的重要后备资源库，在西北水环境与水生态以及社会经济可持续发展中发挥着不可替代的作用。因此，在全球气候变暖这一大的气候变化背景之下，评估该流域气候变化特征及其对流域水资源的影响具有重大的现实意义与深远的战略意义。

专栏

四源一干：塔里木河流域是环塔里木盆地的阿克苏河、喀什噶尔河、叶尔羌河、和田河、开都河—孔雀河、迪那河、渭干河与库车河小河、克里雅河以及车尔臣河等九大水系144条河流的总称，流域总面积102万km^2，全长2437 km。随着上游人类活动影响和用水量的不断增加，到20世纪初车尔臣河、克里雅河、迪那河已断流，20世纪40年代以后喀什噶尔河和渭干河也与塔里木河失去地表水联系，目前与塔里木河干流有地表水联系的只有阿克苏河、叶尔羌河、和田河三条源流，开都河通过扬水站从博斯腾湖抽水经库塔干渠向塔里木河下游灌区输水，形成“四源一干”的格局。

第一节　水资源概况

塔里木河干流(以下简称塔河干流)是典型的干旱区内陆河,自身不产流,水资源全部来自其源流区降水、冰雪融水补给,为纯耗散型内陆河(图 2.1)。干流从阿克苏河、叶尔羌河、和田河三河汇合口的肖夹克至台特玛湖全长 1321 km,为自身不产流的耗散型河流,主要依靠源流补给以维系其生态环境,其水量主要来自叶尔羌河(4%)、阿克苏河(73%)、和田河(23%)(Xu,*et al.*,2004),其中阿克苏河由昆马立克河与托什干河两河汇合而成,和田河由玉龙喀什河与喀拉喀什河汇合而成。流域内气候干旱少雨、昼夜温差大,是典型的大陆性气候。其生态系统是一个由高山冰川—高山冷湿草甸—中山湿润森林—低山半干旱灌草—干旱荒漠绿洲构成的脆弱生态系统,也正是由于高山冰川和山区降水形成了塔里木河水系,而在径流组成中,冰川融水约占 47.9%,地下水占 24.2%,雨、雪水占 27.9%。因此,山区气温和降水是影响塔里木河流域径流量大小的关键气候要素。

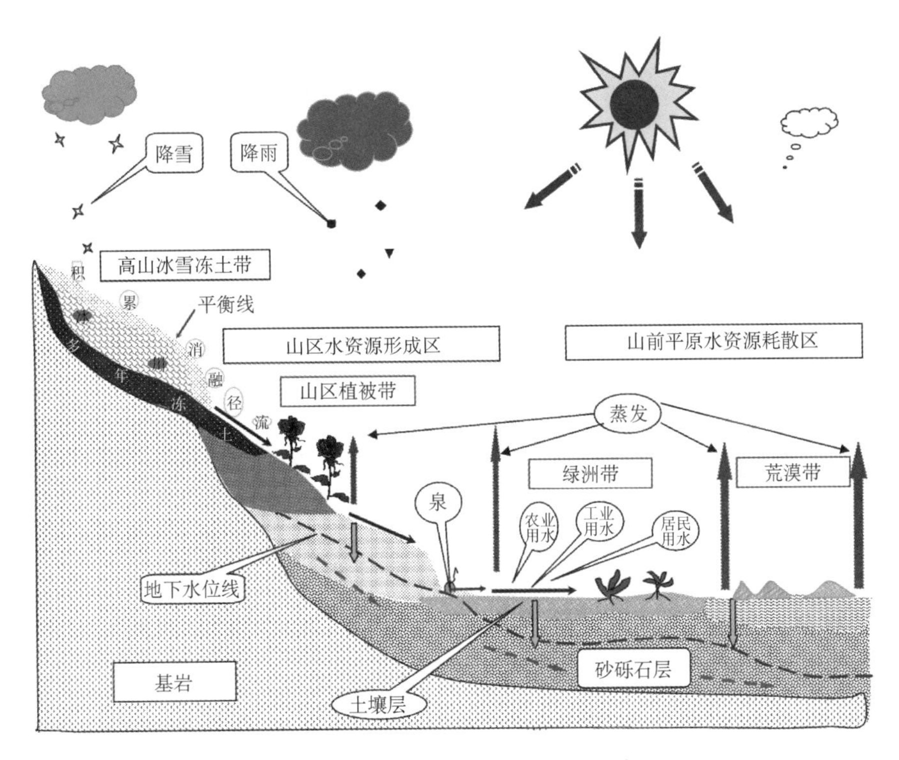

图 2.1　典型内陆河水系径流过程示意图

一、地表水资源

四条源流1957—2008年52 a平均地表水径流量为229.9亿m^3，占塔里木河流域地表总径流量398.0亿m^3的57.8%。阿克苏河是塔里木河流域四条源流中最大的源流和补给塔里木河最大的河流，入塔里木河水量占四条源流入塔里木河总水量的74%，是唯一一条常年向塔里木河输水的河流，对塔里木河的形成、发展和演变起着决定作用；和田河是塔里木河第二大水量补给源流，又是一条季节性河流，每年只在7—9月有水汇入塔里木河，其余时间断流；叶尔羌河自1964年后大部分水量被引入小海子水库和永安坝水库，只在丰水年有少量水汇入塔里木河，该河实际已处于基本断流；开都河—孔雀河1952年因在轮台县塔里木河汊河拉因河口修建塔里木大坝，与塔里木河分离，从1980年起孔雀河通过库塔干渠向塔里木河下游灌区输水，而实际进入塔里木河的水量仅约2.1亿m^3（表2.1）。

表2.1　　塔里木河流域径流量组成（1957—2008年）

水系	塔里木河干流	水量组成			
		阿克苏河	叶尔羌河	和田河	孔雀河
水量（亿m^3）	45.11	83.0	0.23	9.18	2.12
比例（%）	100	74.44	0.51	20.35	4.70

四源流多年平均降水量252.4 mm，主要集中在山区，平原年降水量只有40～70 mm，属干旱地区。多年平均径流量256.73亿m^3（含境外来水量57.3亿m^3），天然水资源总量274.88亿m^3，基本产自山区，以冰川融雪补给为主，河川径流年际变化不大，但年内分配不均，6—9月来水量占到全年径流量的70%～80%。

冰川是干旱区内陆河流域重要的水资源。塔里木河流域共有现代冰川14285条，面积23628.98 km^2，冰储量2669.435 km^3。冰川融水径流量达150×10^8 m^3，约占流域地表总径流量的40%（杨针娘，1991）。塔里木河流域冰川分布的河流流域主要有车尔臣河、喀拉米兰河—克里雅河、和田河、叶尔羌河、喀什噶尔河、阿克苏河、渭干河、开都河等。现有研究表明：近40年来本区冰川物质平衡主要呈负平衡，帕米尔河喀喇昆仑山约为－150 mm，天山南坡流域在－300 mm，昆仑山基本稳定。1972/1973年度是天山物质平衡发展的一个突变点，突变后冰川消融加速，前后均值相差－250 mm，冰川融水和洪水峰值都呈明显增加的趋势。根据分析，气温变化1℃，冰川物质平衡变化约300 mm，河流径流变化在台兰河可达10%。

二、地下水资源

塔里木河流域远离海洋，不论是在冰期或间冰期，东南和西北方向来的水汽一般不易到达流域上空，故而第三纪以来的变化是以冷干和暖干交替为特征的。但因温暖期冰雪大量融化，山区降水增加，使得进入盆地的地表径流明显增多，地下水补给丰富，生草成土过程加强，植被生长茂盛（施雅风等，1993）。马金珠等（2002）对塔里木河流域南缘的和田河—牙通古孜河之间的河流下游地区土层研究表明：地质时期塔里木盆地南缘地下水补给条件的变化与过去全球气温波动是相关的，地下水变化和绿洲演化在总体上与气候变化具有同步性，在较长的时间尺度内，温度的变化将影响到山地冰雪融化的时间和河川径流的大小，从而对平原区地下水的补给条件造成影响。

伴随着地表径流的减少下游地区地下水埋深也在明显下降，卡拉和铁干里克灌区受灌区渗漏水影响下降幅度较小，20 世纪 70 年代初为 0.92～5.13 m 到 80 年代末至 90 年代初为 1.07～7.45 m 变幅为 0.15～2.32 m，平均下降 1.64 m，大西海子以下至台特玛湖段下降最为明显，20 世纪 50—60 代文献记载地下水埋深 1.0～5.0 m，70 年代初调查 2.3～7.9 m 较 60 年代下降 1.3～2.9 m。80 年代以来为 3.0～12.75 m，较 70 年代初下降 0.7～4.85 m。据蒋良群等 1999 年在塔河中下游实地踏勘考察组实测英苏、阿拉干、考干等地的地下水位与 50 年代相比平均下降 4～6 m 分别达到 9.50、11.2 和 11.4 m。

塔里木河流域平原区多年平均地下水总补给量 220.38 亿 m^3/a（董新光等，2005），其中江水入渗补给量 4.68 亿 m^3/a，山前侧向补给量 16.73 亿 m^3/a，河道渗漏补给量 86.48 亿 m^3/a，渠系渗漏补给量 69.06 亿 m^3/a，渠灌田间入渗补给量 37.08 亿 m^3/a，库塘渗漏补给量 5.07 亿 m^3/a，井灌回归补给量 1.28 亿 m^3/a。

塔里木河流域平原区气候极端干旱，降水稀少，平原区西南部年降水量 70～80 mm，北部 50～60 mm，南部偏西 30～40 mm，东南部仅 15～20 mm，广大的沙漠区约 10 mm（邓铭江，2009）。特殊的气候条件，使地下水补给量的组成有明显特点。平原区降水入渗补给量只占总补给量的 2%，地表水体补给量（河道渗漏补给量、渠系渗漏补给量、渠灌田间入渗补给量、库塘渗漏补给量之和）占总补给量的 90%，平原区地下水补给量主要是由地表水转化形成的。地下水补给量分布取决于地表水系的分布，主要来源于河流的线状补给和灌区的面状补给，地下水补给强度很不均匀。3.52×10^4 km^2 的平原灌区，形成了 76% 的地下水补给量，广阔的沙漠、荒漠区得到的地下水补给量极少。灌区是水资源循环、转化、消耗最活跃的地区。以灌区内地下水矿化度小于 2 g/L 的总补给量作为确定地下水可开采量基础，塔里木河流域平原区近期地下水可开采量 90.52×10^8 m^3/a（董新光等，2005）。地下水补给资源并不是一成不变的，随着补给条件的变化，补给资源量将发生变动（张人权，2003）。随着灌溉渠系补砌与节水灌溉的推广，以及灌溉面积的扩大和农业产量大幅度增大，更多的地下水补给量在包气带被截留，地下水补给量也将减少。中期塔里木河流域水利化标准提高到北疆较先进灌区的现有水平之后，地下水可采量将降到 60.35 亿 m^3/a，这是中期地下水可采量的控制目标（王志杰，2010）。

三、空中云水资源

在涉及塔里木河流域水汽含量的研究中，一些学者利用不同的数据和方法进行了计算分析。在基于 NECP/NCAR 再分析资料应用方面，蔡英等(2004)利用 NCEP/NCAR 1958—1997 年 2.5°×2.5°格点再分析资料分析各季高原上都是低湿区，由高原边缘向四周可降水量剧增，南疆盆地是相对的高湿区。俞亚勋等(2003)分别利用 NCEP/NCAR 1958—2000 年和 1961—2003 年 2.5°×2.5°格点再分析资料分析了西北地区空中水汽时空分布特征后，都认为南疆盆地是水汽含量高值中心，但前者结果表明盆地中心年平均值超过 50 mm，塔克拉玛干沙漠地区达到 40 mm 以上；而后者结果表明塔克拉玛干沙漠地区中心年平均值超过 150 mm 以上。王秀荣等(2003)利用 NCEP/NCAR 1958—1997 年 2.5°×2.5°格点再分析资料分析了西北地区夏季水汽含量时空分布后，认为塔里木盆地水汽含量是从东北向西南方向逐渐变小，没有高值中心，大致为 8～14 mm，东南方向的且末、若羌一带水汽含量很低。赵芬等(2008)也利用 NCEP/NCAR 1948—2005 年 2.5°×2.5°格点再分析资料对塔里木河流域空中水汽状况进行了分析，认为塔克拉玛干沙漠中心是水汽含量的高值区，水汽含量为 8～14 mm，多年面平均为 8.8 mm。在水汽遥感应用方面，梁宏等(2006)利用 MODIS 卫星和地基 GPS 遥感资料分析了 2001 年晴空条件下塔里木盆地上空 2、4、7、10 月大气总水汽量分别为 0.3～0.6、1.5、3.0 和 0.9～1.4 cm。可以看出，目前有关塔里木盆地水汽含量的问题还存在着各种看法，不同研究方法、不同的数据得出的结果也不同。杨青等(2010)利用塔里木河流域探空数据计算表明：在塔里木河流域，下垫面状况对水汽含量分布的影响很明显，这是导致水汽含量中心位于盆地西北部边缘的绿洲地区的原因，而塔克拉玛干沙漠腹地是水汽的低值区，水汽含量仅为 7～8 mm，塔中是所有站中水汽含量最低的，这与基于再分析资料得出的结果存在较大差异。从年际变化来看，塔里木盆地水汽含量存在明显的上升趋势，增多的原因，除了西北气候变暖变湿的因素外，与绿洲的发展也有一定关系。盆地周边的绿洲地区由于大面积的农田灌溉和植物的生长，土壤比较湿润，植被覆盖度大，蒸发和蒸腾作用导致空中水汽含量增大。夏季，绿洲与沙漠地区相比空中水汽含量的上升趋势更为明显。

图 2.2 显示的流域面水汽含量年际变化趋势为：面水汽含量在时间序列初期比较高，直至 20 世纪 80 年代中期一直呈下降趋势，1985 年达到最低值，之后有略微的上升，但至今仍未达到 20 世纪 40—50 年代的值。Mann-Kendall 检验结果显示 1948—1985 年的下降趋势非常明显，达到 95％的置信度水平，其中 20 世纪 50—60 年代的下降幅度很大，70—80 年代的下降趋势则较为平稳；而 1986—2008 年的增高趋势则不明显，但这种增高趋势有可能是西北地区气候由暖干向暖湿转型的原因之一(施雅风等，2003)。

图 2.3 是塔里木河流域多年平均月水汽含量分布，由图可知，月水汽含量的年内分布基本呈中间高、两端低的抛物线形。全年中 7 月的水汽含量最大，约为 14 mm，1 月的水汽含量最小，约为 3.8 mm。若按季节划分，夏季(6—8 月)水汽含量最大，占全年的 41.1％，春(3—5 月)、秋季(9—11 月)分别占全年的 24％和 22％，基本接近，冬季(12 月—次年 2 月)水汽含量最低，约占全年的 13％。

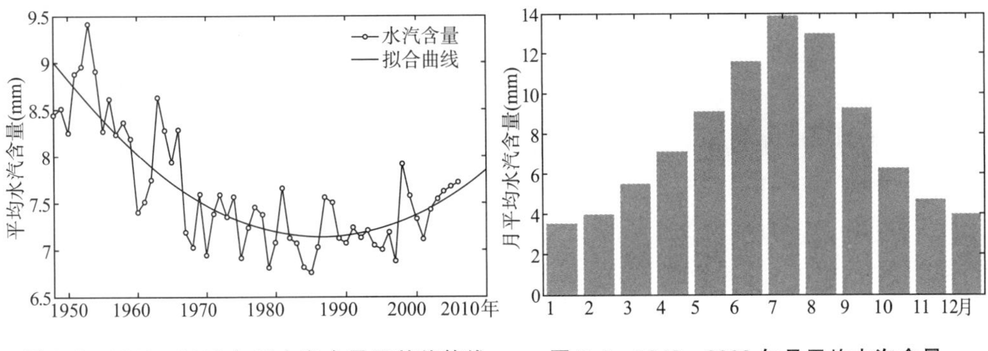

图 2.2　1948—2008 年面水汽含量及其趋势线　　图 2.3　1948—2008 年月平均水汽含量

第二节　气候变化对水资源的影响

全球气候变暖对人类社会、生态、水资源时空分布等诸多方面的影响已引起国际学术以及相关部门的高度重视与普遍关注。其中,全球气候变暖对水循环的影响主要表现在水资源时空上的重新分配以及区域水资源总量的改变,从而对水资源、生态系统状况和社会经济发展等产生深刻的影响。国内外学者在流域水循环对全球气候变化的响应方面进行了大量研究(李栋梁等,2003,2004;蓝永超等,2004,2007;黄玉霞等,2008;张建云等,2007;尤卫红等,2007;史玉光等,2008;Thomas,2006)。全球水文、水资源循环将地球气候系统中不同载体上各类形态的水周而复始地转化运动起来。这是一个全球性的地球物理过程,从陆面和海洋蒸发的水汽通过大气的传输,凝结成降水落到地表,渗入土壤,补给地下水,或形成径流,汇入河海,而后再蒸发返回大气。在这一无止境的水的相变过程中,在局部和全球范围内产生水量和热量的再分配并形成洪水、干旱和水资源。在这个循环过程中,一方面,由于人口和经济的增长,工农业和生活需水量急剧增加,水资源供需矛盾日益突出,并且植被生态用水被生产和生活用水大量挤占,水资源利用矛盾显著,加之,水资源污染严重,水环境不断恶化,使得在地表系统的诸多问题中,水资源、水环境的变化是最为迫切的。另一方面,随着全球工业化和经济的高度发展,由大气中以 CO_2 和其他微量气体浓度增加为主形成的温室效应使得全球呈现气温暖化现象。全球气候变化对自然生态系统带来了重大影响,其中最明显的结果之一就是改变区域内的降水格局,降水格局的变化必将导致水文、水资源的空间分布格局发生改变,而温度的升高还会引起冰川和积雪的消融,增加海洋、湖泊和水域的蒸发,改变径流量,从而引起全球水分循环的变化,导致水资源在时间和空间上的重新分配,从而引起水资源数量的改变。随着全球变暖,塔里木河流域的水循环过程必然将发生改变。

一、对地表径流的影响

气候系统通过气温、降水等因子直接或间接地影响着流域水循环过程(刘昌明,

2004)。在干旱地区，水资源系统尤其容易受到气候变化影响，全球变暖及大气环流的改变影响着高山地区冰川消融和降水形态，同时改变了流域的总蒸发量(陈亚宁，徐宗学，2004；蒋艳等，2007)。塔里木河流域以高山冰川和山区降水为主要补给水源，山区气温和降水成为影响源流区径流变化的最重要的气象因素，而干流区主要受蒸发影响较大(郝兴明等，2006；陈亚宁，2010)。

塔里木河流域地处欧亚大陆腹地，远离海洋，四周高山环绕，高差悬殊，境内高山盆地相间，不仅受温带天气系统左右，还常有极地冷气团侵袭，以及受副热带天气系统甚至低纬度天气系统的影响，为典型内陆干旱区，河流径流量对气候变化较为敏感。塔里木河自身不产流，其径流主要来自源流区阿克苏河、和田河与叶尔羌河的补给。源流区周围耸立着许多高大山体，有闻名于世的乔戈里峰、托木尔峰和汗腾格里峰，这些山峰及其邻近高山区孕育着丰富的冰川和永久性积雪。正是这些高山冰川、积雪和山区降水形成了塔里木河流域水系，其中源流区的昆马力克河、叶尔羌河、玉龙喀什河和喀拉喀什河以冰川融水的补给为主，比重均高于50%(表2.2)。

表2.2　塔里木河主要源流径流构成统计

水系	河流	径流组成(%)		
		冰川融水	降水	地下水
和田河	玉龙喀什河	64.9	17.0	18.1
	喀拉喀什河	54.1	22.1	23.8
叶尔羌河	叶尔羌河	64.0	13.4	22.3
阿克苏河	昆马力克河	52.4	30.4	17.2
	托什干河	24.7	45.1	30.2
开都—孔雀河	开都河	15.2	44.0	40.8

塔里木河流域降雨量对年径流变化趋势的影响相对较小，气温和蒸发对年径流序列变化趋势的影响程度较高，尤其是气温升高对径流的影响起主要作用，径流量与气温呈显著正相关性，相关系数超过0.75，即径流对气温变化比对降水更为敏感(蒋艳等，2007；陈亚宁等，2009)。

根据塔里木河流域四源流和分布在流域内的共计29个水文站1957—2008年的年径流量料；利用非参数化检验M-K方法分析了塔里木河流域径流量时空变化特征及其原因。

径流量变化趋势表明，源流区出山口径流量除和田河年径流量总体略微减少外，其他河流均呈增大趋势，其中阿克苏河年径流量增幅最为明显(图2.4，虚线为95%置信度)，而降水增大最显著的地方也在天山南坡，两者存在一致性，表明该流域降水量对径流量变化的影响显著。20世纪90年代年均径流量与60年代相比：和田河同古孜洛克站径流量减少1.35亿m^3，减幅达5.9%；乌鲁瓦提站减少1.19亿m^3，减幅达5.6%；协合拉站年径流量增加9.04亿m^3，增幅达19.86%；沙里桂兰克增加2.96亿m^3，增幅为

10.6%；叶尔羌河卡群站增加 5.51 亿 m³，增幅为 8.7%；开都河大山口站 20 世纪 90 年代与 70 年代相比，增加 9.27 亿 m³，增幅达 33.6%。

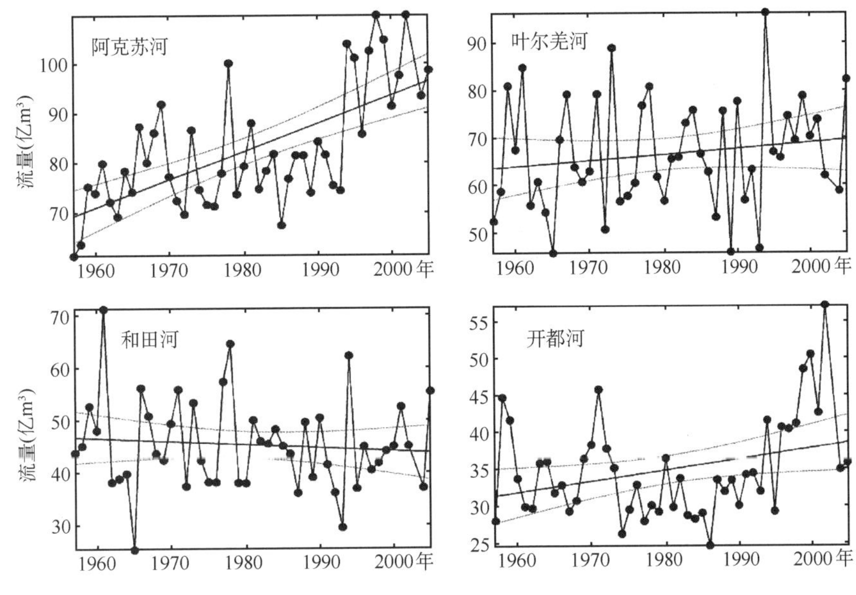

图 2.4　塔里木河流域主要源流 1957—2008 年径流量变化

对于径流量的空间变化，选用流域内 29 个水文站点（表 2.3），对各站年径流量变化趋势进行 M-K 检验。根据 M-K 统计检验，四源流中，叶尔羌河的卡群站和和田河的同古孜洛克水文站和乌鲁瓦提水文站的径流量变化趋势不显著。尽管和田河冰川融水在径流量中的比重较大，但由于和田河流域冰川主要分布于青藏高原北部的降温带（施雅风等，2006），由此造成和田河流域径流量下降，流域东南部的车尔臣河径流以冰雪融水为主要补给源，径流量年际变化小，受气温影响，径流量年内变化较大。

表 2.3　　　　塔里木河流域水文站点信息统计

水系	水文站	纬度（N）	经度（E）	流域面积（km²）	海拔（m）	年平均径流量（亿 m³）	数据时段
和田河	同古孜洛克	79°55′	36°49′	14575	1650	22.27	1957—2008 年
	乌鲁瓦提	79°26′	36°52′	19983	1973	21.39	1957—2008 年
阿克苏河	协合拉	79°37′	41°34′	12816	1487	48.67	1957—2008 年
	沙里桂兰克	78°36′	40°57′	19166	2000	27.67	1957—2008 年
	西大桥	80°15′	41°07′	43123	1100	82.93	1952—2006 年

续表

水系	水文站	纬度 (N)	经度 (E)	流域面积 (km^2)	海拔 (m)	年平均径流量(亿 m^3)	数据时段
叶尔羌河	卡群	76°54′	37°59′	50248	1370	65.66	1954—2008 年
	玉孜门勒克	77°12′	37°38′	5389	1620	8.70	1957—2008 年
开都河	巴音布鲁克	84°08′	43°01′	6883	2440	8.95	1957—2008 年
	大山口	85°44′	42°13′	18827	1340	34.20	1957—2008 年
	焉耆	86°34′	42°02′	22516	1058	25.59	1959—2005 年
渭干河	黑孜水库	82°29′	41°46′	16660	1160	26.03	1960—2006 年
盖孜河	克勒克	75°23′	38°48′	9212	1960	9.96	1959—2005 年
维他克河	维他克	75°27′	38°58′	497	2000	1.72	1957—2002 年
黄水沟	黄水沟	86°14′	42°27′	4311	1320	2.90	1955—2003 年
台兰河	台兰	80°29	41°33′	1324	1575	7.50	1957—2006 年
卡拉苏河	卡拉苏	82°08′	42°00′	1114	1541	2.33	1959—2006 年
黑孜河	黑孜	82°36′	41°55′	3442	1320	3.15	1959—2006 年
卡木斯浪河	卡木鲁克	81°34′	41°51′	1834	1480	6.69	1957—2006 年
库车河	兰干	83°04′	41°54′	3118	1280	3.80	1957—2006 年
木扎提河	破城子	80°56′	41°49′	2845	1907	14.51	1957—2006 年
克孜河	卡拉贝利	75°12′	39°33′	13700	1900	20.90	1958—2005 年
克里雅河	努买买提兰干	81°28′	36°28′	7358	1880	7.02	1957—2006 年
车尔臣河	且末	85°34′	38°08′	24692	1250	5.34	1957—2008 年
尼雅河	尼雅	82°38′	36°50′	1734	1760	2.10	957—2008 年
库山河	沙曼	75°39′	38°48′	2169	2330	6.40	1957—2005 年
塔里木河	阿拉尔	81°19′	40°32′	17580	1012	45.60	1957—2008 年
	新渠满	82°43′	41°02′		970	37.41	1957—2008 年
	英巴扎	84°14′	41°10′		933	28.52	1957—2008 年
	恰拉	86°49′	40°56′		870	5.77	1957—2008 年

从图 2.5 可以看出，径流显著增大的水文站主要集中在天山南坡，该区域无论从气温变化还是降水量变化来看，都有利于径流量的增大。塔里木河干流沿程各站径流量下降趋势从上游到下游依次增大均呈下降趋势，并且递减速率自上而下不断增大。这主要是因为干流区上游耗水量不断增大，上游段随着农业生产规模的不断扩张，高耗水作物种植面积居高不下，水资源利用效率持续低下，上游区耗水从 20 世纪 50 年代的 14.10 亿 m^3 增加到 90 年代末期的 19.90 亿 m^3，水资源消耗量在近 50 a 内以 0.16 亿 m^3/a 的速率增加(俞树毅等,2009)，中游段由于来水量减少，耗水从 50 年代的 22.37 亿 m^3 减

少至 90 年代末的 19.47 亿 m^3，耗水量以 0.35 亿 m^3/a 的速率减少；阿拉尔至恰拉区间的上中游段，耗水总量由 50 年代的 36.47 亿 m^3 增加至 39.37 亿 m^3，下游段的来水量因此而明显减少，从 50 年代的近 13.53 亿 m^3 减少到至 90 年代末期的 2.67 亿 m^3，其耗水量比例从 50 年代的 27.1%下降至 90 年代末期的 6.35%。总体来看，干流水资源量没有因源流区水情好转而得以改善，反而以 0.18 亿 m^3/a 的速率递减，这尤其加剧了下游水量的减少（李建峰等，2004；叶茂等，2006；Tao，*et al.*，2011）。

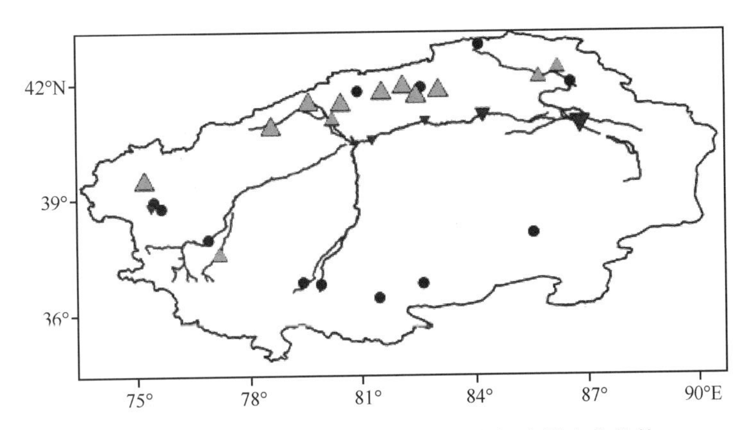

图 2.5　塔里木河流域近 50 年来 29 站径流量变化趋势

（正（倒）三角表示由 M-K 检验得出的上升（下降）趋势，
都达到 95%的置信水平，黑圆点表示变化趋势不显著）

以流域天然时期的实测径流量作为基准值，则人类活动影响时期实测径流量与基准值之间的差值包括两部分，其一为人类活动影响部分，其二为气候变化影响部分。以流域水文模型还原计算人类活动影响时期的天然径流量，简称“还原径流量”，则还原径流量与基准值的差值是由于气候变化引起，而实测径流量与相应时期的还原径流量的差值则是由于流域内人类活动的影响造成的。具体分割数学表述如下：

$$\Delta W_T = W_{HR} - W_B \tag{2-1}$$

$$\Delta W_H = W_{HR} - W_{HN} \tag{2-2}$$

$$\Delta W_C = W_{HN} - W_B \tag{2-3}$$

$$\eta_H = \frac{\Delta W_H}{\Delta W_T} \times 100\% \tag{2-4}$$

$$\eta_C = \frac{\Delta W_C}{\Delta W_T} \times 100\% \tag{2-5}$$

式中：ΔW_T 为径流变化总量，ΔW_H 为人类活动对径流的影响量，ΔW_C 为气候变化对径流的影响量，W_B 为天然时期的实测径流量，即基准值，W_{HR} 为人类活动影响时期的实测径流量，W_{HN} 为人类活动影响时期的天然径流量。η_H、η_C 分别为人类活动和气候变化对径流影响百分比。

表 2.4　　气候变化和人类活动对塔里木河流域年径流量的影响

起止年份	实测径流量 W_{HR}（亿 m^3）	天然径流量 W_{HR}（亿 m^3）	变化总量 ΔW_T（亿 m^3）	气候因素		人类因素	
				W_C（亿 m^3）	η_C（%）	W_H（亿 m^3）	η_H（%）
1957—1960	54.96	217.90	—	—	—	—	—
1961—1970	61.84	222.01	6.88	4.11	59.7	2.77	40.3
1971—1980	51.29	224.02	−3.67	6.12	167	−9.79	−267
1981—1990	46.97	220.03	−7.99	2.13	27	−10.12	−127
1991—2000	42.94	243.41	−12.02	25.51	212	−37.53	−312
2001—2008	45.12	248.20	−9.84	30.3	310	−40.14	−410
1971—2008	46.80	234.5	−8.16	16.6	203	−24.76	−303

由表 2.4 可以看出：(1)塔里木河流域实测年径流量和天然年径流量分别具有递减和递增的趋势，相比而言，阿拉尔站实测径流量递减率更为明显；其中，20 世纪 90 年代实测径流量和天然径流量分别为 42.94 亿 m^3 和 243.41 亿 m^3，分别为基准值的 78%和 111.7%。(2)与基准值相比，人类活动影响期间的实测径流总减少量自 20 世纪 80 年代以来具有递增趋势。(3)气候变化和人类活动自 20 世纪 70 年代以来对径流作用相反，相比而言，人类活动影响导致的径流减少量的幅度更为明显。例如，在 20 世纪 70 年代，因人类活动影响减少的和气候变化增加的径流量分别为 9.79 亿 m^3 和 6.12 亿 m^3，而在 90 年代的相应减少量和增加量为 37.53 亿 m^3 和 25.51 亿 m^3。因此可以说，如果扣除来自气候变化引起的径流增加量，塔里木河流域近 50 a 水资源状况将会更加严峻。(4)就1971—2008 年的平均状况而言，气候因素和人类活动对径流的影响量分别占径流变化量的 203.0%和 303.0%，人类活动是塔里木河干流径流减少的主要因素。

二、对冰川、积雪与湖泊的影响

1. 冰川

对冰川的影响主要表现在水资源方面，包括冰川储量变化引起的净冰川资源变化及因冰川进退导致冰川末端产流面积变化而引起的冰川径流变化。冰川消融速度加快必然导致冰川径流增加。从一定程度上来看，随着全球气温的升高，降水分布格局发生变化，山区降水量增加，气温的升高也促使积雪和冰川消融加速，山区河流的径流量将增大，地表水资源量将得到暂时性的增多(陈亚宁等，2009)。塔里木河流域各大源流中，冰川主要分布在克里雅河、和田河、叶尔羌河、喀什噶尔河、阿克苏河等大流域，其中和田河和叶尔羌河流域的冰川面积占全流域冰川面积的 54%(表 2.5)(施雅风，2005)。

表 2.5　　塔里木河流域冰川统计(引自中国冰川编目)

资源分区		冰川条数		冰川面积		冰储量		平均
二级区	三级区	条数	%	km²	%	km³	%	km²
塔里木河河源	和田河	3555	13.02	5336.98	14.94	578.71	16.14	1.50
	叶尔羌河	2917	10.69	5315.31	14.87	612.10	17.07	1.82
	喀什噶尔河	1135	4.16	2422.82	6.78	230.62	6.43	2.13
	阿克苏河	1005	3.68	2411.56	6.75	436.98	12.19	2.40
	渭干河	853	3.12	1783.86	4.99	258.27	7.20	2.09
	开孔河	832	3.05	474.98	1.33	23.25	0.65	0.57
	小计	10297	37.72	17745.51	49.66	2139.94	59.68	1.72
昆仑山北麓	克里雅河诸小河	895	3.28	1357.27	3.80	100.66	2.81	1.52
	车尔臣河诸小河	473	1.73	774.87	2.17	72.69	2.02	1.64
	小计	1368	5.01	2132.14	5.97	173.34	4.83	1.56

在气候由暖干向暖湿转型的背景下,塔里木河流域冰川物质平衡变化明显(图2.6)。高鑫等(2010)以中国国家气象台站的月降水与月气温资料为驱动数据、90 m分辨率的数字高程模型(DEM)和第一次冰川编目的冰川分布矢量数据为基础,利用月尺度的度·日模型重建了塔里木河流域各水系冰川物质平衡、融水径流序列。对冰川物质平衡和融水径流的特征、变化趋势以及其对河流径流的贡献进行的分析表明:塔里木河流域1961—2006年平均冰川物质平衡为−139.2 mm/a,累积物质平衡−6400 mm(图2.6)。46 a冰川物质一直在加剧亏损,同期升温对冰川的影响超过降水增多的影响。1961—2006年塔里木河流域冰川区降水增加了10.7 mm,在温度持续升高的作用下,物质平衡出现强烈的亏损状态,导致塔里木河流域冰川区的冰川积累呈现下降趋势(图2.7)。

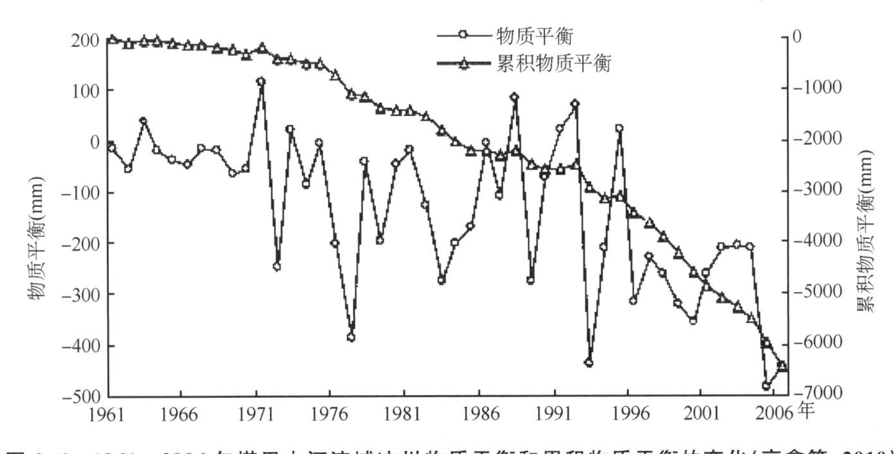

图 2.6　1961—2006年塔里木河流域冰川物质平衡和累积物质平衡的变化(高鑫等,2010)

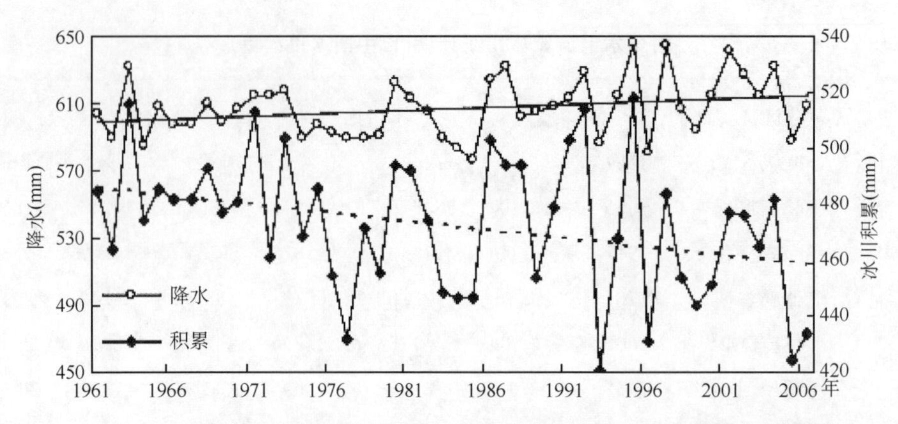

图 2.7　1961—2006 年塔里木河流域四源流冰川区降水量与冰川积累量变化(高鑫等,2010)

塔里木河冰川融水径流的年际变化主要受控于流域内冰川的物质平衡波动,46 a 冰川融水径流的持续增加主要是由气温升高引起的。1961—2006 年整个塔里木河流域年平均冰川融水径流量为 144.16 亿 m^3,冰川融水对河流径流的平均补给率为 41.5%,并且与多年平均值相比冰川融水对河流径流的贡献在 1990 年之后明显增大。塔里木河流域出山径流年际变化与冰川融水径流年际变化过程基本一致,总体上呈上升趋势,并且河流径流量的增加约 3/4 以上源于冰川退缩的贡献。

从模型恢复的塔里木河流域 1961—2006 年冰川物质平衡变化序列可以看出,2000 年之后是塔里木河流域自 1960 年以来物质亏损最严重的时期,帕米尔高原的喀什噶尔河和天山的开都河均呈现显著的负平衡,46 a 累积物质平衡分别为－14.6 和－14.5 m,叶尔羌河物质亏损也比较严重,累积物质平衡达－8.3 m。和田河、克里雅河和车尔臣河呈现微弱的负平衡,而且在 1990 年之前以正平衡为主,表明昆仑山流域冰川物质平衡基本稳定(图 2.8)。物质平衡区域差异产生的原因主要是由于各个流域气候的区域差异造成的,尤其是和田河、克里雅河冰川物质较其他流域损失很小,主要是该区域可能存在一个不连续的降温带(施雅风等,2006)。1991 年之后物质平衡呈显著的负平衡,平均物质平衡为－240.1 mm/a,与 1961—1990 年相比物质平衡平均年增加－154.6 mm(高鑫等,2010)。

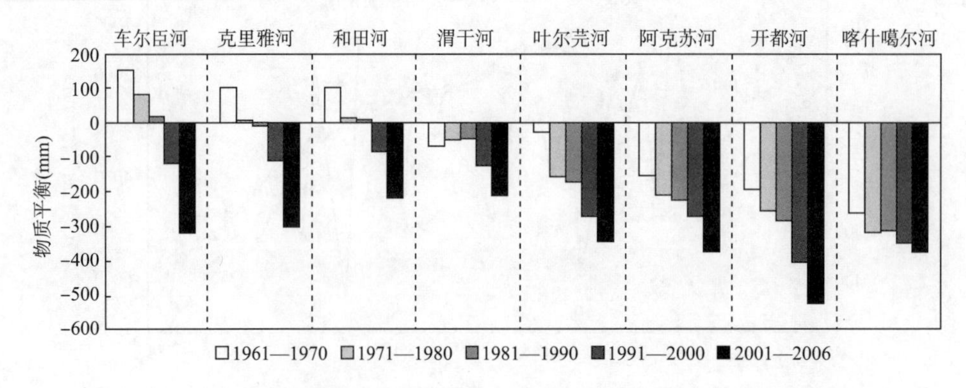

图 2.8　1961—2006 年塔里木河流域主要支流冰川物质平衡变化(高鑫等,2010)

此外，刘时银等(2006)通过应用大比例尺地形图、高分辨率卫星遥感影像及航空摄影照片获得了塔里木河流域3000多条冰川(约占塔里木河流域总冰川条数的25%)20世纪60年代以来的变化情况(表2.6)：从流域各支流冰川变化看，近40年开都河流域冰川面积变化比例为11.6%，发源于西南天山的阿克苏河、西昆仑山北坡的和田河前进冰川所占比例最大，均在30%以上，而叶尔羌河退缩冰川总面积占量算冰川总面积的81.2%。总体来看，塔里木河流域量算的冰川既有退缩的，也有处于前进状态的，其中退缩的冰川数量占量算冰川数量的73.9%。

表2.6　塔里木河流域主要支流近40年来冰川变化统计(施雅风，2005)

河流	时段	量算冰川数量	冰川面积(km^2)	面积变化(km^2)	变化%	前进冰川数量
阿克苏河	1963—1999	247	1760.7	−58.6	−3.3	126
开都河	1963—2000	462	333.1	−38.5	−11.6	98
和田河	1968—1999	757	2620.6	−37.1	−1.4	204
叶尔羌河	1968—1999	565	2707.3	−111.1	−4.1	85

气候暖湿化使得冰川面积退缩，冰川储量减少，冰川产流面积减少，冰川径流对河川径流的调节作用将逐渐减弱。对于全球变暖、各冰川处于加速萎缩状态而言，若假定流域尺度冰川萎缩速率按年均面积减小量发生，则冰川在消失冰量的同时，冰川末端待萎缩冰川区域仍在继续产流，但其产流量会随着末端区域的不断消失而最终趋于0。塔里木河流域在以年均冰川面积减少36.1 km^2时，冰川径流以1.27亿m^3年均速度减少，1963—1999年累计减少冰川径流893.4亿m^3，从长时期来看，如此规模的冰川径流减少对于水资源极为短缺的塔里木河流域带来的影响是不言而喻的(刘时银等，2006)。

2. 积雪

塔里木河流域地表径流量为3.98亿m^3，由于其特殊的地势条件，主要由西、南、北高大山体上冰雪资源给予补给。塔里木河上游区域，即阿克苏河源区的天山南坡，叶尔羌河源区喀喇昆仑山北坡和帕米尔东缘，和田河源区的昆仑山北坡，都有丰富的冰雪资源。三河流域的年冰雪融水比超过60%。

李培基(2001)的研究表明，新疆积雪长期变化表现为显著的年际波动过程叠加在长期缓慢的增加趋势之上。近50年来，新疆年积雪日数、消融期积雪日数和年累积雪深分别增加了8.9 d、1.6 d和20.8 cm，积雪的增加与冬季降水量的增大一致。

徐长春等(2007)选用了塔里木河流域19个气象和水文台站的气温和降水资料，通过NOAA/NASA气象卫星的AVHRR地面数据与GTOPO30 DEM叠加后获得的逐月(1981年7月至2001年9月)积雪面积百分比(研究区内有积雪覆盖的像元数与总像元数的比值，Snow Cover Area，SCA)资料的分析结果显示：对塔里木河流域积雪变化表明近40年来流域内积雪面积呈缓慢增大态势，其中阿克苏河流域、开都河流域增大较为明显，而南部相对不明显。整个流域积雪与冷季降水呈正相关，与冷季气温无明显相关关系。

崔彩霞等(2005)重点针对塔里木河流域主要源流阿克苏河流域的积雪进行了分析。20 世纪 60 年代以来,塔里木河上游区域的积雪有一个弱的上升趋势,但不显著,且变化幅度较大;与此同时,阿克苏河径流量也有一个较为显著的上升趋势,通过上游最大积雪深度、夏季平均气温和夏季降水量与径流量的分析认为,影响径流量的主要因素是夏季降雨量,其次是冬季积雪深度与夏季最高气温,说明气象因子在河流径流量中起重要作用。

1)积雪空间分布

冬季积雪主要分布在流域西北部的天山山区,厚度一般在 30 cm 左右,厚度最大的是天山托木尔峰与汗腾格里峰冰川地区,可超过 40 cm。积雪深度较浅薄的地区是南部,靠近塔里木盆地的平原地区,大部分地区积雪深度都在 10 cm 以下(图 2.8、图 2.9)。流域内积雪呈自西北向东南减少的分布特点。

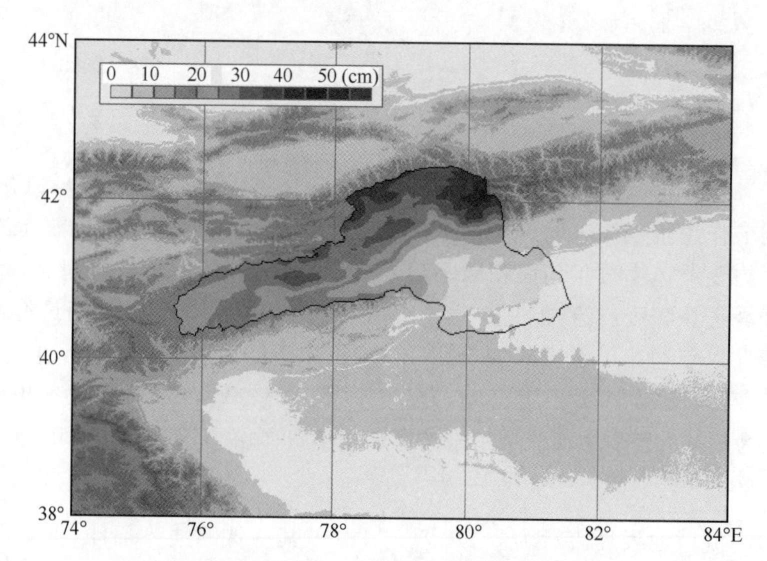

图 2.8 阿克苏河流域最大积雪深度分布

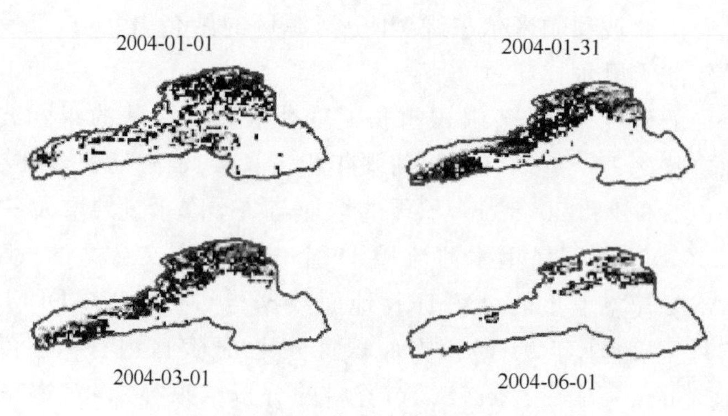

图 2.9 阿克苏河流域积雪深度遥感图

为了分析最大积雪深度的时空分布特征，对塔里木河上游地区时间长度为 41 年(1960—2000 年)、空间站点数为 17 的积雪深度场进行经验正交函数分解。结果表明：第 1 特征向量占总方差的 76.20%，第 2 特征向量占总方差的 7.27%，即前两个特征向量的方差贡献就占总方差的 83.47%，收敛速度很快，浓缩了原始场的主要空间分布信息。图 2.10a、图 2.10b 分别表示第 1、第 2 特征向量的分布。

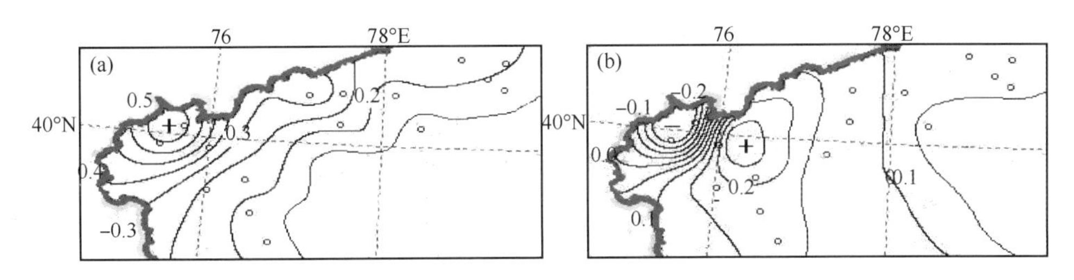

图 2.10　塔里木河上游地区最大积雪深度的正交分解

(a. 第 1 特征向量，b. 第 2 特征向量)

第 1 特征向量均为正值，反映了在大气候背景控制下源流区积雪分布的一致性。同时，山区为高值区，平原为低值区，说明山区积雪大于平原地区。第 2 特征向量表现了山区与平原积雪呈反向分布型，反映了山区与平原积雪的区域性差异。

第 1 时间系数反映了第 1 向量分布型的年际变化，均为正值，说明了第 1 型分布随时间变化的稳定性。可以看出积雪深度的年际波动幅度很大，这是南疆地区积雪变率的一个主要特点。从总的线性变化趋势上看，积雪深度有一个微弱的增加，倾向率为 0.49 cm/10 a，虽然并不显著，但也从另一个方面反映了暖湿化趋势，这与南疆气候变化特点是一致的。另外，2002 年达到最高值，说明山区积雪丰厚，一些山区发生了严重的雪灾。1996 年积雪偏薄，为历史最低值，但春、夏季尤其是夏季降水增多，发生了大范围的暴雨，因此并未形成干旱。

第 2 时间系数与第 1 时间系数相比，权重较小，但仍然有比较大的正、负年际波动变化，说明山区与平原积雪分布变化的交替性，反映了局部气候的影响。

2)最大积雪深度年际变化

利用 4 个山区气象站 45 a 的最大积雪深度资料，与流域内 5 个平原站的最大积雪深度进行比较(图 2.11)，山区站的积雪深度均大于平原站。山区站 1960—2004 年的年平均最大积雪深度为 10.2 cm，极大值出现在 2003 年，为 28.5 cm，比平均值偏多了 179%；极小值出现在 1960 年，为 5.8 cm，比平均值偏少了 43%；平原站的年平均最大积雪深度为 4.4 cm，极大值出现在 1970 年，为 11.8 cm，比平均值偏多了 168%，极小值出现在 1965 年，为 0.5 cm，比平均值偏少了 89%。从图 2.11 还可以看出，积雪的年际波动幅度很大，这是南疆地区积雪变率的一个主要特点。从线性变化趋势上看，山区积雪深度存在微弱的增加，倾向率为 0.85 cm/10 a，略低于天山山区积雪深度的趋势倾向率(1.15 cm/10 a)，而平原站却存在微弱的减少趋势，倾向率为 −0.04 cm/10 a；虽然两者的趋势并不显著，但从另一个方面反映了流域暖湿化趋势主要发生在山区，与南疆气候变化特点是一致的。2003 年出现极值，说明山区积雪丰厚，一些山区发生了严重的雪灾，同时为河川带来径流的增大。

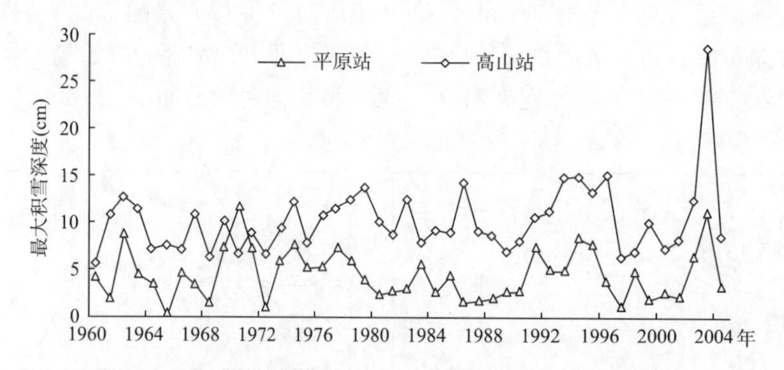

图 2.11 阿克苏河流域平原站与高山站最大积雪深度比较

如果以与 45 a 平均值相比偏多 20％以上为丰雪年，偏少 20％以上为少雪年，在山区站和平原站都有 4 个少雪时段：1964—1966 年、1968—1972 年、1989—1990 年、1997—2001 年，每年积雪都偏少 20％以上。积雪偏多时段也有 4 个：1962—1963 年、1978—1979 年、1994—1995 年和 2002—2003 年。山区站与平原站存在一致性。与径流量的丰枯时段相比，1997—2001 年连续 5 a 的少雪并没有影响 1997—1999 年连续 3 a 的丰水。

3）积雪日数

从积雪初始日期和终止日期看，变化基本稳定，没有表现出明显的提前或推迟的现象。积雪初、终间日数从时间上反映了积雪期长短的变化，阿克苏河流域平均积雪期长达 124 d，其中海拔最高的吐尔尕特站积雪期最长，达到 355 d。积雪初、终日期各地相差很大，与气象站的位置和海拔高度有很大关系。阿克苏河流域初、终日期与海拔高度呈现显著的线性关系。随海拔的升高，积雪初始日期逐步提前，而积雪终止日期逐步推迟，积雪期逐渐加长。从积雪日数与积雪期（积雪初终间日数）所占的比例来看，山区站积雪深度≥0 的日数平均占到积雪期天数的 32.5％，而平原站只占到 21％。

3. 湖泊

湖泊作为陆地水圈的组成部分，参与自然界的水分循环，在干旱区显得尤为突出和重要。在地球陆地上最宽的干旱地带，即欧亚大陆腹地的世界干旱区域，其湖泊水系是一个独特的自然地理系统。它不仅无地表径流和地下径流与全球大洋相通，而且也不与其他集水区域相连；它在陆地上的质量、能量交换具有显著的局地性特色，其水分循环表现出以流域结构系统为特征。

在中国陆地上有 3 种不同类型的湖泊，即湿润（季风）区、干旱区和高寒（青藏）高原区的湖泊。在中国年降水量小于 200 mm 的干旱区，有大小湖泊近 400 个，在中国 3 大自然地理区域，即东部季风区、西北干旱区和青藏高原区中居第 2 位。干旱区的湖泊，不仅是历史气候变迁的重要指示器和研究的切入点，而且是干旱区水分循环的重要环节和不可缺失的构成部分。它对干旱区的生态与环境变化有着直接的作用和重大的影响。内陆地区的湖泊是气候变化敏感的指示器。

博斯腾湖是中国最大的内陆淡水湖泊，位于天山南坡的焉耆盆地，中心位置位于(87°E,42°N)附近。焉耆盆地降水稀少，多年平均降水量约 70 mm，不到新疆平均降水量 147 mm 的一半，而年蒸发量达 1141 mm。多年平均气温 7.9℃，湖域平均水温约 9.7℃。开都河流域是其主要产流区。自 1955 年有记录以来到 1986 年水位一直呈下降趋势，1987 年湖泊面积为 980 km^2，但 1987 年起水位转为连续上升，至 2002 年上升 4.5 m，超过 20 世纪 50 年代最高水位 1 m，2002 年 8 月面积达 1430 km^2(郭铌等，2003)，究其原因主要有两方面：一方面天山南坡降水量增加，开都河年径流量有所增大，另一方面焉耆盆地灌溉引水量的减少以及解放一渠的关闭，使入湖水量增大。博斯腾湖在经历了从 20 世纪 50 年代到 1987 年波浪式下降后，从 1988 年起湖泊水位持续上涨，并在 2002 年超过海拔 1049 m 的水位高程达到有记录以来最高值，在此之后湖泊水位经历了 2003—2005 年连续小幅度下降。2000 年以后湖泊的高水位给邻近的塔里木河下游应急输水以及向塔里木河下游供水 3.5 亿 m^3。

位于天山南坡的博斯腾湖 20 世纪 50 年代以来，湖泊水位经历了 3 个趋势差异明显的变化过程：20 世纪 50 年代至 80 年代中期的缓慢下降过程，1987—2002 年的快速上升过程，2002 年后的急剧下降过程。变化幅度分别超过了 10、20、30 cm/a(图 2.12)。这种变化现象在某种程度上体现了水文过程对极端气候趋势的响应。

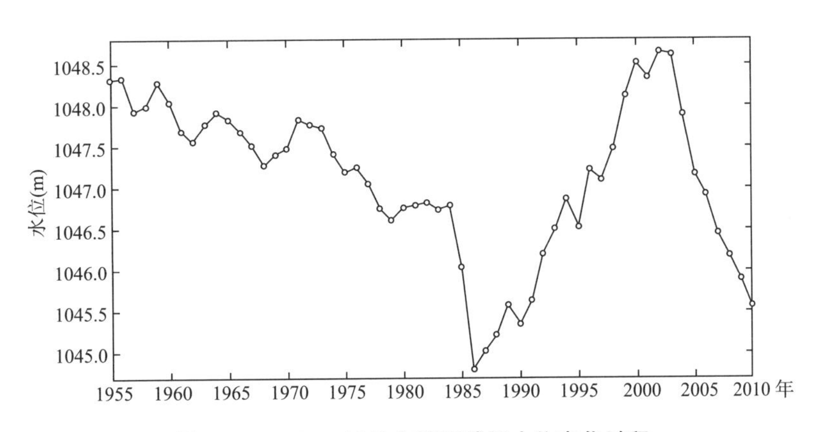

图 2.12　1955—2010 年博斯腾湖水位变化过程

对博斯腾湖水位变化的原因分析。从 1996 年博斯腾湖水量平衡关系来看(表 2.7)，影响湖泊水位变化的因素是多方面的，但有些影响因素比重很小，有些虽然在湖泊水量平衡中所占比重较大，但多年变化不大，因此不是湖泊水位近年变化的主要影响因素。其他出流因素包括湖区人类活动用水，湖面蒸发和生态用水等，湖面蒸发和生态用水虽然所占比重较大，但多年变化比较稳定，因此对水位的影响远比以上分析的这些因素小。博斯腾湖近年引起水位变化的水量收支差额主要由开都河径流变化决定。因此，把握开都河形成的水量及新疆天山南北河流的水量变化原因和变化方向，对于该地区流域环境变化和水资源利用规划有重要意义。

表 2.7　　　　　　　　1996 年博斯腾湖水量平衡状况

收支	进出分项	数量(亿 m^3)	百分率(%)
收入	开都何入湖	22.71	84.42
	黄水沟入湖	1.0675	3.97
	其他小河入湖	0.3032	1.13
	农田排水入湖	0.8345	3.1
	承压补给	0.5250	1.95
	湖面降水	1.4600	5.43
支出	湖泊出流	11.3400	45.34
	水面蒸发蒸腾	13.090	52.24
	湖水外渗	0.5800	2.32
收支差额		1.8902	

注:表中数据引自《博斯腾湖流域水环境保护规划》(1999 年 8 月)。

三、气候变化对流域水资源脆弱性影响分析

1. 水资源对气候波动敏感性较强

塔里木河流域 1961—2008 年平均降水量增多显著,相应的四大源流地表水资源量变化亦比较明显,说明塔里木河流域源区地表水资源量对气候波动敏感性较强。其中天山南麓阿克苏河、渭干河流域增幅高达 8%～12%,由此说明,气候变化会导致河流径流量的增减,但对塔里木河流域来说,有利于地表径流量的增大。但从月径流量的变化来看,气候变化有可能导致径流量年内分配变化,如阿克苏河流域径流量各站突变以后,夏季径流量增大(图 2.13),这种变化一方面有利于水资源量的增多,另一方面又会对阿克苏河流域防洪、减灾带来压力。

2. 随着气候变暖、水分循环的加强,冰川将减少和退缩,洪水及干旱的水文极端事件发生频次递增,水质出现变化

塔里木河流域冰川主要分布在环塔里木盆地的高山地区。如流域北部的天山山区,南部的昆仑山都分布着大量的亚大陆型冰川,具有气温低、雪线高、冰川运动速度慢的特点,是在干冷的大陆性气候条件下发育形成的。高山生态系统对气候变化非常敏感,冰川随着气候变暖加快了消融速度,出现冰川减少和退缩现象。其结果造成高山区冰川湖水迅速增多,水位上涨,导致冰川湖决口,山洪暴发,使得冰川湖突发性洪水发生周期缩短,洪水峰量增大,造成山区(特)大洪水、泥石流等洪灾频繁发生。如叶尔羌河自 1954 年以来发生了十多次冰川湖溃坝型突发洪水,其中 1997—2002 年就发生了 4 次,而且 3 次洪峰流量都在 4000 m^3/s,最大一次洪峰流量高达 6070 m^3/s。另外,随着

气候的持续变暖，必将加速冰川融化，增加冰川融水对河流补给，对近期水资源量的增大有一定正面影响。但从长远来看，随着冰川消融加速，雪线快速上升，冰川萎缩加剧直至消失，河流将永远失去高山固体水库的调节作用及冰川补给来源，河流径流年际变化将增大，大规模的旱灾发生频率将增大，以冰雪融水补给为主的河流径流量将会因此而减少，地表水资源量也将随之减小，对塔里木河流域灌溉型绿洲农业极为不利。

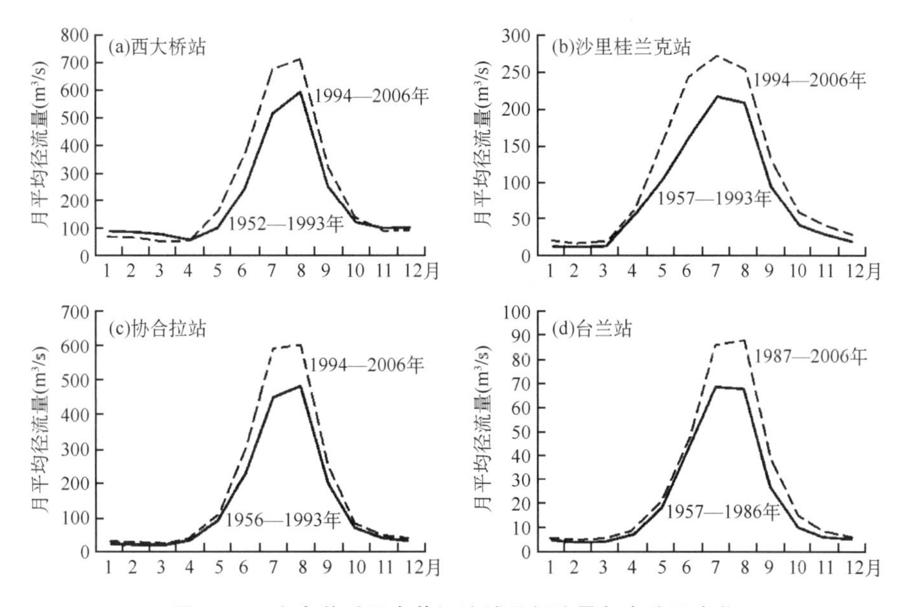

图 2.13　突变前后阿克苏河流域月径流量年内分配变化

气候变暖可能增强水分循环过程，使降水量趋于增加，但降水变率随着降水量的增大而发生变化，蒸发量也会因气候变暖而增大，致使涝、旱等灾害的出现频率增大。随着气候变暖，一些地区由于蒸发量加大，河流径流量减少，将加重河流原有的污染程度。另外，河水温度的上升，也会促进河流里污染物沉积、废弃物分解，进而使水质下降。对于年平均流量明显增大的河流，其水质将会有所好转。

目前塔里木河流域的洪涝、干旱和水环境恶化等三大"水"问题，将随着气候变暖日趋严重。因此，我们必须尽快制定适应气候变化对水资源影响的对策。水资源是关系国家经济安全的重要战略资源。因此，必须根据气候变化和水文等资料对水资源的开发、利用，流域的灌溉、防洪、发电等进行综合科学规划，才能达到水资源的可持续利用，进而才能产生最佳的经济效益和生态效益。

3. 水资源的供需状况出现变化

塔里木河流域降水稀少，水资源年内分配不均，春旱、夏涝、秋缺、冬枯，区域分布差异大，水资源数量与其面积不协调，总体上属于资源性缺水；现有控制性水利工程滞后，水库调节能力有限，水利工程控制能力差，渠道损失严重，工程设施不配套，造成供水不足，致使水资源系统对气候变化的脆弱性较大。随着全球气候变暖，径流量减少，蒸发量增大，将加剧水资源的不稳定性与供需矛盾。尽管由气候变化引起的缺水量小于人口增长及经济发展引起的缺水量，但在干旱年份气候变化引起的缺水量将对社会经济发展产生严重的影响，气候变暖对新疆灌溉型农业灌溉用水的影响远远大于对工业用水和生活用水的影响，尤其是在降水趋于减少或蒸发的增大大于降水增大的地区。尽管气候变暖，冰川融水增多，给河流补给了大量水源，但气温上升同样使地表水的蒸发量加大，对于缓解旱情的实际作用不太明显。

4. 气候变化对水资源及生态环境的影响是全方位、多层次的

生态环境是人类赖以生存的空间，也是人类用以生活、生产的自然资源的载体。气候作为人类赖以生存的自然环境的一个重要组成部分，是最不稳定、最敏感、影响面最广和最直接的环境因子。它的任何变化都会对自然生态系统以及社会经济产生影响。气候变暖一方面导致地表径流、旱涝灾害频率和一些地区的水质及水资源供需矛盾等发生变化，另一方面，气候变化必将导致光照、热量、水分、风速等气候要素的量值和时空分布发生变化，因而势必对生态系统和自然环境产生全方位、多层次的影响。

塔里木河流域地域辽阔，气候、地形等自然条件复杂，生物多样性比较丰富，动植物种类及生态系统类型繁多，为人类的生存与发展提供了最基本的条件和环境。但气候冷暖干湿波动引起生物气候带的水平迁移和垂直升降，将导致生态系统和动物区系空间分布范围的扩缩和物种的增减。气候变化使得自然界动植物的分布范围与物种组成可能发生明显变化，生长季节延长，动植物分布范围向高海拔区延伸，将有相当多的动植物面临不适应气候条件而死亡，造成某些动植物数量减少，物种组成发生变化。由于气候变暖，一些植物开花期提前。森林资源是陆地生态系统的主体，具有调节气候、涵养水源、保持水土、防风固沙、改良土壤、减少污染、美化环境、保持生物多样性等多种功能，对改善生态环境、维护生态平衡，起着决定性的作用。森林群落对气候变化的响应是十分敏感的，气候的微小扰动都可能对群落的结构和演替过程产生巨大影响，将改变森林的组成、结构及生物量。降水量的增减对森林群落影响最大，无论是群落类型还是林分结构的变化，降水量的减少都造成群落中原树种生物量的降低。在降水量基本不变的情况下，群落生物量水平将随温度升高而有所提高。

塔里木河流域沙漠和土地沙漠化、水土流失、盐碱土和盐渍化等生态环境问题十分突出。在干旱、半干旱区，干旱多风，长期风蚀形成大面积戈壁和沙漠，水土流失严重，其沙漠面积最大，是流域生态环境的重要组成部分；在干旱、半干旱荒漠地带，年降水量大都低于 250 mm，而蒸发能力为降水量的 5 倍以上，降水不足以淋溶土壤表层聚积的盐分，土壤常年处于积盐过程，加之地势低平，山区河流淋溶的盐分通过地表和地下径流输送至此而无法排泄，造成盐碱土和盐渍化面积扩大。

沙漠和土地沙漠化、水土流失、盐碱土和土地盐渍化以及生物多样性的演变受气候变化等自然因素和人类活动的双重影响，是经过长期演变形成的，其演变成因不相同，演变过程的性质和速度也不一样。人类历史时期以前，主要受气候变化等自然因素影响，基本上是自然演变过程，变化速度较小，特别是青藏高原的隆升对其演变影响较大。进入人类历史时期，气候变化等自然因素是生态环境变化的基本背景，对生态环境仍有明显影响，但人类活动的影响已越来越大。由于在自然演变过程中，受到人类滥垦、滥牧、滥采、滥伐、滥

捕、滥用水资源等不合理经济活动影响，绿洲生态系统遭到破坏，自然生态系统失去平衡，加快了土壤盐渍化、水土流失发展速度，扩大了其范围，生物多样性亦受到损害。人类不合理的经济活动已成为影响生态环境的主要因素。人类活动一方面使生态环境局部得到保护、治理和改善，另一方面却使生态环境总体上遭到严重破坏，并在气候变化、人类活动和生态环境之间形成复杂的反馈关系，导致生态环境恶化趋势愈演愈烈。

5. 气候变化背景下无序人类活动加剧了水资源紧缺

气候变化和生态环境变化都与人类活动有关，人类活动在一定程度上影响气候变化和环境变化。生态环境的形成和演化是众多因子相互作用的结果，其中气候变化和人类活动是两个最活跃的因子。

人类无序活动促使气候变化的加剧，气候变化又进一步影响了人和自然的和谐。由于人们对人类—环境—气候的相互影响的了解和认识不够，走了一条先开发后保护、以牺牲环境为代价换取经济增长的道路，加之气候变化的影响，使得自然环境不断恶化和脆弱，河湖干涸，植被退化，水土流失严重，荒漠化加剧，水资源严重短缺。

(1)水资源利用不合理，上、下游水量分配失衡，是造成土地荒漠化、生态环境恶化的主要原因。水资源的重新分配，不仅打破了水资源系统的天然平衡，同时也严重破坏了全流域的生态平衡，导致生态环境严重恶化。塔里木河流域主要为灌溉型农业，由于缺乏水资源统一规划与科学管理，渠道渗漏大、渠系利用率低、灌溉技术落后、灌溉定额高、重灌轻排，以及盲目地利用河流上中游水资源，扩大灌溉面积，开拓新绿洲，造成下游来水量日益减少，河流流程缩短或断流、湖泊萎缩或干涸，地下水位持续下降、水质恶化，大面积天然绿洲退化，部分耕地撂荒，外围草场、灌木林等大片植被退化或死亡，荒漠范围日益扩大。在大中型灌区，由于灌溉不当，地下水位上升，造成土地次生盐碱化。塔里木河流域生态环境的恶化就是例证。塔里木河历史上曾有九条较大水系可汇入塔里木河干流。受人类活动与气候变迁等因素的影响，早在 20 世纪 40 年代以前，车尔臣河、克里雅河、迪那河等相继与干流失去地表水联系。40 年代以后，由于人类活动影响和高强度水资源开发利用，喀什噶尔河、开都河—孔雀河、渭干河等也逐渐不再向塔里木河干流供水。目前与塔里木河干流有地表水联系的只有和田河、叶尔羌河、阿克苏河三条源流。孔雀河近几年通过扬水站从博斯腾湖抽水经库塔干渠向塔里木河下游输水。叶尔羌河在小海子水库 1959 年建成后，大部分水量引入水库，只有大洪水时才有少量水汇入塔里木河，自 1963 年第一次断流以来的 40 a 中，有 20 a 出现了断流，特别是 1986—2003 年的 18 a 中，仅 1994、1999 和 2001 年的大水年有少许水汇入塔里木河，其余 15 a 断流；和田河每年也只有在 7—9 月不足 3 个月洪水期有水量汇入塔里木河，其余 9 个月断流；只有阿克苏河是塔里木河最主要的源流，补给干流的水量占“四源流”入塔里木河水量的 70%。“四源流”多年平均年径流量 256.73 亿 m^3，而输入塔里木河干流的多年平均径流量只有 48.1 亿 m^3。在近 40 a 塔里木河流域水资源的开发利用中，由于源流和上中游地区缺乏统一管理、各自为政，盲目进行大规模水土开发，耕地面积急剧扩大，用水量剧增，使得源流向干流的输水量逐年减少，与此同时，干流上中游段随意堵坝、乱开引水口，造成水量大量流失浪费，致使塔里木河下游来水量急剧减少，水质恶化，地下水位下降，下游大西海子以下 320 km 河道自 20 世纪 70 年代以来处于断流状态，台特马湖于 1974 年后干枯，沿河绿色走廊生态失调，绿洲荒废，植被衰退，土地沙化、荒漠化加剧，沙尘暴天气增多。塔里木河下游绿色走廊从历史上繁盛的绿洲演变为今天植被衰败的荒凉景象，水量的多寡在其中起着决定性的作用。

(2)土地资源利用不合理使绿洲生态系统遭到破坏，导致生态环境急剧恶化，极为严重的是草场退化、沙漠化、水土流失、土地盐渍化和城乡环境恶化。因盲目大规模开荒造田，造成严重的水土流失，因大片草原被人为地开垦以及草原牧区严重超载过牧，造成牧草地面积锐减及草原大面积退化甚至沙化。因滥垦、滥牧、滥樵、滥采及不合理的种植结构和耕作制度，造成大面积土地退化甚至沙化。此类例子比比皆是，塔里木河流域就是人为改变土地利用使生态环境恶化的最好例证。1950 年以来，随着人口增加进行了大规模的开荒造田，耕地面积扩大了 215 万 hm^2。塔里木河流域也进行了大规模的农垦，上游阿拉尔和下游恰拉、铁干里克等地耕地面积增加很快，其人均耕地面积(0.46 hm^2)已远远超过新疆人均耕地面积(0.19 hm^2)和全国人均耕地面积(0.079 hm^2)。塔里木河盆地目前人工绿洲面积共 5.212 万 km^2，其中，历史时期形成的 3.478 万 km^2，近代形成的 1.734 万 km^2。历史时期形成的沙漠占全部沙漠的 66.7%，现代形成的占 33.3%。在现代形成的沙漠中，农垦造成的占 44.9%，水资源不合理使用造成的占 39.9%，风沙作用形成的只占 15.2%。塔里木河流域开垦的土地大多是灌区内和灌区边缘的干排积盐地，为了洗盐加大灌溉定额，形成盐渍化越重灌水越多，灌水越多盐渍化越重的恶性循环，致使部分土地弃耕，造成“盐赶人走”的局面。另外，自 20 世纪 90 年代以来，由于塔里木河下游来水量逐年减少，兵团农二师塔里木垦区(5 个团场)先后搬迁了数个边远连队，弃耕了十多万亩①农田，造成弃耕沙化，使本来十分脆弱的自然生态环境更是雪上加霜，塔里木河下游成了风沙活动的场所，沙漠化面积迅速扩大。局地的环境恶化影响了局地气候变化，使气候进一步向干旱化的方向发展，气候干旱化又导致土壤进一步荒漠化。形成了局地无序的人类活动引起局地气候变化与生态环境变化之间的恶性循环。

总之，尽管目前关于气候变化对水资源、生态环境的影响研究只是初步的结论，但气候变化会对水资源系统产生多方面的影响，将直接影响社会经济发展这一点是确定的。因此，我们必须从现在起就考虑如何减缓气候变暖的影响。应对气候变暖的影响，趋利避害，全面深入研究气候变化对涉水部门的影响，不仅要从根本上遏制水资源状况恶化的趋势、改善生态环境，还要积极应对气候变化对社会经济发展的不利影响，提出适应与减缓气候变化影响的规划和行动措施，如：加强水资源的统一管理和优化调度；节约用水，发展节水农业；研制开发节水灌溉技术；调整粮食产业结构和布局；改良和培育作物新品种等，妥善解决好经济发展与环境破坏的矛盾，在可持续发展的框架下解决气候变化问题。

---

① 1 亩 $=\frac{1}{15}$ hm^2，下同。

第三节　未来水资源变化趋势

从全流域看，20 世纪 90 年代气温升高，降水增多，源流水量增多，但对不同的源流由于补给条件的差异，气温、降水的变化对径流的影响不同。因而吴素芬等（2003）从影响径流的气候因素着手，用投影寻踪回归模型（PPR）建立模型，预测西北气候由暖干转为暖湿（施雅风等，2002）的背景下，塔里木河水资源可能出现的变化趋势。

专栏

投影寻踪回归模型原理和方法

1. 模型原理

PPR 模型的原理（Friedman，*et al.*，1981）是利用计算机技术，通过对历史记录数据进行客观投影诊断，并将高维数据通过某种组合投影到低维子空间上，寻找出能反映高维数据的结构或特征的投影，达到分析和研究高维数据的目的。利用这种回归结构对未来的水文情势做出预测、预报。PPR 模型采用若干投影数值的“和”来逼近回归函数。

2. 选择因子

基于该模型能处理非正态、非线性的高维数据（郑祖国，1995），因而在选择因子时，仅从物力成因上考虑，而不局限于因子与预报对象线性相关程度，尽可能选择在流域上或同一气候区代表性较好的气温、降水因子。

投影寻踪法预测塔里木河源流水资源变化趋势结果如下。

表 2.8　塔里木河流域气温升高 0.5～2℃ 预测源流站年径流量变化（%）

站名	多年平均径流量（亿 m^3）	0.5℃	1℃	1.5℃	2℃
沙里桂兰克	27.04	15	19	24	21
协合拉	47.44	2	9	18	27
卡群	65.66	2	5	9	12
乌鲁瓦提	21.47	9	13	16	19
同古孜洛克	22.1	6	10	13	16
五站总量	183.71	5	10	15	19
阿拉尔	45.9	10	17	21	23

表 2.8 为以多年平均气温为基础，预测气温升高 0.5～2℃源流的水量。未来的气温升高 0.5℃时，源流出山口水文站年径流量增多 5%；升高 1.0℃时，增多 10%；升高 1.5℃时，增多 15%；升高 2.0℃时，增多 19%。各河水量随着气温增加而增大，进入阿拉尔站水量增多 23%。

表 2.9　降水增多 10%～30%情景下预测的源流站年径流量变化(%)

站名	多年平均径流量(亿 m^3)	10%	20%	30%
沙里桂兰克	27.04	11	8	9
协合拉	47.44	−3	−5	−2
卡群	65.66	−3	−4	−4
乌鲁瓦提	21.47	−3	−12	−22
同古孜洛克	22.1	−4	−14	−24
五站总量	183.71	−1	−4	−6
阿拉尔	45.9	1	−2	−5

表 2.9 为多年平均降水量增加 10%～30%情景下预测的塔里木河源流水量。4 个出山口站年径流量呈减少的变化，其原因是 4 站年径流量中冰川融水比重占 46%～74%，由于降水增多气温降低导致冰雪融水减少(杨针娘等，2000)，出山口年径流量减少。沙里桂兰克站年径流量增加，增加的幅度约 10%，增加的原因是该站降水补给比重大，而冰川融水比重相对其他河流小，约占 28.9%(杨针娘等，2000)，但随着降水增多，降水径流增多融水径流减少，二者作用的结果，河流径流量增加不明显。总的来说，降水增多，5 条源流水量减少，进入塔里木河干流阿拉尔站的径流量也减少 5%。

表 2.10　气温升高 2℃和降水增大 10%～30%情景下预测的源流站年径流量变化(%)

站名	多年平均径流量(亿 m^3)	10%	20%	30%
沙里桂兰克	27.04	35	43	45
协合拉	47.44	24	21	18
卡群	65.66	5	4	2
乌鲁瓦提	21.47	20	14	7
同古孜洛克	22.1	12	5	−4
五站总量	183.71	17	16	13
阿拉尔	45.9	23	21	18

表 2.10 数据显示，气温升高 2℃，降水增多 10%～30%，5 站年径流量增加。降水增大 10%，5 站年径流量增大 5%～35%；降水增大 20%，5 站年径流量增大 4%～43%；降水增大 30%，各站年径流量变化幅度为−4%～45%。随着降水由 10%增至 30%，除了沙里桂兰克站年径流量由 35%增至 45%外，其他 4 站年径流量随着降水增加年径流量减少。实

际上，南疆降水增多，气温必然下降，使冰雪融水减少。也即当气温升高2℃，降水增多幅度较小时，冰川融水增加量大，当降水增加幅度大时，冰川融水增加量小。

由上述分析可知，气温升高将加快冰川融化，冰川融水比重达28%～73%的塔里木河流域水资源也将随着气温升高0.5、1、1.5和2℃而分别增大5%、10%、15%、19%，即全球气候增暖，增大了塔里木河流域水资源量。

随着降水增大，塔里木河流域水资源呈减少的变化，而对冰川融水比重小的河流降水增加年径流量增大。

气温升高2℃降水增加10%、20%、30%的变化条件下，塔里木河流域水资源量明显增大5%～35%，进入塔里木河流域的水量增大18%～23%，但随着降水量增大冰川融水比重大的河流年径流量呈减少的变化（吴素芬等，2003）。

第四节　应对气候变化的适应性对策

水资源的可持续开发利用面临人口增长、经济社会发展、生态系统对水需求的增大以及气候变化的影响等多方面的压力（刘九夫等，2008）。对于干旱区内陆河流域，气候变化背景下的水资源适应对策一方面应促进水资源的可持续利用，另一方面是增强水资源系统的适应能力和减少水资源系统对气候变化的脆弱性。适应性对策的确定要考虑气候变化影响的不确定性和政策的合理性及可行性。根据塔里木河现状，适应性对策主要包括以下几个方面：

1）干旱区对全球气候变化的适应必须是一个长期坚持的节水过程，实现全流域的水资源合理地重新配置

综上所述，有两个前提是必须肯定的：①水资源的总量是有限的；②已形成的绿洲不可能、也不应该退回到原始的状态，即使是退耕还林、还草，仍然需要比原始状态高得多的水量来维系。因此，我们的目光应聚焦到节水上来，包括农艺节水、工程节水和管理节水都有很大潜力。节水的“蛋糕”做大了，既可保证生产持续发展，又能向下游输送适量配额的水，拯救已衰败的生态环境并使之逐步恢复重建。为达到这个目标，据中国科学院新疆生态与地理研究所和塔里木河管理局等单位的估算，每年至少应保障有3.5亿m^3水输向大西海子以下的断流河道。

2）节水的重点在农区，提高当量水的产出率大有可为

目前，塔里木河流域每立方米水的工农业产值产出率是非常低的。初步统计，全流域平均为0.81元，最高的是开都河—孔雀河流域为1.63元，最低的是塔里木河干流区，还不到0.31元。由此可见，当量水的产出率的潜力很大，必须下大力气在这方面抓出成效来。

农业节水大有可为。据中国科学院知识创新工程塔里木河项目示范点的试验表明，采用膜下滴灌技术，产量比对照地高12%；节水近50%，节肥30%左右。当量水的产出率提高3倍多，使每立方米水的皮棉产量达到了0.62 kg（以色列最高可达1 kg）。

对玉米、苜蓿进行了节水种植，采取了冬灌不春灌试验，苜蓿保苗率达农业可利用水平，玉米出苗率90%以上，平均每公顷节水1500 m^3，若在全流域推广则可节水14亿m^3，这在干旱区具有重要的推广价值。

3)控制绿洲的适度规模

干旱区的生态结构是呈圈层状的。大范围看，从内向外依次是水源地(山区)—绿洲—荒漠植被分布区(过渡带)—荒漠区。小范围看，从内向外依次是绿洲核心区—环绿洲外围区—林、灌、草过渡区—荒漠区。一定的水资源，只能维持一定面积的稳定绿洲。企图过度地向绿洲外围区，甚至向林、灌、草过渡区推进，实质上是解除了对绿洲的保护，荒漠必然长驱直入。绿洲的稳定性也就动摇了。绿洲的扩展只能是在节水基础上的有限扩展，每一个具体的绿洲都必须有自己的适度规模。

4)恢复植被首先应着眼于土著品种和经济品种，同时加强干旱区生物基因库的建立，造福千秋万代

根据近年来的实践，并借鉴中外正反两方面的经验，用于恢复的植被应以乡土品种为主，因为它们在当地有很强的适应性。一般都拥有省水的特点，还同时具有或兼有耐干旱、耐盐碱、耐风沙、耐瘠薄、耐水渍等特性中的一种或数种，对含盐较高的水也有相当好的承受能力，是塔河生态恢复中充分利用非良质水资源的一条非常重要的途径。许多品种还有很高的经济价值或药用价值。例如药用植物甘草、麻黄，被誉为“沙漠人参”的红柳大芸，高档纤维兼药用植物罗布麻，特产果品库尔勒香梨、若羌红枣、库车白杏、喀什巴旦木、阿图什葡萄等。当然，与此同时我们也要加强节水和强抗逆性植物新种群的引进和开发。为更好地适应全球气候变化，建议尽快并加速建立干旱区生物(动物、植物、微生物)基因库，应用生物基因工程技术，研制出新的适应干旱区气候变化的生物新品系。

5)加强流域水权管理

对于流域的水权管理措施，应转变观念，树立水权管理意识：明晰水权，引进新约束机制；科学制定定额与适时水权；完善法规，加强各方水权的保护力度；利用水价经济杠杆，优化水资源配置；加强统一管理，提高水资源利用效率，实现水资源的可持续利用。塔里木河流域地处内陆深处的干旱荒漠植被区，水资源的短缺，已成为制约流域社会经济和生态环境可持续发展的主要因素。通过明晰水权，给每个用水户以法律形式确定一定的用水量，约束各自限额用水，保障生态用水的稳定。通过完善法律、法规，加强生态环境保护力度，制止违法垦荒、破坏生态等行径，促进塔河流域生态环境的良性发展(陈小强等，2012)。

小结

受全球气候变化影响，塔里木河流域出现了明显的由暖干向暖湿转变的趋势。塔里木河流域径流变化既有自然变率的影响，又有人类活动的影响。总体来看，近50 a的气候变化有利于源区径流量的增大。受气温的影响，塔里木河流域量算的冰川既有退

缩的，也有处于前进状态的，其中退缩的冰川数量占量算冰川数量的比重较大。

水资源在经济发展所需要的各种自然资源中是最重要的，尤其是在干旱、半干旱地区。塔里木河流域地处中国西北干旱区，流域的生态恢复与保育是以水过程为主线、强化水管理为前提的。气候变化带来的水文循环的变化，引起塔里木河流域水资源在时空上的重新分布和水资源数量的改变，因此针对流域内气候变化的特点采取相应的适应性措施十分重要。必须基于人、水和谐原则防治水旱灾害，加强节水高效利用，强化需水管理、控制水资源消费，积极开发流域空中水资源，实施流域综合管理；同时完善政策、法规，加强水资源综合管理，增强公众意识与管理水平。

参考文献

陈小强，孟栋伟，魏强. 2012. 塔里木河流域水权管理与对策. 陕西水利，(2)：48-50.

陈亚宁. 2010. 新疆塔里木河流域生态水文问题研究. 北京：科学出版社.

陈亚宁，徐长春，杨余辉等. 2009. 新疆水文水资源变化及对区域气候变化的响应. 地理学报，**64**(11)：1331-1341.

崔彩霞，魏荣庆，李杨. 2005. 塔里木河上游地区积雪长期变化趋势及其对径流量的影响. 干旱区地理，**28**(5)：569-573.

邓铭江. 2009. 中国塔里木河治水理论与实践. 北京：科学出版社.

董新光，邓铭江. 2005. 新疆地下水资源. 乌鲁木齐：新疆科学技术出版社.

高鑫，张世强，叶柏生等. 2010. 1961—2006年叶尔羌河上游流域冰川融水变化及其对径流的影响题. 冰川冻土，**32**(3)：445-453.

郭铌，张杰，梁芸. 2003. 西北地区近年来内陆湖泊变化反映的气候问题. 冰川冻土，**25**(2)：211-214.

郝兴明，陈亚宁，李卫红. 2006. 塔里木河流域近50年来生态环境变化的驱动力分析. 地理学报，**61**(3)：262-272.

黄玉霞，王宝鉴，张强等. 2008. 气候变化和人类活动对石羊河流域水资源影响评价. 高原气象，**27**(4)：866-872.

蒋良群，陈曦，包安明. 2005. 塔里木河下游地下水变化动态分析. 干旱区地理，**28**(1)：33-37.

蒋艳，夏军. 2007. 塔里木河流域径流变化特征及其对气候变化的响应. 资源科学，**29**(3)：45-52.

蓝永超，丁永建，康尔泗. 2004. 近50年来黑河山区汇流区温度及降水变化趋势. 高原气象 **23**(5)：723-727

蓝永超，林纾，文军等. 2007. 黄河上游半、枯水年汛期及前期的环流特征分析. 高原气象，**26**(5)：1052-1158.

李栋梁，冯建英，陈雷等. 2003. 黑河流量和祁连山气候的年代际变化. 高原气象，**22**(2)：104-110.

李栋梁，吕世华，邓振镛. 2004. 疏勒河绿洲系统气候变化的特征分析. 高原气象，**23**(2)：264-270.

李建峰，左其亭. 2004. 塔里木河水资源利用存在的问题及解决方法. 郑州大学学报，**25**(4)：78-82.

李培基. 2001. 新疆积雪对气候变暖的响应. 气象学报，**59**(4)：491-501.

梁宏，刘晶森，李世奎. 2006. 青藏高原及周边地区大气水汽资源分布和季节变化特征分析. 自然资源学报，**21**(4)：526-534.

刘昌明. 2004. 黄河流域水循环演变若干问题的研究. 水科学进展，**15**(5)：608-614.

刘九夫，张建云，贺瑞敏等. 2008. 气候变化对水影响的适应性对策. 中国水利，(2)：59-61.
刘时银，丁永建，张勇等. 2006. 塔里木河流域冰川变化及其对水资源影响. 地理学报，**61**(5)：482-490.
马金珠，李吉均，高前兆. 2002，气候变化与人类活动干扰下塔里木盆地南缘地下水的变化及其生态环境效应. 干旱区地理，**22**(1)：16-23
施雅风. 2005，简明中国冰川目录. 上海：上海科学普及出版社，61-63.
施雅风，孔昭宸，王苏民等. 1993. 中国全新世大暖期鼎盛阶段的气候与环境. 中国科学(B辑)：，**23**(1)：865-873.
施雅风，刘时银，上官冬辉等. 2006. 近 30 a 青藏高原气候与冰川变化中的两种特殊现象. 气候变化研究进展，**2**(4)：154-160.
施雅风，沈永平，胡汝骥. 2002. 西北气候由暖干向暖湿转型的信号、影响和前景初步探讨. 冰川冻土，**24**(3)：219-226.
施雅风，沈永平，李栋梁等. 2003. 中国西北气候由暖干向暖湿转型的特征和趋势探讨. 第四纪研究，**23**(2)：152-164.
史玉光，孙照渤. 2008，新疆水汽输送的气候特征及其变化. 高原气象，**27**(2)：310-319
王秀荣，徐祥德，苗秋菊. 2003. 西北地区夏季降水与大气水汽含量状况区域性特征. 气候与环境研究，**8**(1)：35-42.
吴素芬，韩萍，李燕等. 2003. 塔里木河源流水资源变化趋势预测. 冰川冻土，**25**(6)：708-711.
徐长春，陈亚宁，李卫红等. 2007. 45 a 来塔里木河流域气温、降水变化及其对积雪面积的影响. 冰川冻土，**29**(2)：183-190.
杨青，刘晓阳，崔彩霞等. 2010. 塔里木盆地水汽含量的计算与特征分析. 地理学报，**65**(7)：853-862.
杨针娘. 1991. 中国冰川水资源，兰州：甘肃科学技术出版社，104-138.
杨针娘，曾群柱，刘新仁等. 2000. 中国寒区水文，北京：科学出版社，211-212.
叶茂，徐海量，宋郁东等. 2006. 塔里木河流域水资源利用面临的主要问题. 干旱区研究，**23**(3)：388-392.
尤卫红，赵付竹，吴湘云等. 2007，夏季澜沧江跨境流量变化与夏季风的关系. 高原气象，**26**(5)：1059-1186.
俞树毅，柴晓宇. 2009. 干旱半干旱流域生态环境变化与人类活动间的相互影响. 河海大学学报，**11**(2)：30-33，46.
俞亚勋，王劲松，李青燕. 2003. 西北地区空中水汽时空分布及变化趋势分析. 冰川冻土，**25**(2)：149-156.
张建云，王国庆等. 2007. 气候变化对水文水资源影响研究. 科学出版社，北京.
张人权. 2003. 地下水资源特征及其合理开发利用. 水文地质工程地质，**30**(6)：1-5.
赵芬，吴志勇，陆桂华. 2008. 塔里木河流域空中水汽状况分析. 中国科技论文在线：1-9.
郑祖国. 1995. 投影寻踪回归(PPR)技术在水泥配方优化中的应用. 八一农学院学报，**18**(1)：20-24.
Friedman J H, Stuetzle W. 1981. Projection pursuit egression. J. Amer. Statist. Assoc, **76**: 817-823.
Tao H, Gemmer M, Bai Y, *et al*. 2011. Trends of streamflow in the Tarim River Basin during the past 50 years: Human impact or climate change? J. Hydrol, 400: 1-9.
Thomas G Huntington. 2006. Evidence for intensification of the global water cycle: Review and synthesis. *Hydrology*, **319**: 83-95.
Xu Z X, Chen Y N, Li J Y. 2004. Impact of climate change on water resources in the Tarim River Basin. *Water Resources Management*, **18**: 439-458.
Zhang Q, Xu C Y, Zhang Z X, *et al*. 2007. Spatial and temporal variability of extreme precipitation during 1960—2005 in the Yangtze River basin and possible association with large-scale circulation. Hydrology, DOI: 10.1016/j.jhydrol. 11.023.

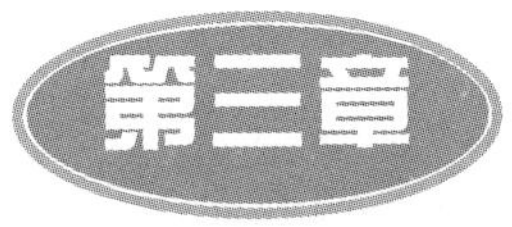

气候变化对塔里木河流域农业生产的影响和适应对策

陈亚宁，黎枫（中国科学院新疆生态与地理研究所）

引言

农业属于初级生产，是人类最大和最重要的经济活动之一。科学研究表明，近百年来，地球气候正经历一次以全球变暖为主要特征的显著变化。全球气候的任何异常变化，都对农业产生难以预料的影响。位于中国极端干旱区的塔里木河流域，以绿洲灌溉农业为流域经济主体，占塔里木河流域不到5％面积的绿洲集中了流域90％以上的生产力，创造了流域近99％的物质财富，哺育了流域95％以上的人口。在全球气候变化的大背景下，新疆气候系统的变化势必引起流域气候子系统的相应变化（陈亚宁等，2008）。气候变化对塔里木河流域的农业既存在着有利的一面，也存在着不利的一面，尤其是随着近年来的极端气候事件的频繁发生，农业生产更表现出其脆弱性（陈亚宁等，2010）。针对塔里木河流域农业生产脆弱性特征，依据气候变化对流域农业生产的影响，采取适当的应对措施，最大限度地利用气候变化对农业生产的有利影响，同时控制并减少不利影响，这对促进流域农业可持续发展，实现社会经济的发展，保障地区稳定具有重要意义。因此，本章从流域农业生产现状入手，综述气候变化对流域农业生产的影响，评估了气候变化背景下农业生产脆弱性，在此基础上提出了流域农业生产对气候变化的适应性对策。

第一节　农业生产现状

农业生产以有生命的动植物为主要劳动对象。动植物的整个生命过程，从生长、发育到繁殖，都必须首先和外在环境相适应、相协调。农业发展的过程就是人类不断克服自然的限制，逐步加深对自然的认识，不断协调自身与环境的关系，最终促使土地生产率提高，农业可持续发展的过程(翟虎渠，1999)。气候是农业生产的重要环境，更是不可缺少的主要物质资源，气候作为一种环境因素和自然资源，对农业生产的影响是多方面的：

①光、热、水等气候要素是决定种植制度的基本因素，其中热量更是决定某一地区一年几季的主导因素。一般说来，一年三季要求＞0℃的积温不小于5900℃・d；一年两季要求＞0℃积温不小于4000℃・d；而＞0℃积温小于4000℃・d的地区只能一年一季。

②光、热、水等提供农作物生长发育所需的能量和物质，它们的不同组合对农业生产的影响不同。例如塔里木河流域光照丰富，但水分不足，也不利于农业增产。

③土地资源自然生产力的地区差异，主要是水、热条件的地区差异所致。面积超过全中国50%的西部干旱半干旱地区，生物量仅占全国的13%；面积不到全国一半的东部地区，生物量占全国的87%。中国东、西部土地资源自然生产力的这种差异，主要是东、西部水分条件的差异引起的。

④作物的种类和品质与气候条件密切相关，某一地区适宜生长的作物种类与当地的气候条件(温度和湿度等)密切相关。如北方适宜种植喜长日照、温凉气候的作物，南方则适宜生长喜短日照、热量充足的作物。

气候变化已经成为全球研究的热点问题，在全球气候变化的大背景下，自然生态系统、农业生态系统等均在发生着各种变化，农业作为对气候变化反应最为敏感的产业之一，受气候变化影响，正不断地发生着变化。就整个中国而言，从大体上讲，气候变化将使中国未来农业生产面临以下三个突出问题：

①农业生产的不稳定性增加，产量波动大。据估算，到2030年，中国种植业产量在总体上因全球变暖可能会减少5%～10%左右，其中小麦、水稻和玉米三大作物均以减产为主。

②农业生产布局和结构将出现变动。气候变暖将使中国作物种植制度发生较大的变化。到2050年，气候变暖将使三熟制的北界北移500 km之多，从长江流域移至黄河流域；而两熟制地区将北移至目前一熟制地区的中部，一熟制地区的面积将减少23.1%。华北目前推广的冬小麦品种(强冬性)将不得不被其他类型的冬小麦品种(如半冬性)所取代。

③农业生产条件改变，农业成本和投资大幅度增加。气候变暖后，土壤有机质的微生物分解将加快，造成地力下降。施肥量将增加，农药的施用量将增大，投入增加。

一、农业生产现状分析

占新疆国土面积61%的塔里木河流域，位于中国极端干旱区，是新疆少数民族的主要居住区之一，社会经济落后。尽管流域总面积较大，但由于流域内降雨稀少、蒸发强烈、风沙灾害频繁、土地沙漠化严重，人类活动主要集中于沿塔里木河冲积平原与山区河流出山口冲—洪积平原地带和水、土条件较好的地方发育的带状或串珠状绿洲。绿洲作为干旱区一种独特的地理区域类型，巧妙地组合了自然界的水资源和光热资源，使其拥有了得天独厚的生态机能和生产效率，是干旱区唯一能抗御干旱气候的特殊生态环境，并成为塔里木盆地人类文明的重要发祥地。占塔里木河流域不到5%面积的绿洲集中了流域90%以上的生产力，创造了流域近99%的物质财富，哺育了流域95%以上的人口。这些绿洲就成为塔里木河流域社会经济赖以生存和发展的基础，更是绿洲农业的基础。流域经济以绿洲农业为主体，而绿洲农业以灌溉农业为典型特点。因而研究气候变化对塔里木河流域农业生产的影响并提出适应性对策，对促进流域农业可持续发展，实现社会经济的发展，保障地区稳定具有重要意义。

由于流域内降水稀少，农业发展主要还是依靠河流地表径流，因而与中国其他地区相比，气候变化对流域农业生产的影响存在一定差异。一是塔里木河流域作为气候变化的最为敏感响应区之一，在全球气候变化的大背景下，其气候必将发生明显变化，而气候是农业生产的重要环境，更是不可缺少的主要物质资源，其变化必将直接对农业生产造成一定的影响。二是流域内农业发展主要依靠河流地表径流，而在干旱半干旱区，径流弹性非常大，降水和温度较小的变化会引起径流较大幅度的变化，也就是气候变化可通过对河流地表径流的影响对农业生产造成重大影响。

随着塔里木河流域社会经济的发展，人口的增加，流域内耕地面积不断增长。到2008年末，流域耕地面积达到1693.43千hm^2，较1990年的1005.89千hm^2增加了687.55千hm^2(表3.1)。耕地中，水浇地是主体，占耕地面积比例在90%以上，这体现了流域绿洲农业以灌溉农业为主的特点。从整个流域看，水浇地所占比例2008年较1990年还略有升高。从农业生产总值(仅种植业)看，随着经济结构的不断优化，产业的多元化发展，农业生产总值占GDP比例有所减少，已从1990年的53.04%减少至2008年的28.53%。尽管如此，农业在流域经济中还是占有举足轻重的作用，特别是在喀什与和田地区，农业生产总值占GDP比例超过50%，在阿克苏地区也高达33.47%。

从三产比例来看，塔里木河流域第一产业所占比重1999年以前一直在三产比重中最大，2000年以后转变为三产比例中最小的。但是第一产业的总产值在GDP中的比重仍然很大，塔里木河流域有丰富的农业资源，是典型的绿洲农业生产区域，一直在全疆的农业生产中占有重要的地位，是新疆重要的粮食、棉花、畜牧业以及瓜果生产基地，其第一产业在GDP中的比重一直都高于全疆平均水平。

从农作物播种面积看，塔里木河流域农作物播种面积从1990年的1171.60千hm^2增加到2008年的1793.36千hm^2(表3.2)，其中巴州、阿克苏和喀什地区增加数量较大。受气候变化、政策及社会经济等因素影响，2008年谷类作物种植面积较1990年有所减少，其中水稻种植面积减少幅度较大，从1990年的37.12千hm^2减少至2008年的26.92千hm^2，5地州中巴州和阿克苏地区减少幅度较大，和田地区略有增加。由于塔里木河流域小麦种植区之一的阿克苏地区小麦种植面积的大幅减少，整个流域小麦种植面积有所减少。塔里木河流域玉米种植面积变化不大，对各地州而言则有增有减。统计结果显示，流域经济作物中棉花种植面积增加幅度较大，从215.09千hm^2增加到

692.94 千 hm^2，其中巴州、阿克苏和喀什地区增加较大。

表 3.1　塔里木河流域农业生产状况

年份	地区	年末耕地面积（千 hm^2）	水浇地（千 hm^2）	比例（%）	GDP（万元）	农业总产值（万元）	比例（%）
1990	巴州	102.84	99.07	96.33	167597	39581	23.62
	阿克苏	312.69	283.26	90.59	216072	102827	47.59
	克州	40.12	38.27	95.40	30946	12722	41.11
	喀什	392.75	382.62	97.42	274087	198420	72.39
	和田	157.49	151.11	95.95	105726	67833	64.16
	流域	1005.89	954.33	94.87	794428	421383	53.04
2008	巴州	322.56	312.34	96.83	5857551	743758	12.70
	阿克苏	614.94	585.56	95.22	2731177	914194	33.47
	克州	52.86	50.15	94.87	276752	70629	25.52
	喀什	530.46	516.52	97.37	2490700	1336975	53.68
	和田	172.62	159.15	92.20	745231	386828	51.91
	流域	1693.43	1623.72	95.88	12101411	3452384	28.53

表 3.2　塔里木河流域 1990 和 2008 年主要农作物播种面积(千 hm^2)

年份	地区	总播种面积	谷物	水稻	小麦	玉米	棉花	油料	甜菜	苜蓿
1990	巴州	106.01	72.05	3.84	47.23	20.05	8.91	8.83	5.76	2.89
	阿克苏	335.84	231.30	17.60	127.86	83.55	57.17	23.30	4.43	8.13
	克州	42.33	31.58	0.81	19.30	8.24	3.75	1.78		3.20
	喀什	486.66	297.39	8.93	170.03	113.61	118.09	7.83		23.33
	和田	200.76	143.78	5.95	72.06	64.93	27.17	2.50		20.04
	流域	1171.60	776.10	37.12	436.48	290.39	215.09	44.24	10.19	57.59
2008	巴州	259.43	41.62	0.28	30.99	10.27	151.20	5.85	4.05	3.77
	阿克苏	498.53	160.67	11.52	80.70	67.08	293.33	5.29	2.07	2.38
	克州	45.97	32.15	0.53	18.21	12.85	6.60	0.80		2.75
	喀什	766.00	324.29	7.21	177.37	138.56	212.80	9.96		53.35
	和田	223.43	148.97	7.38	73.90	67.25	29.01	3.01		19.79
	流域	1793.36	707.70	26.92	381.17	296.01	692.94	24.91	6.12	82.04

从粮食产量看，塔里木河流域主要作物产量基本呈现增加趋势。表 3.3 显示，尽管谷类种植面积有所减少，但是 2008 年 5 地州和整个流域谷类总产量较 1990 年还是有所增加。水稻、小麦和玉米在三种主要粮食作物产量也不同程度增加。以棉花为主要代表的经济作物产量 2008 年则较 1990 年明显增加，从 1990 年的 219706 t 增加到 2008 年的 1149009 t。受油料作物种植面积的减少的影响，油料作物产量有所减少。

表 3.3　　塔里木河流域 1990 和 2008 年主要农作物产量(t)

年份	地区	谷物	水稻	小麦	玉米	棉花	油料	甜菜
1990	巴州	270994	15378	168018	85225	10021	11690	231541
	阿克苏	747372	69330	393914	268948	45484	35506	211882
	克州	109426	4183	68156	31659	3621	3213	
	喀什	1101321	33839	576631	477223	135385	26173	144
	和田	575718	30006	263229	278168	25195	11128	
	流域	2804831	152736	1469948	1141223	219706	87710	443567
2008	巴州	253004	1758	180209	75867	286808	9999	320452
	阿克苏	1136538	114442	526756	514001	434306	10803	137389
	克州	185893	4244	97959	82744	9547	992	
	喀什	2179597	57463	1081413	1038264	364106	12405	
	和田	993999	51779	445710	500995	54242	5032	
	流域	4749031	229686	2332047	2211871	1149009	39231	457841

从作物的空间布局来看，塔里木盆地北缘是粮食、棉花、油料和园艺区(表 3.4)。主要包括孔雀河流域的库尔勒、尉犁，渭干河流域的库车、沙雅、新和、拜城，阿克苏河流域的阿克苏、温宿、阿瓦提、柯坪，塔什干流域的乌什、阿合齐以及轮台等县市。该区域气候温和，热量资源丰富，降水稀少，无霜期较长，除了适宜小麦、油料、甜菜等喜凉作物外，也可以满足水稻、棉花等喜温作物的生长。但冰雹、大风等灾害时有发生，给农业生产带来一定的影响。塔里木盆地西南缘为棉花、粮食、园艺区。该区包括喀什地区、和田地区的皮山县和克孜勒苏州的阿图什市和阿克陶、乌恰 2 县，这里是新疆人口密度较大，耕地较少的地区，也是维吾尔族的聚居地。区域内热量资源丰富，适宜各种喜温作物生长，降水极少，蒸发强烈，高温、干燥的气候对长绒棉生长有利。冬季气温较高有利于冬小麦越冬和果树生长。农作物可以复播，为一年两熟或两年三熟区。

焉耆盆地粮食、糖料区为天山南麓的山间盆地，包括巴音郭楞州的焉耆、和静、和硕和博湖 4 个县，这一区域盆地面积大而农区面积小。本区有两大盆地即尤尔都斯盆地和焉耆盆地，前者位于海拔 2500 m 以上的山区，为纯牧区。焉耆盆地为冲积平原，面积较小，是绿洲农业区，耕地主要分布在博斯腾湖西北。盆地中多沼泽，河流沿岸及湖滨地带水草丰美，多做冬牧场利用，这一区域自然条件独特，有利于大农业的全面发展。

塔里木盆地东南缘为棉花、粮食、园艺、桑蚕区。该区域位于塔里木盆地东南部，昆仑山、阿尔金山北麓，地跨和田地区和巴音郭楞自治州，包括墨玉、和田、洛浦、策勒、于田、民丰、且末和若羌等八县一市。这里热量资源丰富，无霜期长，昼夜温差大，适宜发展喜温作物和葡萄、瓜类及桑蚕生产，水资源较为贫乏，气候干旱，风沙强烈，大风经常造成浮尘天气，危害作物生长。

表 3.4　2008 年塔里木河流域种植业的空间分布

作物种类	种植面积（$\times10^3$ hm^2）	分布区域
水稻	>2	温宿县、和田县、墨玉县、于田县
小麦	>20	疏附县、莎车县、叶城县、伽师县、和田县、墨玉县、洛浦县、于田县
玉米	>10	库车县、拜城县、疏附县、疏勒县、莎车县、叶城县、麦盖提县、伽师县、巴楚县、墨玉县、洛浦县
棉花	>30	库尔勒市、尉犁县、阿克苏市、温宿县、库车县、沙雅县、新和县、阿瓦提县、莎车县、麦盖提县、巴楚县
油料作物	>2	焉耆县、拜城县、莎车县
蔬菜	>5	焉耆县、和静县、博湖县、拜城县、喀什市、疏附县、莎车县、叶城县、巴楚县
果用瓜	>4	若羌县、疏附县、疏勒县、莎车县、伽师县、巴楚县
苜蓿	>4	疏勒县、莎车县、叶城县、伽师县、巴楚县、墨玉县

从农业分布来看，塔里木河流域农业结构中以种植业为主、畜牧业次之、林业与渔业的比重较小（表 3.5）。随着农业结构的不断调整，种植业比重不断下降，畜牧业比重逐渐上升，农业结构发展趋向合理。1990 年以来塔里木河流域农业总产值一直呈上升趋势，从 1990 年的 57.16 亿元增加到 2002 年的 216.24 亿元，2008 年增加到 501.86 亿元，16 a 来年平均增长 15%。种植业、林业、畜牧业、渔业呈现出不同的发展趋势。种植业产值比例大幅度下降而畜牧业产值比例大幅度上升，2000 年以前，畜牧业产值所占比例一直在 20%以下，2001 年以后，畜牧业产值比例则上升到 21%以上，而渔业比重基本稳定保持在 0.5%左右，林业产值比重也很小，最近几年有所上升但是上升幅度很小。同全疆和全国平均水平对比来看，2008 年种植业所占比重高于全疆平均水平（66.64%），林业所占比重高于全疆水平（1.97%），畜牧业所占比重低于全疆水平（27.04%），渔业所占比重低于全国水平（0.84%）。种植业、林业、畜牧业、渔业所占第一产业的比重和全疆水平相比都相差不大，农业内部结构基本相同。

表 3.5　1990—2008 年塔里木河流域种植、林、畜牧、渔业产值及比重(单位:万元,%)

年份	农业总产值	种植业		林业		畜牧业		渔业	
		产值	比重	产值	比重	产值	比重	产值	比重
1990	571595	421383	73.72	23910	4.18	96232	16.84	2324	0.41
1995	1691227	1378037	81.48	34724	2.05	272495	16.11	5970	0.35
1996	1665192	1333654	80.09	39110	2.35	285321	17.13	7107	0.43
1997	1925270	1575476	81.83	40134	2.08	301598	15.67	8063	0.42
1998	2070071	1700983	82.17	44395	2.14	316539	15.29	8153	0.39
1999	1684107	1299157	77.14	48823	2.90	327645	19.46	8482	0.50
2000	1833869	1413914	77.10	52803	2.88	357779	19.51	9374	0.51
2001	1981359	1483688	74.88	57644	2.91	430031	21.70	9996	0.50
2002	2162425	1588719	73.47	75794	3.51	487055	22.52	10856	0.50
2003	2524450	1756293	69.57	113096	4.48	554796	21.98	11850	0.47
2004	2774159	1900086	68.49	118182	4.26	635598	22.91	13728	0.49
2005	3109092	2151057	69.19	142010	4.57	688821	22.16	16426	0.53
2006	3524725	2430593	68.96	133390	3.78	799065	22.67	18882	0.54
2007	4325030	2950518	68.22	216171	5.00	971769	22.47	23217	0.54
2008	5018603	3452384	68.79	227298	4.53	1139282	22.70	24724	0.49

二、农业生产存在的问题

农业生产最基本的特征就是经济再生产过程与自然再生产过程的有机交织。单纯的自然再生产过程是生物有机体与自然环境的物质、能量交换过程。如果没有人类的劳动与之相结合,它就是自然界自身的生态循环过程而不是农业生产。作为经济再生产过程,农业生产是人类有意识地干预自然再生产过程,通过劳动改变动植物生长发育的过程和条件,借以获得自己所需要的动植物产品的生产过程(翟虎渠,1999)。塔里木河流域具有农业生产资源相对丰富和生态环境极端脆弱的双重特点,依托于脆弱生态条件发展的农业经济对生态条件的依赖性较大,对生态环境的变化极为敏感。流域绿洲区是新疆主要的粮棉基地和全国重要的商品棉种植区,其农业正处于由传统农业向现代生态农业过渡时期,在经济快速发展的同时,土地资源开发强度不断加大,单一的种植结构、不合理的灌溉垦殖方式,加之脆弱的生态环境使得绿洲系统内部负荷逐年加大,造成一系列负面影响。当前,塔里木河流域农业生态环境及农业生产存在着多方面问题。

1. 生态环境脆弱,且趋于恶化

塔里木河流域气候干旱,降水稀少,蒸发强烈,生态环境原本就极为脆弱,春旱、夏洪、盐渍化和风沙一直威胁着绿洲农业生态系统的良性发展。同时,当地农民生态意识较差,对发展生态农业的认识不足,只考虑开发现存资源的具有见效快、产值高的项目,很少考虑到农业资源的保护和利用。随着新开垦绿洲面积的迅速扩大，农业耗水量不断增加，源流来水量减少。

由近50年塔里木河径流量变化可见，从20世纪50年代至90年代，三源流来水量变化在174亿～194亿 m^3。进入90年代，由于气温升高，山区冰雪消融补给增大，源流区的山区来水量呈明显增大趋势，阿克苏河和叶尔羌河的径流量比50年代多19.0亿 m^3，增加了约10.9%。但是，源流区进入塔里木河干流的水量却在不断减少。水文资料表明，20世纪50年代中期至60年代，三源流时段平均下泄塔里木河干流年水量在51.79亿 m^3，到了90年代，三源流下泄到塔里木河干流年水量仅为42.04亿 m^3，减少约9.75亿 m^3，平均每年以0.25亿 m^3 速率递减。从目前塔里木河干流的实际补给来源分析，和田河只在每年的7—9月洪水期才有水量进入塔里木河，叶尔羌河1986年至2000年15 a中，仅有1 a(1994年)有水补给塔里木河。其余14 a均无水输入塔里木河干流，阿克苏河是目前塔里木河干流水量的主要补给来源，补给量占73.2%，和田河为23.2%，叶尔羌河只占3.6%。究其原因，主要是源流区大规模农业开发所致。近50年，三源流灌区的人口和灌溉面积分别从1950年的156万人和34.8万 hm^2 增加到2000年的395万人和125.7万 hm^2，三源流灌区用水量从50年代的50亿 m^3 增加到2000年的155亿 m^3，用水增长了近2倍(陈亚宁等，2003)。

塔里木盆地是一个封闭的内陆盆地，土壤普遍积盐，形成大面积的盐土。由于水资源利用不合理，灌排不配套等原因，流域灌溉农业的迅猛发展，把大量的水截留在各源流人工绿洲内，长期以来由于农田灌排设施不健全，大水漫灌，造成大面积耕地次生盐碱化。流域内盐碱化耕地面积约占耕地总面积的40%，特别是喀什噶尔流域和叶尔羌河下游区土壤次生盐碱化问题十分严重，对农业生产构成严峻的威胁。与此同时，又造成下游水量减少，河流断流，湖泊干涸，荒漠植被衰败死亡，绿色廊道消失，土地沙漠化加剧，并进而威胁绿洲安全。这种无序的水资源利用方式直接导致了上游盐碱化与下游荒漠化的恶性循环，并造成水资源和土地资源双重浪费，使我们付出了沉痛的代价。根据1959年和1983年航片资料统计分析，24 a间塔里木河干流区域沙漠化土地面积从66.23%上升到81.83%，上升了15.6个百分点。其中表现为流动沙丘、沙地景观的严重沙漠化土地上升了39%。下游土地沙漠化发展最为强烈，24 a间沙漠化土地上升了22.05个百分点，特别是1972年以来，大西海子以下长期处于断流状态，土地沙漠化以惊人的速度发展。土地沙漠化导致气温上升，旱情加重，大风、沙尘暴日数增多，植被衰败，交通道路、农田及村庄被埋没，严重威胁绿洲的生存和发展。

目前，人口、资源、环境的压力已成为阻止该地区农业可持续发展的三大瓶颈：人口的增长与粮食的再生产的能力、速度相背离，土地资源的生产价值与生态价值背离，对环境的无偿占有与对环境的自觉养护严重失衡(贡璐等，2009)。

2. 种植业结构单一，存在大面积病虫害的潜在威胁

多年来，塔里木河流域产业结构中农业均占有重要地位。1990年，流域农业总产值占总产值的53.04%，近年来随着产业结构的调整，农业总产值所占比重有所降低，但2008年也占到28.53%，和田、喀什地区均超过50%。农业结构内部，则以种植业为主，2008年种

植业产值占农业总产值的比重达68.79%，畜牧业次之（占22.70%），林业占4.53%，渔业所占比例最小，仅为0.49%。虽然畜牧业，林果业、渔业比重近年有不同程度的增大，但种植业比重的绝对优势未有改变。种植业当中作物结构也相对单一，是典型的“粮、棉”二元结构，种植作物主要为玉米、小麦和棉花，2008年三者种植面积占总播种面积的76.40%。单一的农业结构和作物结构不利于充分利用流域丰富的农业资源和生态环境的改善，容易导致病虫害大面积爆发，从而降低了农业生产抵御自然风险和市场风险的能力。

3. 节水灌溉与开荒同在

水资源是塔里木河流域绿洲农业赖以生存和发展的基础，塔里木河流域综合治理总投资达107亿元，其中灌区节水改造工程投资就达53.8亿元（贡璐等，2009）。为合理利用有限的水资源，“高效节水型”农业生产方式、技术开始推广，并取得较好的效果。自流域综合治理工程实施8年来，实现工程当地节增水量20.3亿 m^3，但与此同时，新垦荒地面积也在大幅度增加，新开垦的耕地不仅耗尽了节约的水量，还需要额外水量，也就是从河道引水，下泻生态水量不增反减，水资源供需矛盾进一步加剧。从2009年限额用水执行情况来看，只有克孜勒苏柯尔克孜自治州、喀什地区、农二师、农三师、农十四师5个单位完成了限额用水任务。

4. 技术支持能力低下

农业生产的发展，关键要依靠科技进步。塔里木河流域地处南疆盆地，交通不便，技术的引进、开发、推广等均相对滞后。自改革开放以来，流域低层次、低水平传统式水土资源开发模式虽然对流域乃至新疆农业发展做出了历史性重大贡献，但是也付出了巨大的代价。主要是对干旱环境的负面影响大，对河川萎缩，湖泊干涸的负面影响大，资源利用率低，投入产出率低，经济效益低（姚宇飞等，2000）。但是，随着塔里木河流域对农业投入不断增加，在农业生产技术上的投入也明显提高。一方面，以劳动力、畜力等有机辅助能为主的传统农业正逐渐被以农机、化肥等工业辅助能为主的现代农业所替代，农业机械化快速发展，农机装备总量持续增长，提高了农业综合生产力水平。另一方面，新品种的研发与引入，栽培技术的提高，使农产品产量大幅度提高，特色产业异军突起。

5. 农业市场化水平低

塔里木河流域农业市场化水平还只是处于初期阶段，农业产业化经营组织少、规模小、辐射带动功能弱，经济发展相对落后。经济发展普遍带有“小而全”的自我封闭特征，自给自足的自然经济色彩较浓，市场化进程缓慢，形成了一种传统经济体制与农业小生产方式结合在一起，排斥市场化因素的强大力量，从而制约了生态农业产业化所依存的市场机制的完善，使其作用空间狭小，作用力单薄。此外，流域内农产品主要为传统的初级产品，农业产业链短，增值效应差，转化成本高，经济效益低。尤其是棉花生产，绝不是扩大种植面积问题，而是转型改制问题。棉花品种、品质的升级换代刻不容缓（姚宇飞等，2000）。

6. 耕地用多养少，地力下降

塔里木河流域耕地相对较为贫瘠，土壤需要培肥，但流域内种植作物以粮食作物和棉花为主，豆类、绿肥类（如苜蓿等）种植面积较小。土地重用而轻养，土地质量下降，趋于贫瘠化。

第二节　气候变化对流域农业生产的影响

气候时刻都在发生不同程度的变化，然而近百年来，地球气候正经历着以全球变暖为主要特征的显著变化，塔里木河流域气候变化趋势与全球变化的总趋势基本一致。全球变暖造成粮食减产，因为全球变暖带来干旱、缺水、海平面上升、洪水泛滥、热浪及气温剧变，这些都会使世界各地的粮食生产受到破坏。亚洲大部分地区及美国的谷物带地区，将会变得干旱。在一些干旱农业地区，如非洲撒哈拉沙漠地区，只要全球变暖带来轻微的气温上升，粮食生产量都将会大幅减少。同时全球变暖还可能导致农业生产的不稳定性增大，高温、干旱、虫害等因素都可能造成粮食减产，气温升高还会导致农业病、虫、草害的发生区域扩大，危害时间延长，作物受害程度加重，从而增加农药和除草剂的施用量。此外，全球变暖会加剧农业水资源的不稳定性与供需矛盾。根据塔里木河流域气候变化趋势，分析了气候变化对塔里木河流域农业生产的影响，如农业种植结构、农作物生育进程、病虫害、农业环境等。

一、气候变化对农业种植结构的影响

专栏

农业种植结构：是指一个地区或生产单位所种植农作物的种类。2003年中国省级的农业种植结构按各省、市、区的种植面积占前三位的作物组合可分为13个农作物组合类型。如玉米—大豆—稻谷、小麦—玉米—蔬菜瓜类、小麦—玉米—其他谷物、果园、薯类或油料、玉米—蔬菜瓜类—稻谷、玉米—大豆—油料等，新疆则表现为棉花—小麦—玉米类（梁书民，2006）。种植业既是农业内部最重要最基本的基础性生产，也是国民经济的主要基础产业。农业种植结构不仅关系到粮食安全问题，也会对经济发展产生重大影响。农业种植结构调整是农业产业结构调整的重要组成部分，是实现农业可持续发展的重要手段，它涉及生态、经济、生产和社会等方面（邓振镛等，2006）。

种植制度：是指一个地区或生产单位农作物的组成、配置、熟制与种植方式（单作、间混套作、轮作、连作）所组成的一套既相互联系又与当地农业资源、生产条件等相适应的技术体系。

农业种植结构的变化受政策导向、市场价格、气候条件、灌溉条件、土地资源等多种因素的综合影响，而气候条件起着尤为重要的作用。如冬季气温升高，负积温减少，不但对冬小麦安全越冬有利，而且为冬小麦种植区北界北移提供了有利的气候条件。据有关研究，最冷月平均气温等于－8℃的等温线构成了中国冬小麦种植北界的海拔高度的上界（王菱等，2004）。20 世纪 60 年代塔里木盆地仅在（76°～83°E，35°～40°N）内≥－8℃，而 90 年代南疆盆地扩展到（76°～87°E，41°～42°N）。另有研究认为越冬期负积温为－500℃·d 等负积温线构成了冬小麦种植北界和海拔高度的上界（邓振镛，1999）。按照这一标准，20 世纪 90 年代比 60 年代向北扩展 50～200 km。20 世纪 60 年代南疆盆地－500℃·d 等负积温线与最冷月－8℃等温线的位置一致，90 年代南疆盆地－500℃·d等负积温线与最冷月－8℃等温线的位置仍然一致。这两种指标的共同特点是越冬作物种植北界都向北扩展了。同时，冬季气候变暖，冬季气温偏高，增大了冬季农田土壤水分蒸发，影响作物安全越冬，土壤墒情降低，加剧了春旱发生的可能性。气候变暖使得农业热量条件好转，以前的温和、温凉区渐变为温暖、温和区，这大大促使经济效益较高的喜温作物如地膜棉花等面积迅速扩大。随着气温的不断升高，积温的不断增大，塔里木河流域作物熟制发生了一定的变化，一些地区常见的一年一季演变成一年两季。此外，气候变暖加重了牧草需水的胁迫，使牧区天然草场退化和沙化，产草量和质量下降，草场生产能力降低，直接威胁畜牧业的可持续发展。

二、气候变化对作物生育进程的影响

专 栏

作物生育进程：在作物的一生中，有两种基本生命现象，即生长和发育。生长是指作物个体、器官、组织和细胞的体积、重量和数量上的增加，是一个不可逆的量变过程，随着作物的生长，作物发生形态、结构和功能上质的变化，即植株内部生理状态的转变，作物细胞、组织和器官的分化过程称为发育。

作物的发育方式可以大大地影响其产量，生育进程对决定潜在的作物产量是很重要的，因此，作物的生育期研究是生理学家和农学家们十分关心的一个问题，而作物生育期的模拟可以作为一种指标来反映作物的发育进程．同时，作物生育期的模拟还是作物干物质积累与分配、养分吸收与转移、产量和品质等方面模拟的基础。对于开展作物的生理生态研究、安排合适的农作制度，制定适时的农艺措施，都具有重要的理论和实践意义。

对冬小麦而言，由于秋季升温，其播种期 20 世纪 90 年代比 20 世纪 80 年代推迟了 4～8 d，冬前生长发育速度推迟。并且，由于受春温升高作用，冬小麦春初提前返青，生殖生长阶段提早，全生育期缩短了 6～9 d。对于春小麦而言，由于春季气温升高，90 年代春小麦播种期比 80 年代平均提早了 2 d 左右，而全生育期只略有缩短，大约为 1～2 d

(张强等,2008)。刘明春等(2009)对与塔里木河流域气候条件相似的石羊河流域研究表明,气温对春小麦生育的促进作用在生育前期影响更为明显。玉米和棉花等属于喜温、喜热作物,气温升高总体对其生长发育比较有利。20 世纪 90 年代与 80 年代相比,由于气温升高,玉米播种期提早了 1～2 d;但生殖生长阶段有所延长,其中乳熟期延长最多;全生育期总共延长了 6 d(张强等,2008)。就棉花而言,对于南疆盆地北缘区,气候变化对于棉花出苗期和现蕾期影响不大,但对开花期和吐絮期有一定的影响,尤其 70 年代至 90 年代,棉花开花期比 60 年代推迟 2.9 d,吐絮期比 60 年代推迟 4.2 d;气候变化使这一地区的棉花停止生长期 70 年代明显推迟,80 年代和 90 年代明显提前,70 年代比 60 年代推迟 5.2 d,80 年代和 90 年代比 60 年代分别提前 3.8 d 和 1.8 d。对于全生育期而言,除 70 年代全生育期延长外,其他年代变化不大。对于南疆盆地西缘区,棉花出苗期变化不大,现蕾期、开花期和吐絮期有明显的提前现象,现蕾期 60 年代至 90 年代比 50 年代提前 4.6 d,开花期提前 4.8 d,吐絮期提前 23.9 d;停止生长期 70 年代至 90 年代明显推迟,比 60 年代推迟 2.9 d。对于全生育期而言,70、80、90 年代有明显的延长现象,比 60 年代分别延长 3.8、2.3 和 3.5 d。对于南疆盆地东缘区,棉花出苗期变化不大;现蕾期、开花期和吐絮期也明显提前,60 年代至 90 年代棉花现蕾期比 50 年代提前 4.2 d,开花期比 50 年代提前 5.6 d,吐絮期比 50 年代提前 8.9 d,停止生长期 70 年代和 90 年代比 60 年代推迟 8.7 d 和 5 d。棉花全生育期 70 和 90 年代最长,分别比 60 年代长 9.4 d 和 5.5 d(宋艳玲等,2004)。可见,气候变暖使棉花和玉米的全生育期总体上都明显延长,为生长发育赢得了更加充足的热量资源,对生长和发育均比较有利。气候变暖使春小麦、玉米、马铃薯、棉花、胡麻等春播作物播种期提前;使棉花、玉米苗期等喜热、喜温作物的生长发育速度加快,营养生长阶段提前,生殖生长阶段和全生育期延长;使冬小麦和冬油菜等越冬作物播种期推迟,冬前生长发育速度减缓,春初提前返青,生殖生长阶段提早,全生育期缩短。总之,气候变暖对农作物生长发育利弊皆有。

三、气候变化对农作物生理生态的影响

专 栏

农作物生理生态:以植物生理生态学理论为基础,以作物为对象,以研究生态因子与植物生理现象之间的关系为重点,以综合生态系统生态学、植物生理与分子生物学、生物化学、土壤学、遗传育种学、栽培学、微气象学和功能解剖学等研究知识为手段,研究植物从周围环境中获取资源以及将资源用于生长、繁殖、竞争和保护的生态生理机制。常见农作物生理生态指标有植物生长、光合速率、蒸腾速率、产量、水分养分利用效率、气孔导度等。在全球气候变化的大背景下,光、温、水、气、营养等因子发生变化,这些变化将对作物的行为产生一定的影响。

大气中 CO_2 浓度升高是气候变化的主要内容之一，自工业革命以来，全球大气中的 CO_2 浓度开始不断升高。工业革命前为 280 μmol/mol，2003 年上升到 379 μmol/mol，过去的 50 年中，大气 CO_2 浓度年平均上升速率为 1 μmol/mol，而在过去 10 年中，则以每年高达 1.8 μmol/mol 的速率增长。如果按此速度升高，到 2030 年，大气中的 CO_2 浓度将达到 450 μmol/mol，到 2050 年将升高到 720 μmol/mol（方精云，2000；秦大河等，2002）。

大气 CO_2 浓度升高对农业生态系统最直接、最重要的影响是对光合作用的影响。普遍认为大气 CO_2 浓度升高后将促进作物生长，根冠比增大，生物学产量和经济产量都有很大的提高。CO_2 浓度升高对不同类型作物的影响程度有所差异，C_3 植物通常比 C_4 植物对大气 CO_2 浓度的升高更敏感，C_4 植物适应高温下的低 CO_2 浓度环境，而 C_3 植物则适应低温下的高 CO_2 浓度环境（Polley, *et al.*，1993）。一般 C_3 植物比 C_4 植物受益更大。在 CO_2 浓度倍增条件下，C_3 植物的生长量平均提高 41%，C_4 植物平均提高 22%（Poorter，1993）。随 CO_2 浓度升高，植物光合作用的最适温度将升高（Allen，1994）。高 CO_2 浓度环境增加了细胞内外的 CO_2 浓度差，通常会提高植物的光合速率，使水分利用率升高。有研究表明，玉米等 C_4 植物的水分利用率随大气 CO_2 浓度的升高而上升（Eamus，1991；Walker，*et al.*，1999）。

一些植物的呼吸速率随 CO_2 浓度的上升而升高，如棉花叶片的夜间呼吸速率在高 CO_2 浓度下有所增大（Thomas，*et al.*，1983）。也有研究表明，一些作物的呼吸作用随 CO_2 浓度的升高而下降，如紫花苜蓿在 950 μmol/mol CO_2 浓度下，暗呼吸下降了 10%，而根部的呼吸速率下降程度大于茎部（Reuveni，*et al.*，1985）。还有研究表明，一些植物的呼吸速率在 CO_2 浓度升高时不发生变化，如大豆在高 CO_2 浓度下处理 50 d 后其单位干物质的呼吸量变化不大（Thomas，*et al.*，1994）。

作物的气孔传导率因 CO_2 浓度升高而降低，因此，农业生态系统中土壤水分的有效性在高 CO_2 浓度下将有所增高。研究表明，CO_2 浓度升高而氮供给不足时，尽管各器官的生物量增加，但增加的同化碳大量向根系分配，使根系增加显著，根冠比增大（Rogers, *et al.*，1996；Kirschbaum, *et al.*，1998）。随 CO_2 浓度升高，根在数量及形态结构上的变化有助于植物在环境胁迫下摄取更多的养分和水分，从而更好地适应高 CO_2 浓度环境。大气 CO_2 浓度升高直接导致植物可利用的有效碳增加，但植物氮供给相对受到限制，氮的有效性在平衡较高的碳素有效性及其分配方面有重要的作用。在高 CO_2 浓度下，小麦、玉米等作物的碳氮比均有不同程度的升高，但若要充分利用高 CO_2 浓度，就必须投入足够的肥料来满足作物对矿物质如氮的需求。CO_2 浓度升高将加强植物的碳代谢，而降低氮代谢，其变化机制尚有待研究（张海东等，2006）。

在未来高 CO_2 浓度下，作物水分利用效率（WUE）提高，一般地上部分和根系尤其是细根生物量增大，凋落物量随之增加，碳氮比率提高，植物残体的腐解速率降低。CO_2 浓度升高后，会给根际微生物带来更多的底物，从而提高了微生物活性，加速养分的矿化过程，改善植物的养分状况（李伏生等，2002）。

四、气候变化与农业病虫害

专 栏

农业病虫害：这个概念较为广泛，通常所说的农业病虫害主要是指农作物的病虫害。农作物病虫害一般分为三类：病害、虫害和草害。农作物的病害是指病原体使农作物组织发病，导致农作物的器官或者它的生理机能造成破坏，影响其产量。农作物的虫害是昆虫直接以农作物的某一个器官为食，导致农作物生理机能或者光合作用物不能够正常积累的危害。农作物的草害是指杂草与农作物都长在同一块地里竞争土壤中的养分、水分，在地面上跟农作物竞争光线，对农作物生长发育造成抑制作用。病、虫、草害的区别主要是病害是病原微生物在农作物上发病，造成破坏；虫害主要是昆虫造成农作物的破坏；草害主要是与作物竞争造成破坏。

影响农业病虫害发生有4个条件，分别为气候条件、农作物自身、天敌和管理，其中气候条件对病虫害的影响是最直接的，主要包括温度、相对湿度、光照和降雨等常见气象要素。气候条件不仅能影响病虫害的发生，还能影响病虫害的防治。

1. 地理分布范围扩大

一个物种的分布范围极大地受地理障碍和气候的影响（Messenger，1959），气候变暖使得在分布区边缘的昆虫有可能向区外扩展。在决定昆虫分布的因素中，低温往往比高温更重要（Hill，1987）。目前受低温限制的种将来有可能在较高的纬度地区越冬，因而增加了有害生物向两极扩散的机会。同时，分布在低海拔地区的种也有可能向高海拔地区迁移。由于害虫紧密依赖于可供利用的寄主作物，因此，当寄主作物种植区域因气候变化而改变时，害虫的分布就受影响。假如温度的变化允许作物逐渐向两极方向的某些地区种植，那么作物和害虫就可能扩展到这些新的地区，但两者迁入的时间可能有先后。需要指出的是，理论上气候变暖会使作物的种植北界将向北移动，但实际情况常落后于理论分析。并且除了温度、食物等关键因子外，还有许多其他因子也影响害虫的分布。因此，气候变暖后害虫的实际分布区域可能低于理论值，且有地域差异。

2. 越冬界线北移

冬季对许多害虫来说是极其重要的季节，这是由于冬季的极端低温使死亡率显著增高，到春季时种群的密度就下降。生活在高纬度地区的害虫，越冬存活率和春季开始活动的时间在农业生产上是十分重要的，因此，冬季气候变暖对昆虫所带来的影响不容忽视。冬季变暖将使许多害虫的越冬存活率提高，并使某些种的越冬界线北移。

3. 种群增长率改变

昆虫的发育率极大地影响其种群的增长率，而发育率又受温度、湿度影响，当这些条件处在最适点时，发育率达到最大。因此，温度和降雨等环境条件高于或低于最适点，就可能使发育率加快或减慢。在致死高温限下，温度越高，发育率越快，因而繁殖成熟时间缩短，种群增长加快。这种影响在高纬度地区特别重要。因为目前这些地区的温度，尤其在春季，常常成为昆虫分布和发育的限制因子。

在长期的适应过程中，害虫与作物之间在生物学或生理学方面，直接或间接地建立某种固有的联系，作为对温室气体浓度增加的反映，作物本身将发生生理变化。大气中 CO_2 浓度的改变，直接影响叶片的碳氮比，使作物的含碳量升高而含氮量降低，害虫为满足自身对蛋白质数量的生理需求，将增加取食量。因此，作物自身的生理变化将使害虫的取食危害加重(李湖华，1993)。

4. 世代数增加

地球温度升高，将使昆虫发育率加速，发育时间缩短，预计多化性昆虫会随温度升高而增加其发生世代数。中国科学家研究指出黏虫发生的某些地区，其有效积温年增总值超过 685℃ • d 时，黏虫可能在这些地区多发生一代，作物—害虫同步性改变。

5. 害虫活动时间变化

害虫活动时间与作物的生长有关，它直接影响害虫危害的程度。有时候害虫种群的密度比较高，但由于作物不是处在脆弱期，所以没有引起严重危害。气候变暖引起害虫发育加快，使害虫种群在作物幼嫩敏感期就达到猖獗水平，因此引发严重危害。另一方面，那些依赖第二寄主作物而得以生存发育的害虫，将通过对第二寄主作物的作用而间接影响作物—害虫的同步性。

6. 种间关系发生变化

有很多证据表明害虫天敌如致病菌、寄生物、捕食者等能够很好地控制害虫种群。温度在不同程度上影响着害虫天敌的行为、死亡和代谢，因为对具体某种天敌和害虫来说其最适温度因气候变暖而会改变，因而影响害虫—捕食者、害虫—寄生天敌等种间关系。当自然控制的关系被扰乱，害虫种群暂时得不到控制而迅速繁殖，就出现害虫暴发。气候变化加上由此引起的农业其他方面的变化会打乱害虫—天敌的种间关系，改变生物防治的效果。结果，以前是次要的害虫由于失去天敌的控制而可能成为新的主要害虫。一般来说，天敌对增长缓慢的害虫种群影响最大，但如果气候变暖，害虫发育率增高，种群增长加快，就有可能使天敌控制跟不上。

7. 害虫迁移入侵风险增高

许多昆虫是迁飞性的，那些因气候变化而日益成为害虫适生的地区就成为这些昆虫选择迁飞的目的地。对某些害虫品种来说，单独一年的有利天气并不一定引起暴发，但是，如果在某一地区温度是昆虫发育与存活的主要限制因子，气候变暖就大大促进其他条件向有利于害虫的方向发展。某些植物能够改变它们的化学成分，使本身的组织尽量不利于害虫的生长。但是，一些害虫可能入侵的新地区，那里的作物没有迅速完善它的防御机制，因而易受新入侵害虫的危害。如果气候变化有利于引入新的非抗性作物或品种，新的农业害虫问题将会出现。

8. 替代寄主和“绿色桥梁”引进的机会增大

利用气候变化的有利条件，某些新作物品种被引进到一个新的地区，它对原有的作物会带来严重影响，这是因为这些作物为害虫提供了替代性的寄主和“绿色桥梁”（临时寄主或越冬场所），成为寄主间的桥梁。在气候变化的影响下，杂草也可作为害虫和病害的绿色桥梁，杂草本身密度和生活周期的改变也将影响病虫害的发生。

五、气候变化对农业环境的影响

专栏

环境：是作用于人这一客体的所有外界事物与力量的总和，也就是世界上各种资源的总和。按《中华人民共和国环境保护法》所指出的，环境包括大气、水、土地、森林、草原、矿藏、野生动植物、风景游览区、自然保护区和生活居住区等。环境也可被看作一个环境系统，由各种环境要素组成，各环境要素之间存在着相互影响、相互制约的关系。我们人类的生存环境就是一个庞大的环境系统，既包括自然环境又包括社会文化环境。

农业环境：是以农业生物为主体，包括围绕主体的一切客观物质条件，以及社会条件的总和。这里所说的客观物质条件是指农业的自然环境；社会条件是指农业的社会条件。包括气候、土壤、水、地形、生物要素及人为因子等。作物获得丰产，不仅受环境中的光、热、温度等物理因素的影响，而且也受环境中的化学物质组成即化学因素的影响。农业生物群落与农业环境构成的整体为农业生态系统。农业环境是整个自然环境的最主要组成部分（翟虎渠，1999）。

气候变暖将导致病虫害增加，农药施用量也跟着增大；肥效对环境温度的变化十分敏感，尤其是氮肥。气温升高，土壤中速效氮释放量增大，释放速度加快，释放周期缩短。在 450～1125 kg/hm^2 施肥水平下，每升温 1℃氮的释放量平均增加 4%、释放周期缩短 3.6 d。同时，施肥量愈大，速效氮释放量也愈大，释放速度愈快。因此，要想保持原肥效，每次的施肥量将增加 4%左右（王修兰等，1996）。在高 CO_2 浓度下，虽然光合作用的增强能够促进根生物量的增加，在一定程度上可以补偿土壤有机质的减少，但土地一旦受旱后，根际生物量的积累和分解都将受到限制。这意味着需要施用更多的肥料以满足作物的需要。化肥、农药施用量增大，不仅导致农业成本大幅度增大，农民投入增大，而且对土地和环境也会产生不利影响。气候变暖，蒸发增强，土壤水分向外运移能力不断加强，而在此过程中，盐分也随着水分不断上移，水分被蒸发散失了，而盐分却在地表不断积累，土壤盐渍化现象会不断加剧。同时，气候变化引起农作物种植结构的改变，不同农作物对水肥的需求与利用方式不同，其寄生的害虫改变，这样农田用肥及用药结构改变，也会对农业环境产生一定的影响。

专栏

土壤水分：土壤中各种形态(或能态)水的统称。土壤水的主要来源是降水和灌溉水，大气中水汽的凝结及地下水补给。它在土壤中以固、液、气三态存在着。由于水存在于土壤孔隙中，尤其是中小孔隙中，按照作用于水分子的力的性质和程度可分为：

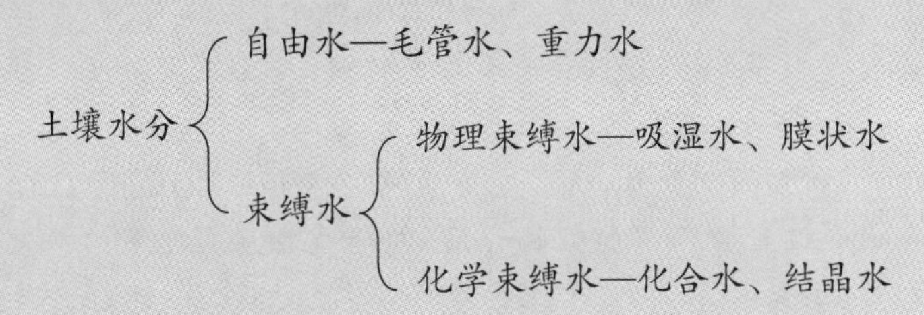

土壤水分是土壤的重要组成部分，是土壤肥力因素之一。是作物生命活动代谢作用的必须参与者，作物生长发育所需要的养分元素的吸收、输送以及体温的维持均有赖于土壤水分，是高产稳产的必需条件，并对于土壤形成、物理、化学、生物以及耕性等都有积极的影响(北京农业大学等，1983)。

与西北地区雨养农业不同，塔里木河流域属于灌溉农业，绿洲灌溉农业区除 20 cm 以上浅层土壤水分呈较明显的下降趋势外，其余各层变化趋势均不明显。而且，20 cm 以上浅层土壤水分在持续降低趋势的基础上叠加着准周期振荡，可见其表层土壤水分对降水和温度均具有非常明显的依赖关系。气候变暖对土壤干旱化的影响也主要在浅层比较突出，而深层土壤干旱化并不明显。这种特征与绿洲农业区灌溉机制有效维持了深层土壤水分状态有关。

六、气候变化对气候生产潜力、农作物产量与质量的影响

专栏

气候生产潜力：是指在一定时期内一定土地面积上，假设作物品种、土壤性状、耕作技术都适宜，在当地自然环境条件下作物可能获得的单位面积最高产量(刘勤

等,2007)。

气候生产潜力是通过对光温生产潜力的修正获得,主要反映水分不足对产量的影响。水分不仅是植物体的组成部分,而且参与光合作用、呼吸作用、有机物质合成和分解过程,是作物生长发育和产量形成的重要生态因子。前面所述光热资源作用形成的土地生产潜力,是一种理想水分状态下的理论生产潜力。在自然状态下,水分对其潜力的实现起着抑制和降解作用。其影响作用的大小,与水分供应状况有关。一般认为作物在耗水量等于作物的需水量时,可获得最大潜力。当作物需水量得不到充分供应时,作物对光热资源的利用率就会下降,生产潜力的实现受到阻滞,表现出土地生产潜力下降,产量降低的程度与水分亏缺程度成某一比例关系。缺水的数量越多,阻滞的程度越强。一般缺水程度可用实际耗水量(蒸腾和蒸发)与最大需水量(最大蒸散量)之比表示,在水分充足时,两者基本相等。缺水时,最大需水量大于实际耗水量(张丽颖,2007)。

农作物产量:是指农作物产品的数量,通常分为生物产量和经济产量。生物产量是指作物在全生育期内通过光合作用和吸收作用,即通过物质和能量的转化所生产和累积的各种有机物的总量,计算生物产量时通常不包括根系(块根作物除外)。在总干物质中有机物质占90%～95%,矿物质占5%～10%。严格说来,干物质不包括自由水,而生物产量则含水10%～15%。经济产量是指栽培目的所需要的产品的收获量,即一般所指的产量。不同作物其经济产品器官不同,禾谷类作物(水稻、小麦、玉米等)、豆类和油料作物(大豆、花生、油菜等)的产品器官是种子;棉花为籽棉或皮棉,主要利用种子上的纤维;薯类作物(甘薯、马铃薯、木薯等)为块根或块茎;麻类作物为茎纤维或叶纤维;甘蔗为茎秆;甜菜为根;烟草为叶片;绿肥作物(苜蓿、三叶草等)为茎和叶等。同一作物,因栽培目的不同,其经济产量的概念也不同。如玉米,作为粮食和精饲料作物栽培时,经济产量是指籽粒收获量,而作为青贮饲料时,经济产量则包括茎、叶和果穗的全部收获量。质量是对农作物收获部分好坏的反映。

在西北地区,气候变化对气候生产潜力的影响不同,在黄土高原雨养区,气候生产力1961—2000年平均为7762.1 kg/(hm^2·a)。但由于气候变暖使西北地区土壤干旱普遍有加重趋势,气候生产力总体呈下降趋势,下降率为10.45 kg/(hm^2·a)。其中,20世纪60年代气候生产力最高,90年代最低,70和80年代介于两者之间(姚玉璧等,2005)。与黄土高原雨养旱作农业区不同,在绿洲灌溉农业区,由于灌溉对土壤水分的保障作用,气温升高引起热量资源增高,气候生产力反而会随之有所增高。20世纪90年代与80年代相比,气候变化使绿洲灌溉区农作物的气候产量提高了10%～20%,特别是棉花的气候产量提高了50%左右。

一般来讲生长发育都要求一定的有效积温才能完成一个生育期或整个生育过程,因此作物在特定的生育期要求的积温条件是相对稳定的,如果温度上升,达到一定积温的时间就相对缩短，作物的某一生育期至整个生育期时间也会相对缩短，那么，在相同的农业栽培技术和方法的条件下，必然会造成农作物生育期缩短。作物生育期缩短使得农作物有机物质积累时间减少，积累量随着下降，从而造成产量及品质下降，使农业减产减收。但具体到某种或某类作物，气候变化对其产量与质量的影响因作物不同而有所差异，对塔里木河流域而言，气候变暖为棉花、玉米等喜温和喜热作物生长发育提供了更充足和更有利的热量资源，会使这些作物的品质有所提高。但是对小麦，气候变暖缩短了其整个生育过程，生物量积累减少，除造成产量减少外，还会影响其品质。在棉花关键的发育期和产量因素形成期，温度条件对棉花产量起着决定性的作用(刘海蓉等，2005)。有效积温是棉花生长发育的主要调控因子(刘辉，2009)。纤维长度和伸长率主要受制于铃期总日照时数；整齐度、比强度主要受制于铃期≥15℃活动积温；马克隆值主要受铃期最高温度的影响(韩春丽等，2005)。随积温带由高到低的变化，甜菜含糖率表现为有规律的增加趋势(王燕飞等，2006)。

此外，气候变化还可以通过其他途径影响农作物的产量与质量。如气候变暖后，土壤有机质的微生物分解将加快，造成土壤肥力下降，从而使产量下降；在气候变暖的大背景下，冬季蒸发量的增大速率远大于降水的增大速率，土壤水分将会不断减少，土壤墒不断降低，春旱加剧，从而影响冬小麦及春播，影响农作物产量；气候变暖，病虫害加剧等及其导致不断恶化的农业生产环境也会影响农作物产量；受气候变化影响，塔里木河流域频发的旱涝灾害一定程度上也会造成农作物减量，灾害严重时还可能造成绝收。

七、流域旱涝灾害变化对农业生产的影响

旱涝灾害是影响农业生产的重要因素，也会给工业生产和国民经济建设带来重大影响。旱涝的成因较复杂，与天气和气候状况、地理条件、水利设施、土壤结构、作物布局及作物在不同的生育期抗旱耐涝的能力等因素均有关系，但其中大气降水的多少是形成旱涝的主要原因。

塔里木河流域源流区 20 世纪 60 年代初由偏旱转为大涝，再转为正常，中期干旱增多，末期转为偏涝；70 年代初至中期，旱涝交替发生，之后正常偏旱，末期涝情略增大；80 年代初期为涝，80 年代中期以干旱为主，中期之后，干旱明显减少，以正常为主；进入 90 年代，雨涝显著增多，未出现干旱。近 41 年，源流区 60 年代雨涝少见，仅出现大涝 1 次，干旱较多，偏旱有 6 次，属偏旱时期；70 年代偏涝、大涝、偏旱和大旱各 2 次；80 年代出现偏涝 2 次，偏旱 1 次，大旱 3 次。70、80 年代属旱涝转换期。90 年代以后出现重涝 1 次，大涝 2 次，出现涝增多的趋势，洪水灾害发生的频次有明显增加的趋势(表 3.6)。

塔里木河上游地区，在 20 世纪 60 年代，干旱频繁并占据主导地位，其中 60 年代中期和末期干旱情况尤为严重，1965、1969 年出现大旱；70 年代初期干旱明显减少，而雨涝增多。中期，干旱加剧，70 年代后期趋于正常，这一时期的干旱程度不如上一个干旱时期；80 年代前期正常偏涝，中期略偏旱，80 年代中后期至 90 年代前期，则以涝为主，1987 年出现大涝，之后，涝情逐渐减弱，向偏旱发展，1994 年出现偏旱，90 年代中期以后

偏涝，1997年出现大涝，21世纪初以来出现正常增多的趋势。上游在20世纪60年代偏旱以上年份有7次，出现大旱2次，未出现涝。70年代出现大旱和偏旱各1次，偏涝2次。80年代偏旱2次，偏涝以上年份5次，其中重涝1次，大涝2次。90年代出现偏涝以上6次，仅出现1次偏旱。由以上分析知，20世纪60年代旱情最重，70年代旱情减轻，80、90年代转为以涝为主。中游20世纪60年代初到中期以正常为主，后期以旱为主，其中1967、1969年出现大旱。70年代初和中期各出现一次大旱，其余以正常为主；80年代初以涝为主，1981年出现重涝，中期转变为以旱为主，出现大旱，后期至90年代初期雨涝较显著，1988年出现重涝，1987、1990年出现大涝，1988年重涝后雨涝等级逐渐减小，90年代中后期以正常为主，21世纪以来干旱略增多。

中游地区，20世纪60年代出现偏涝1次，偏旱以上年份3次，其中大旱2次，70年代出现大旱2次，偏涝1次，60、70年代属正常略旱；80年代出现偏涝以上年份5次，其中重涝和大涝各2次，偏旱以上年份3次，其中大旱1次，80年代相对来说属涝。90年代偏涝以上年份有4次，其中大涝2次，仅出现了1次偏旱的年份。

下游地区，20世纪60年代初期至中期，由大旱转为偏旱，之后至70年代初期为正常，大旱出现在1961年；70年代中期偏涝，1974年出现大涝，后期旱涝转换频繁，1978年出现重旱；80年代初进入雨涝增多期，80～90年代中期以涝为主，1981、1988和1993年出现3次重涝，90年代中期以来旱情开始明显加重，1994和2001年出现2次重旱。下游地区80年代中期以前属于偏旱阶段，其中70年代末期旱情最重，60年代初期和末期较重；80年代初期和后期涝情最重，90年代中期以来旱情开始加重。

从旱涝的实际危害来看，旱涝重的年份灾情严重。塔里木河上游1987年重涝，当年6月3个县遭受暴雨、洪水和冰雹袭击，受灾农田1.7万 hm^2，14239头牲畜；中游和下游在1988年重涝，当年6—8月中游和下游市县遭受6次大雨、暴雨和洪水，5.72万 hm^2 农田受灾，粮食和油料损失1116 t，仅若羌损失就达3561.6万元；1981年中下游重涝则是由以若羌为中心的特大暴雨造成，若羌在14 h内降水量达到73.4 mm，是其1980年以前平均年降水量的4倍，中下游水利设施、公路、房屋、库存粮食、化肥、水泥损失较重。重旱都出现于下游地区，1978、1994和2001年为重旱年，下游降水十分稀少，与1971—2000同期降水量平均值相比，分别减少77%、75%和95%。2001年南疆、北疆和东疆发生较大春旱，南疆年初主要河流和水库蓄水减少，部分小河断流，平原基本无降水，塔里木河等主要河流来水较上年减少30%～60%，塔里木河中下游受灾严重，全疆受旱农田47.3万 hm^2，损失粮食29.4万 t，经济作物6.87亿元；1994年南疆、东疆和北疆昌吉地区发生较重春旱，当地缺水9.48万 m^3，受旱农田80万 hm^2，重旱48万 hm^2，干枯25.7万 hm^2，178.6万人饮水困难，受灾较重的是塔里木河中下游一带。

源流区旱涝变化周期分别为2.5和13.3 a；上游为40、6.7和2.5 a；中游为10和2.7 a；下游为2.4、6.7和3.3 a。总体来看，准3 a周期变化是4个区域共有特征。综合近41 a来旱涝变化趋势表明：塔里木河流域正在变湿，上游最显著，源流区和中游不显著，而下游仅有微弱的变涝趋势。

表 3.6 1950—2000 年塔里木河流域冰雪洪灾年平均发生频次(次/a)

洪灾类型	1950—1960 年	1961—1970 年	1971—1980 年	1981—1990 年	1991—2000 年
雪冰融水洪水	0.6	0.2	0.4	0.1	1.0
雨雪融水洪水	0.2	0.3	0.2	1.8	0.9
冰川突发洪水	0.4	0.7	0.2	0.7	1.0
合计	1.2	1.2	0.8	2.6	2.9

第三节 气候变化背景下农业生产脆弱性分析

专 栏

脆弱性:是指系统容易遭受或者无法应付气候变化的不利影响(包括气候变率和极端气候条件)的程度,它是系统对气候变化响应的敏感程度,以及对气候变化影响的适应能力的函数。前者被称为系统对气候变化响应的敏感性,后者被称为系统应对气候变化影响的适应性。农业生产是一个对自然条件尤其是气候条件依赖程度很高的系统,气候变化必然对其产生重大影响,近年来,由于全球气温的不断升高,气候变化对农业生产的影响和人类对这种影响所采取的应对措施引起了农学家的注意,为了更好地表达这种气候变化对农业生产系统的影响,农学家将脆弱性、敏感性和适应性引入了农学界。对农业生产脆弱性的研究始于 20 世纪 80 年代。Downing 最早将脆弱性概念引入地理学,并通过研究认为脆弱性是一种结果而不是原因,是一个相对值而不是绝对值。目前对脆弱性的研究方法可概括为定性法和定量法。

随着生态环境退化问题成为人们关注的焦点和热点,脆弱性这个概念频繁地被人们所述及和出现在各种文献中。其最早是 20 世纪 60 年代由法国学者 Albinet 和 Margat 提出,后经 Verhuff 等的发展(Doerflige,1999),2000 年被美国环保署(USEPA)和国际水文地质协会用于地下水脆弱性定义(Gogur 等,2000)。

20 世纪中后期以来,随着人类开发自然活动的不断加剧与升温,以气候变化和土地利用变化为代表的全球环境变化日益凸显,生态与环境问题大量涌现,全球环境变化与可持续发展已成为当前人类社会面临的两大重要挑战(李家洋等,2005)。IPCC 分别在 2001 和 2007 年发表了《气候变化:影响、适应和脆弱性报告》,随着全球变化研究的不断深入，未来气候变化的趋势日益明朗化，从而也不断发展了探讨人类应对全球变化的能力和适应程度的脆弱性研究，IPCC第二工作组第三次评估报告认为气候变化的影响、脆弱性和适应性评价是识别和评估气候变化对自然和人类系统有害或有益影响，识别和评估人地系统对气候变化的适应性选择的实践，并对气候变化的潜在影响，自然和人类系统的敏感性、适应性和脆弱性进行评估IPCC(2001)。自此，以IPCC为代表的国际学界对生态脆弱性展开了持久的研究(徐广才等，2009)。

农业是人类生存和发展的基本条件，是经济、社会发展的基础。农业本身可能具有一定的脆弱性，农业对气候变化的脆弱性，一直没给出明确的定义。最初主要是定性研究粮食安全问题对气候变化的脆弱性(Downing，1991)。目前，随着理解和研究的深入，人们逐渐认识到农业对气候变化的脆弱性是研究气候、经济和社会等多重胁迫对农业的综合影响。参考IPCC关于脆弱性的定义，农业的气候变化脆弱性可定义为：农业系统容易受到气候变化(包括气候变率和极端气候事件)的不利影响，且无法应对不利影响的程度，是农业系统经受的气候变异特征、程度、速率以及系统自身敏感性和适应能力的反映。脆弱性更关心的是可能受到侵害的结果而非原因，所以更重视适应对策和调整措施，更注重采取什么样的应对手段以减缓或消除气候变化引起的潜在危害。脆弱性的高低反映的是系统对气候变化影响的应对程度，是个体或类别间的一个相对概念，而不是一个绝对的损害程度的度量单位。脆弱性高的地区即使应用了相同的补偿措施，其受到气候变化负面影响的可能性也比其他地方相对要大。农业对气候变化的脆弱性是敏感性和适应能力的综合体现。

农业是对自然资源、环境依赖最强的经济部门。农业作为与资源环境关系最为密切的产业，其可持续发展研究更是得到国际社会的普遍关注(许联芳等，2006)。塔里木河流域位于新疆南部，占据新疆总面积的近2/3，全疆气候系统的变化势必引起该流域气候子系统的相应变化(陈亚宁等，2008)。塔里木河流域气候变化不仅与全疆、全球气候变化有着一定的同步性，而且还有其自身变化的规律性。由于地域条件特殊，加之长期不合理开发，流域内各地区农业生产有一定差别，对气候变化反应脆弱。新疆是农业大区，塔里木河流域又是新疆的农业基地，其农业生产的稳定发展受到气候变化的严重制约，尤其是随着近年来的极端气候事件的频繁发生，农业生产更表现出其脆弱性(陈亚宁等，2010)。在西部大开发过程中，各地政府和农业部门在进行农业发展规划时需要了解当地农业生产对气候变化响应的脆弱性以及气候变化可能带来的影响，以便有的放矢，制定政策，合理安排开发资金，防患于未然；同时也可为当地农业种植结构调整，中低产田改造，生态农业、精准农业推广及退耕还林还草等生态再建设工程提供科学的参考。对这种脆弱性进行分析与评价，了解其对农业可持续发展的制约性，对于认识当地生态环境质量，合理利用国土资源和制定区域发展战略，以及采取各种有效措施来维护和改善环境状况，减少盲目开发利用和自然灾害对地区经济所造成的损失，促进区域农业可持续发展具有重要的理论意义和现实意义。

一、脆弱性评估

农业气候脆弱性评价方法很多，由于农业系统是个复杂的巨系统，其脆弱性受很多因素的影响和制约，综合指数法就是综合考虑这些因素，建立合理的指标体系，并给每个因素按重要程度设定权重，最后加权求和得出农业气候变化脆弱性。该方法是目前最常用的评价方法，评价出的结果也比较客观，在此法的应用中评级指标体系的建立和指标权重的确定至关重要。

1. 指标体系

气候变化下，农业脆弱性指标体系的构建是评价的关键。根据对塔里木河流域农业的特征分析，可得出评价农业系统脆弱性的各种指标。塔里木河流域农业脆弱性指标体系建立遵循如下原则：①科学性原则：指标体系要能够客观地反映区域农业系统的本质及其复杂性，必须建立在科学的基础上，真实反映气候变化对农业生态系统的影响。②代表性原则：评价指标的确定要具有一定的代表性，要确实反映农业系统的现状及变化特征。③综合性原则：农业生态系统是一个复合生态系统，指标体系要具有综合性和全面性，反映农业生态系统主要属性及其与生态环境的关系。要求既能反映局部的、当前的和单项的特征，又能反映全面的、长远的和综合的特征。④系统性原则：应确定相应的评价层次，将各个评价指标按系统论的观点进行考虑，构成完整的评价指标体系。⑤可操作性原则：有些指标对环境质量有极佳的表征作用，但其数据缺失或不全，就无法计算和加入评价指标体系。由于气候变化的影响，农业问题的成因及表现特征多种多样，结合塔里木河流域农业系统的具体特点，从气候、生态环境、社会经济因素、农业生产条件因素和环境治理等五个方面构建评价指标（表 3.7）。

表 3.7　塔里木河流域农业脆弱性评价指标

	评价层	指标层	影响作用	权重
气候变化下农业系统脆弱性评价指标	气候	降水(mm)	+	0.063
		年日照时数(h)	+	0.088
	生态环境	农业用水比例(%)	−	0.109
		受灾面积(hm^2)	−	0.082
	社会经济因素	第一产业生产总值比(%)	−	0.096
		农业人口比例(%)	−	0.0795
	农业生产条件因素	粮食单位面积产量(kg/hm^2)	+	0.079
		人均耕地面积(hm^2)	+	0.101
		有效灌溉比例(%)	+	0.1
		复种指数(%)	+	0.126
	环境治理	水土流失整理面积(hm^2)	+	0.078

注：数据来源于《新疆统计年鉴 2009》。

2. 评价指标的计算方法

(1)指标数据的标准化

流域农业脆弱性评价存在两类指标，一类是正作用指标，该类指标越大越好；另一类是负作用指标，该类指标越小越好。

对原始数据进行无量纲化：

$$S_{ij} = \frac{X_{ij} - X_{\min i}}{X_{\max i} - X_{\min i}} \quad \text{（正作用指标）} \tag{3-1}$$

$$S_{ij} = 1 - \frac{X_{ij} - X_{\min i}}{X_{\max i} - X_{\min i}} \quad \text{（负作用指标）} \tag{3-2}$$

式中，S_{ij}、X_{ij} 表示第 j 个评价对象第 i 项指标标准化值和原始值，$X_{\max i}$、$X_{\min i}$ 表示评价体系中第 i 项指标最大值和最小值。

(2)权重的确定

权重是表征下层子准则相对于上层某个准则(或总准则)作用大小的量化值，是建模与仿真中的一个重要因素。在不同应用中，可以对它赋予不同的解释，如"重要性"、"信息量"、"肯定度"和"可能性"等，其确定方法的选择直接影响建模与仿真的可行性及质量，甚至会对仿真的结果产生决定性的影响。目前权重的确定方法可分为主观赋权法和客观赋权法两类，主观赋权法是由决策分析者根据各指标的主观重视程度而赋权的一类方法，主要有专家调查法、相邻比较法(环比评分法)、两两赋值法、二项系数法、最小二乘法、层次分析法(AHP)，由于引进了人为干预，难以克服人为因素及模糊随机性的影响。客观赋权法一般是根据所选择指标的实际信息形成决策矩阵，在此矩阵基础上通过客观运算形成权重，它不依赖于人的主观判断，避免了主观赋权法人为因素的影响，常用的如熵权法、变异系数法、主成分分析等。本文即采用熵权法计算评价指标的权重，在基于熵权的评价中，当评价对象在某项指标上的值相差较大时，熵值较小，说明该指标提供的有效信息量较大，该指标的权重也应较大；反之，若某项指标的值相差越小，熵值较大，说明该指标提供的信息量较小，该指标的权重也应较小；当各被评价对象在某项指标上的值完全相同时熵值达到最大，这意味着该指标未向决策提供任何有用的信息，可以考虑从评价指标体系中去除。其模型如下：

在有 m 个指标，n 个被评价对象的指标体系中，第 i 项指标的熵定义为：

$$H_i = -k \sum_{j=1}^{n} f_{ij} \ln f_{ij}, \qquad i = 1, 2, \cdots, m \tag{3-3}$$

其中，$f_{ij} = \dfrac{1 + S_{ij}}{\sum\limits_{j=1}^{n}(1 + S_{ij})}$，$k = \dfrac{1}{\ln n}$。

定义第 i 个指标的熵之后，可得到第 i 个指标的熵权：

$$W_i = \frac{1 - H_i}{m - \sum\limits_{i=1}^{m} H_i}, \qquad 0 \leqslant W_i \leqslant 1, \qquad \sum_{i=1}^{m} W_i = 1 \tag{3-4}$$

3. 农业脆弱性评价模型

(1)数学模型

在建立了指标体系、计算各指标赋权重后，采用下列公式计算塔里木河流域分行政区域的农业生产对气候变化的脆弱度(赵跃龙等，1998)，以此来反映气候变化下塔里木河流域农业系统的脆弱程度(V)。

$$V = 1 - \sum_{1}^{m} S_i \cdot W_i \Big/ \left(\max \sum_{1}^{m} S_i \cdot W_i + \min \sum_{1}^{m} S_i \cdot W_i\right) \tag{3-5}$$

式中，S_i 为各指标初值化之值，W_i 为各指标权重。

(2)评价标准

对农业系统脆弱性评价等级的划分一般采用优劣分级法，结合塔里木河流域目前的农业发展、社会经济及其生态环境状况，把脆弱度取值划分为4个等级(表3.8)。

表3.8　　塔里木河流域农业系统脆弱性评价等级

等级	Ⅰ	Ⅱ	Ⅲ	Ⅳ
	极强度脆弱区	强度脆弱性	中度脆弱区	轻度脆弱区
V值	≥0.65	0.50<V≤0.65	0.40<V≤0.50	V≤0.4

二、流域农业脆弱性评价

通过式(3-5)对气候变化下的塔里木河流域农业脆弱性进行评价(图3.1)，得出5地州的脆弱度分别为：巴州地区0.343，属轻度脆弱区；阿克苏地区0.657，为极强度脆弱区；克州地区0.564，为强度脆弱区；喀什地区0.497，为中度脆弱区，但极其接近强度脆弱区；和田地区0.398，为轻度脆弱区，但极其接近中度脆弱区。气候变化的背景下，塔里木河流域农业生态系统脆弱性空间分异较大，总体上说东部地区较西部脆弱度低(图3.2)。其中巴州地区农业生态系统脆弱性较低，农业发展处在较持续的状态，是由于巴州地区农业生产比例相对较小，农业人口比例较低，水土流失治理面积相对最大，生态系统较稳定；阿克苏地区农业生态系统脆弱性最高，粮食生产受气候波动性影响较大而不稳定，生态环境破坏比较严重；喀什地区和和田地区处在中度脆弱区和轻度脆弱区的边缘，如果不合理开发利用农业生态系统，将会导致两个地区进入强度脆弱区和中度脆弱区，对农业发展、社会经济和生态环境带来不利影响。

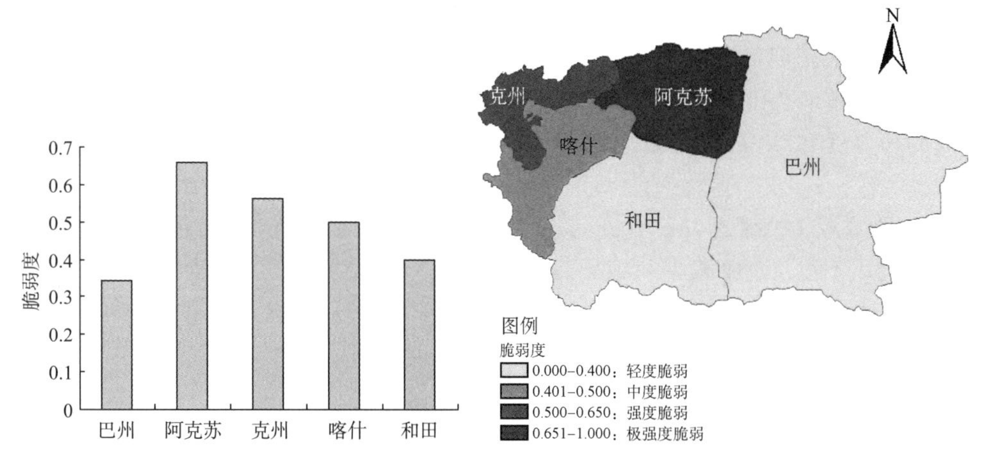

图3.1　塔里木河流域农业生态脆弱度　　图3.2　塔里木河流域农业生态系统脆弱性空间分布

受资料、数据所限，本节选取的脆弱性评价指标尚不能全面准确地反映气候变化影响下塔里木河流农业生态系统脆弱性的真实状况，与实际情况可能有一定出入，需要在今后的工作中加以解决，提高评价结果的准确度。

第四节 应对气候变化的适应性对策

塔里木河流域是中国的极端干旱区，流域内经济是以灌溉农业为典型特点的绿洲农业。塔里木河流域社会经济落后，民族成分较多，且为新疆少数民族的主要集中居住区之一，流域社会经济的持续发展对流域乃至新疆全区、整个西北和全国的稳定和发展都具有重要作用。气候变化对塔里木河流域的农业既存在着有利的一面，也存在着不利的一面，如在气候变暖背景下，为保持土地肥力，施肥量也将增大。气候变暖使得农业单位面积用水量增加，生产成本提高；气候变暖引发的病虫害流行和杂草蔓延的加剧，将增大农药施用量，提高控制难度。因而非常有必要依据气候变化对塔里木河流域农业生产的影响，采取适当的应对措施，充分合理地利用其有利方面，最大限度地利用气候变化对农业生产的有利影响，同时控制并减少其不利影响，趋利避害，最大限度地降低气候变化对农业生产的不利影响。因此，在塔里木河流域要充分利用气候变化所带来的气候资源变化优势，减轻气候变化对农业生产的负面影响，实现塔里木河流域农业的持续发展，促进流域社会经济的稳步发展。

农业生产措施包括：农业土地利用，如开荒耕作和放牧、作物种植等；农业改良措施，如农田基本建设、农田灌溉等；水土保持措施，如荒山植树造林、修建梯田、等高耕作、修水平沟、鱼鳞坑等；土壤施肥和农药施用，如化肥、杀虫剂和除草剂的施用等。适当的农业生产措施是实现农作物高产丰收的重要措施之一，在遇到自然灾害时及时采取适当的农业生产措施更是保丰收的重要方法。

针对气候变化对塔里木河流域农业生产的影响，可采取的一些主要应对措施包括：

(1)根据气候条件的变化合理调整农业布局，充分利用气候变化的有利条件。气候变化使作物生长期的光能资源和热量资源增多，复种面积扩大，复种指数也增大，一些作物的种植北界北移。要根据气候资源的改变，合理调整农作物的布局，相应调整农业种植制度和结构，有规划地将冬季越冬作物北移，在条件合适的地区适当采用多熟制。

(2)加强农业生产管理，减小气候变化的不利影响。调整管理措施包括有效利用水资源、控制水土流失、增加灌溉和施肥、防治病虫害、推广生态农业技术等，以提高农业生态系统的适应能力。提高对盐碱沙荒、水土流失等的综合治理技术，逐步改中低产田为高产田。同时要研究推广以自动化、智能化为基础的精准耕作技术，实现农业的现代化管理，降低农业生产成本，提高土地利用率和产出率。

(3)改善农业基础设施和条件，提高气象灾害防御能力。减轻气候变化对农业的不利影响，必须不断提高农业生态系统对气候变化的应变能力和抗灾水平。必须加强农田基础设施建设，增加对农田水利基础设施建设的投入，加强渠系固化防渗、浅层地下水开发和配套工程建设，提高灌溉水利用效率。同时应大力发展节水农业，有效利用水资源，控制水土流失，采取包括工程、农艺及生物等措施在内的综合节水措施，以及旱作农业与灌溉农业的互通，提高水资源的利用效率。改善灌溉系统和灌溉技术，推行畦灌、喷灌、滴灌和管道灌，加强用水管理，实行科学灌溉。强化综合防治自然灾害的工程设施建设，以改土治水为中心，加强农田基本建设，改善农业生态与环境，建设高产稳产农田。

(4)培育和选用抗逆品种，加强稳产增产技术研究。加强生物技术、抗御逆境、设施农业和精确农业等方面的技术开发和研究，强化人类适应气候变化及其对农业影响的能力，人为减少气候变化对农作物的不利影响，有计划地培育和选用抗旱、抗涝、抗高温、抗低温等抗逆品种。在分析未来光、温、水资源重新分配和农业气象灾害新格局的基础上，改进作物和品种布局。

(5)加强农业气象研究，加快应对气候变化系统工程建设。虽然气候变化使部分地区的粮食产量得到提高，但气候变化，尤其是极端气候条件及其造成的旱涝灾害对农业生产的冲击强度加大。大力发展农业气象科学，加强气候变化的监测和预警，做好防范措施，努力将自然灾害造成的损失减少到最低。必要时采用高技术和新技术指导区域内农业的发展，以确保农业的高速、稳定增长。积极开展人工影响天气作业，扩大作业面积，加大投入，提高减灾效益，更好地服务于农业生产。同时，也需加强宣传教育，增强农民的气候适应，防灾、减灾意识。

(6)及时掌握气候变化信息，有效调整农业生产管理措施。不同的季节，需要采取不同的措施应对气候变化。①冬季气温呈显著升高趋势，不断升高的气温，有利于作物安全越冬，但也使得越冬病虫卵蛹死亡率降低，存活数量上升，易造成病虫害，增大了防治难度。同时不断增大的蒸发量将加剧土壤水分散失，土壤墒情降低，春旱可能加剧，因而须做好蓄水工作，适当进行冬灌，并保证春灌用水。②春季，冬小麦已进入返青生长期，由于气候变化的不确定性，影响塔里木河流域乃至中国的冷空气活动还比较频繁，应该注意强冷空气造成的严重冻害。同时，由于冬季气温不断升高，土壤中水分不断被蒸散，土壤墒情不断降低，春旱加剧，因而要注意防旱抗旱，确保春播顺利进行。此外，春季气温回暖，冰雪开始加快融化，易发生冰川洪水，因而也应做好防洪措施。③夏季(5—8月)是新疆棉花生长的关键时期，如遇到低温，可使棉花生育期推迟，产量下降。其中的6—8月平均气温与棉花产量具有显著相关(傅玮东等，2007)，因而要做好夏季的防低温工作。同时，夏季也是病虫害较为严重的季节，应加强田间管理，做好病虫害的防治工作。④秋季，冬小麦区要及时采取有效保墒措施，适时灌溉，以促进冬小麦扎根、分蘖，确保麦苗健壮生长，必要时采取中耕、控制水肥等措施，力争麦苗稳健生长。同时要注意防御霜冻危害。

小结

塔里木河流域绿洲农业具有农业生产资源相对丰富和生态环境极端脆弱的双重特点，依托于脆弱生态条件发展的绿洲农业经济对生态条件的依赖性较大，对生态环境变化极为敏感。在全球气候变化背景下，塔里木河流域气候必将发生明显变化，而流域气候变化则必然对农业生产造成一定的影响。虽然受自然条件、基础设施等方面制约，流域农业生产应对气候变化的能力有限，但是通过了解当地农业生产特点及其对气候变化响应的脆弱性，以及气候变化可能带来的影响，有的放矢地制定政策，并采取调整农业布局、种植制度和结构、改善农业基础设施条件、提高气象灾害防御能力、培育和选用抗逆品种、加强稳产增产技术等各种有效措施，积极主动地应对气候变化所产生的不利影响，防患于未然，促进流域农业可持续发展。

参考文献

北京农业大学等. 1993. 简明农业词典. 北京：科学出版社.

陈亚宁，崔旺诚，李卫红等. 2003. 塔里木河的水资源利用与生态保护. 地理学报，**58**(2)：215-222.

陈亚宁等. 2010. 新疆塔里木河流域生态水文问题研究. 北京：科学出版社.

陈亚宁，郝兴明，李卫红等. 2008. 干旱区内陆河流域的生态安全与生态需水量研究. 地球科学进展，**23**(7)：732-738.

邓振镛. 1999. 干旱地区农业气象研究. 北京：气象出版社.

邓振镛，张强，韩永翔等. 2006. 甘肃省农业种植结构影响因素及调整原则探讨. 干旱地区农业研究. **24**(3)：126-128.

方精云. 2000. 全球生态学—气候变化与生态响应. 北京：高等教育出版社.

傅玮东，李新建，姚艳丽. 2007. 新疆棉花生长中期低温冷害指标的初步研究. 干旱区研究，**24**(4)：495-498.

贡璐，安尼瓦尔·阿木提. 2009. 塔里木河流域生态农业可持续发展模式探析. 新疆大学学报(哲学·人文社会科学版)，**37**(1)：1-4.

韩春丽，赵瑞海，勾玲等. 2005. 新疆不同棉花品种纤维品质变化及与气象因子关系的研究. 新疆农业科学，**42**(2)：83-88.

李伏生，康绍忠，张富仓. 2002. 大气 CO_2 浓度和温度升高对作物生理生态的影响. 应用生态学报，**13**(9)：1169-1173.

李湖华. 1993. 气候变化对病虫害的影响及防治对策. 中国农业气象，**14**(1)：41-94.

李家洋，陈泮勤，葛全胜等. 2005. 全球变化与人类活动的相互作用—我国下阶段全球变化研究工作的重点. 地球科学进展，**20**(4)：371-377.

梁书民. 2006. 中国农业种植结构及演化的空间分布和原因分析. 中国农业资源与区划，**27**(2)：29-34.

刘海蓉，刘进新，李风琴等. 2005. 不同气候条件对棉花产量的影响. 新疆气象，**28**(2)：21-22.

刘辉. 2009. 新疆特早熟棉花生长发育动态与有效积温关系研究. 安徽农学通报, **15**(3): 123-125.
刘明春, 张强, 邓振镛等. 2009. 气候变化对石羊河流域农业生产的影响. 地理科学, **29**(5): 727-732.
刘勤, 严昌荣, 何文清. 2007. 山西寿阳县旱作农业气候生产潜力研究. 中国农业气象, **28**(3): 271-274.
秦大河, 丁一汇, 王绍武等. 2002. 中国西部环境演变及其影响研究. 地学前缘, **9**(2): 321-328.
宋艳玲, 张强, 董文杰. 2004. 气候变化对新疆地区棉花生产的影响. 中国农业气象, **25**(3): 15-20.
王菱, 谢贤群, 苏文等. 2004. 中国北方地区50年来最高和最低气温变化及其影响. 自然资源学报, **19**(3): 337-342.
王修兰, 徐师华. 1996. 气候变暖对土壤化肥用量和肥效影响的实验研究. 气象, **22**(7): 12-16.
王燕飞, 陈丽君, 张立明等. 2006. 新疆不同积温带甜菜含糖率差异性的分析. 石河子大学学报(自然科学版), **24**(6): 675-677.
徐广才, 康慕谊, 贺丽娜等. 2009. 生态脆弱性及其研究进展. 生态学报, **29**(5): 2578-2588.
许联芳, 王克林, 李晓青等. 2006. 农业可持续发展的生态安全评价初探. 水土保持通报, **26**(5): 102-107.
姚玉璧, 李耀辉, 王毅荣等. 2005. 黄土高原气候与气候生产力对全球气候变化的响应. 干旱地区农业研究, **23**(2): 46-50.
姚宇飞, 周国良. 2000. 塔里木河流域农业发展战略研究. 新疆农业科学, **6**: 270-272.
翟虎渠. 1999. 农业概论. 北京: 高等教育出版社.
张海东, 罗勇, 王邦中等. 2006. 气象灾害和气候变化对国家安全的影响. 气候变化研究进展, **2**(2): 85-88.
张丽颖. 2007. 基于GIS和RS技术的低山丘陵区土地生产力综合评价. 北京: 北京林业大学.
张强, 邓振镛, 赵映东等. 2008. 全球气候变化对我国西北地区农业的影响. 生态学报, **28**(3): 1210-1218.
赵跃龙, 张玲娟. 1998. 脆弱生态环境定量评价方法的研究. 地理科学, **18**(1): 73-79.
Doerflige R N. 1999. Water vulnerability assessment in Karst environments: A new method of defining protection areas using amulet—attribute approach and GIS tools. *Environmental Geology*, **39**(2): 165-176.
Downing T E. 1991. Vulnerability to hunger in Africa: A climate change perspective. *Global Environmental Change*, **1**: 365-380.
Eamus D. 1991. The interaction of rising CO_2 and temperatures with water use efficiency. *Plant Cell Environ*. **14**: 843-852.
Gogu R C, Dassargues A. 2000. Current trends and future challenges in groundwater vulnerability assessment using overlay and index methods. *Environmental Geology*, **39**(6): 549-559.
Hill D S. 1987. *Agricultural Insect Pests of Temperature Regions and Their Control*. Cambridge: Cambridge University Press.
IPCC, 2007. *Climate change: Impacts, adaptation and vulnerability*. Cambridge: Cambridge University Press.
Kirschbaum M U F, Medlyn B E, KiIlg D A, *et al*. 1998. Modeling forest-growth response to increasing CO_2 concentration in related to various factors affecting nutrient supply. *Global Change Biology*, **4**: 23-41.
Messenger P S. 1959. Bioclimate studies with insects. *Annu. Rev Entomnl*, **4**: 183-206
Polley H W, Johnson H B, Marino B D, *et al*. 1993. Increase in C_3, plant water-use efficiency and bio-

mass over glacial to present CO_2 concentrations. *Nature*, **361**: 61-54

Poorter H. 1993. Inter-specific variation in the growth response of plants to an elevated ambient CO_2 concentration. *Vegetatio*, **104/105**: 77-97.

Reuveni J, Gale J. 1985. The effect of high levels of carbon dioxide on dark respiration and growth of plants. *Plant Cell Environ*, **8**: 623-628.

Rogers G S, Milham P J, Thibaud M C, *et al*. 1996. Interactions between rising CO_2 concentration and nitrogen supply in cotton. 1. Growth and leaf nitrogen concentration. *Australian J Plant Phys*. **23**: 119-125.

Thomas R B, Griffin K. 1994. Direct and indirect effects of atmospheric carbon dioxide enrichment on the leaf respiration of Glyeine max(L.). *Men. Plant Physi*. **104**: 355-361.

Thomas R B, Harvey C N. 1983. Leaf anatomy of four species growth under continuous CO_2 enrichment. *Botanical Gazette*. **144**: 303-309.

气候变化对塔里木河流域自然生态系统的影响与适应对策

陈亚宁，周洪华（中国科学院新疆生态与地理研究所）

引言

自然生态系统和人类活动息息相关，人类活动正迅速改变着自然生态系统的面貌。大量研究（叶笃正，1992；IPCC，2001；葛全胜等，2005）表明，由人类活动导致的温室气体增加造成的全球气候变化，特别是全球性变暖，是导致世界和中国自然生态系统破坏和退化日趋严重的重要原因之一，从而使人类的生存和发展面临巨大的挑战。因此如何正确分析全球气候变化对自然生态系统产生并将继续产生的深刻影响，正确评估自然生态系统对气候变化的脆弱性和适应性，已是各国政府、科学界及公众的关注焦点。本章系统地分析了气候变化对塔里木河流域自然生态系统的影响，并进行了脆弱性和适应性分析。

第一节　自然生态系统概况

随着气候变化与人类活动影响的加剧，塔里木河流域各个水系逐步肢解并脱离与干流的联系，目前与塔里木河干流有天然水联系的仅有三源一干，即源流区的和田河、叶尔羌河和阿克苏河以及干流上的孔雀—开都河。在过去的50年里，由于塔里木河的水资源开发主要是用于农业生产和居民生活，挤占和忽略了自然生态系统的生态需水，经济与生态的矛盾日益突出。随着流域上游的高强度、大规模水资源开发利用，流域下游自然生态过程发生了显著变化，导致下游321 km河道彻底断流，河流尾闾湖泊—罗布泊和台特玛湖分别于1970和1972年干涸，地下水位大幅度下降，由地下水维系的天然植被极度退化，风蚀沙化加剧，土地荒漠化过程加强，生物多样性严重受损。全球气候变化必然将加速塔里木河下游自然生态系统的生态环境变化。目前，气候变暖导致的塔里木河流域自然生态系统的生态安全和生态危机正受到全世界的密切关注。

专栏

自然生态系统：是指地球表面未经人类干预的生物群落与无生命环境在特定空间的组合，即是一定空间中的生物群落与其环境组成的，没有或很少受人类活动直接干扰的统一体，其中，各成员借助能量和物质循环形成一个有组织的功能复合体（李克让等，2005）。如未开发利用的天然草原、原始森林、湖泊沼泽等。自然生态系统几乎容括了地球的全部遗传和物种多样性的总体，并提供对人类生存至关重要的产品与服务，它对于维持人类生态系统的稳定有着重要的作用。

自然生态系统由非生物环境、生产者、消费者、分解者四个基本部分组成，系统内能量的流动是靠各种有机体顺着营养级序列来逐级转化和传递的。自然生态系统与其他各类生态系统的显著区别在于：自然生态系统的成分相对多样化，营养结构相对复杂，具有较高的物种多样性和群落稳定性，自我调节能力较大，系统内可实现物质循环和能量转换，易维持生态平衡，因此，自然生态系统总是在不平衡—平衡—不平衡的发展过程中进行着物质与能量的交换，推动着自身的变化和发展。本研究所指的自然生态系统主要包括绿洲、森林、草原、荒漠、湿地等。

一、流域生态系统结构与类型

塔里木河流域的生态系统结构、类型独具特色，从流域尺度划分，大致可以划分为山地生态系统、绿洲生态系统、荒漠生态系统三大类型，它们是由水过程相联系的。山地生态系统为径流形成区，山区径流主要由高山带冰川融雪径流、中山带森林降水和山区裂隙基岩水等构成，是三大生态系统最为重要的生态系统之一；绿洲生态系统由天然绿洲和人工绿洲两部分构成，人工绿洲是在天然绿洲上通过人工改造而成，是流域水资源消耗和转化区；荒漠生态系统位于绿洲外围，是缺水和无水区。由于从山地到平原的光热、水文条件的差异，因此，不同区域生态系统的构成及类型各不相同。塔里木河流域从山地到平原发育了典型山地生态系统、绿洲生态系统、荒漠生态系统三大类型（陈亚宁等，2009a）。

1. 山地生态系统

山地生态系统是塔里木河流域最为关键生态系统之一，塔里木河流的水资源主要来自山区，由高山区冰雪融水、中山带森林降水和裂隙基岩水三部分构成，为平原区绿洲农业生产的健康发展提供了必要条件。因此，塔里木河流域山地生态系统的保育对流域经济社会可持续发展至关重要。

塔里木河流域的山地生态系统分布于源流区的天山南坡、喀喇昆仑山北坡、帕米尔东缘和昆仑山北坡。由于背向从大西洋和印度洋来的湿气流，深居亚洲大陆和远离海洋的地理分布格局，使朝向塔里木盆地的诸山坡成为亚洲最具典型意义的内陆干旱山地。

塔里木河流域由于深居中亚大陆腹地，具有强烈的旱化和鲜明的荒漠化特征。塔里木河上游的三源流区域，即阿克苏河源区的天山南坡，叶尔羌河源区的喀喇昆仑山北坡，帕米尔东缘与和田河源区昆仑山北坡，山体高大，广泛分布着现代冰川与永久积雪。

天山山地自上而下发育的垂直自然带谱依次为：高山冰雪带—高山草甸—森林带—中低山荒漠草原带和干燥剥蚀带。高山带广泛发育着现代冰川，成为河川径流的重要补给；中高山带以草原和草甸植被为主，森林和灌丛植被发育微弱，呈斑块状分布，局限于河谷的阴坡；中低山带为干燥剥蚀带；昆仑山和喀喇昆仑山北坡，植被垂直带结构简单，旱生植被占优势地位，但在喀喇昆仑山区发育着大规模现代冰川，是塔里木河流域现代冰川最为发育地区之一，成为河川径流的最重要补给。

山地森林生态系统是作为山地植被垂直带或非地带性的隐域（如河谷）植被出现的，天山代表树种为天山云杉。天山云杉林在新疆分布范围较广，海拔变幅大，树木生长状况及其林下植物种类有所差异，其中以广泛分布于中山带海拔 1700～2100 m 平缓阴坡，荫蔽的峡谷、洼地及半阴、半阳坡分布的天山云杉林面积最大。

天山南麓山地的西段和西昆仑山地的中山—亚高山带分布有新疆圆柏丛林。它包含有天山方枝柏、叉子圆柏和昆仑方枝柏的群系。其中以天山方枝柏分布最广，它们主要分布在天山南麓（海拔 2500～3000 m）和西昆仑山（海拔 2900～3700 m），构成匍匐的灌丛或丛林；叉子圆柏（*sabina semiglobosa*）则主要在天山南麓山地草原带（海拔 2600～3000 m），昆仑方枝柏（*Sabina centrasiatica*）主要在昆仑西端亚高山带下半部（海拔 2800～3300 m）形成疏林。圆柏丛林主要占据着天山云杉林下限的草原带或无林的干旱山地草原的阴坡或半阴坡，尤其是在土壤湿度保持较好和富含碳酸钙的细质土平缓山坡上，形成小块状的稀疏乔木。

塔里木河流域圆柏林的共同特点是群落结构简单、组成种类较少，分乔木和草本两层，由于它们分布在亚高山地段，气候寒冷、干旱，组成植物大多为旱中生和旱生植物，特别是分布在昆仑山西部的喀什方枝柏林，伴生着很多荒漠植物如腹果麻黄（*Ephedra przewalskii*）、喀什腹果麻黄（*E. przewalskii* var. *kaschgarica*）、木本猪毛菜（*Salsola arbuscula*）、木地肤（*Kochia prostrata*）、刺矶松（*Acantholimon alatavicum*）等。昆仑方枝柏林和昆仑多枝柏林一般位于天山云杉林下部或上部边缘阴坡、半阴坡，乔木层郁闭度为 0.2～0.4，树高 10～12 m，这两种圆柏可各自成为纯林或两者混交，偶尔有天山云杉、天山花楸、山柳（*Salix depressa*）生长，灌木通常不形成层次。主要种类有小叶忍冬、黑果栒子、喀什小檗、蔷薇等。草本植物多为中生植物，禾本科植物有沟羊茅（*Festuca ovina subsp. sulcata*）、恰草（*Koeleria cristata*）、林地早熟禾，杂类草有珠芽蓼、雪白点地梅（*Androsace lactiflora*）、糙点地梅（*A. squarrpsula*）、垫状点地梅（*A. tapete*）、雪报春（*Primula nivalis*）、冷地毛茛（*Ranunculus gelidus*）、冰霜委陵菜（*Potentilla gelida*）、亚高山蒲公英（*Taraxacum pseudoalpium*）、银穗草（*Leucopoa albida*）、林地勿忘草（*Myosotis sylvatica*）、附地菜（*Trigonotis peduncularis*）、六齿卷耳（*Cerastium cerastoides*）等。它们大多数为亚高山生长的中生草甸植物。

2. 绿洲生态系统

绿洲生态系统是沿干旱区内陆河发育的、由来自系统外部的水源相联系，通过水的时空分布控制形成的、具有自动调节和自组织功能的整体。绿洲生态系统既是流域水资源消耗转化和排泄蒸散区，也是流域社会经济发展最为活跃的区域。从人类干扰程度来分，绿洲生态系统可分为人工绿洲生态系统和天然绿洲生态系统。人工绿洲生态系统是镶嵌分布于干旱区平原和干旱区山间谷地中的一类独特的地理景观，是通过人类修建水利设施形成的灌溉农业区或其他经济活动中心。绿洲是干旱区人类赖以生存的最重要区域，通过人类修建水利设施形成的灌溉农业区成了干旱区社会经济活动中心。现代绿洲是干旱区人类活动最密集的地方，现代绿洲生态系统由生物（即人类、农作物、畜禽和微生物）和绿洲生态环境两大部分组成，包括城镇生态系统、农田生态系统（包括其中的防护林和水域）、森林生态系统、草地生态系统和水系统等。绿洲农业生态系统以种植业为主，林业、牧业为辅。三产业相互联系，相互制约。其中，种植业和牧业主要为干旱区人类提供食物来源；林业主要用于抵御干旱荒漠区的风沙，改良绿洲小气候，保护绿洲稳定。水是绿洲生态系统发展的关键因素之一，由于干旱荒漠区蒸发强烈，降水稀少，天然降水远不能满足植物生长发育的正常要求，绿洲农业是依赖于地表水和地下水的灌溉农业，具有“非灌不植”的性质（张维祥等，1992）。天然绿洲是沿河流、湖泊和湿地等伴水而生、伴水而存的、由不依赖于天然降水的非地带性植被构成的断续、宽窄不一的绿洲植被带。从植被类型或景观类型来看，人工绿洲生态系统可细分为人工水域、农田、人工林、村镇和城市；天然绿洲生态系统可细分为河谷低地草甸、荒漠河岸林、河谷灌丛、天然湖泊和湿地。天然植被主要依赖地下水。因此水系统是绿洲生态系统与其外围的山地生态系统和荒漠生态系统联系的纽带，通过水系统进行着物质、能量和信息流的交换。

1）人工绿洲生态系统

人工绿洲密切依存于水源，具有繁茂的植被、极高的动植物生产力，是供人类聚居和进行其他社会经济活动的隐域性陆地环境。人工绿洲生态系统是在荒漠或自然绿洲的基础上，经过长期人类活动的参与和改造而发展起来的，它是人类劳动的产物。人工绿洲中土壤、植被、水文、气候和地形则受人类活动控制，取得了优化组合，搭配得当，使生物生产量高，小气候条件优越，为人类在荒漠地区生存、繁衍创造了条件，提供了场所。因此，人工绿洲生态系统是适应人类生存需要而建立起来的，是对荒漠生态系统的优化。

在干旱荒漠区，人类为了生存，兴修水利，开荒造田，营造防护林，发展种植和养殖业，于是就形成以人工水域为支撑，以人工栽培植物和饲养的畜禽为主体，由农田生态系统、人工林生态系统、畜禽养殖系统、乡村聚落生态系统以及部分城市生态系统耦合在一起的荒漠地区特有的人工绿洲生态系统。人工水域是支撑人工绿洲生态系统的条件，农田是绿洲生态系统的基础，人工林是绿洲生态系统的卫士。

在塔里木河流域，人们依靠修建水库、开渠引水、开荒造田、营造防护林、发展种植业和养殖业，形成了以人工水域为支撑，以人工驯化的植物和动物为主体的由农田生态系统、人工防护林生态系统、畜牧业系统和乡村、城镇生态系统为主体的人工绿洲生态系统。

塔里木河流域的人工绿洲生态系统面积较小，约占流域总面积的 4.75%，但它通过人类干预和改造自然改变了区域内的土壤、植被、水文、气候和地形，优化组合了区内水土条件，使其具有明显高于其他生态系统的第一性生产力，为人类的生存、繁衍创造了条件和场所。流域内包括 7 大绿洲群——开—孔河绿洲、阿克苏河绿洲、叶尔羌河绿洲、和田河绿洲、渭干—库车河绿洲、喀什噶尔河绿洲和克里雅河绿洲以及众多小绿洲；塔里木河干流人工绿洲生态系统集中分布于上游阿拉尔垦区和下游的恰拉垦区。

随着经济、技术的发展，塔里木河流域人工绿洲面积不断扩大，从下游扩展到上游，从山前扩展到冲—洪积扇形平原。受流域内水资源的限制，河流下游的水资源剧减，土地因水源不足造成弃耕现象严重，而且在不断的开荒—弃耕循环中，土壤荒漠化严重，同时，灌溉方式的不当也加速了绿洲内土壤次生盐渍化的发生程度，流域内超过 30%的土壤遭受着较严重的次生盐渍化和荒漠化。另外，由于流域内交通不便、经济相对落后，产业结构设置上重种植业，养殖业、水产业、农产品加工业等不发达。在农业种植结构上，受历史和经济原因的驱使，重粮食和经济作物轻饲料作物。流域内，粮食作物和经济作物品种单一，棉花和小麦是两大龙头作物。从生态学角度看，单一化将意味着生态系统的崩溃。因此，在塔里木河流域人工绿洲生态系统内，必须因地制宜大力推广粮食—饲料—经济作物的三元种植模式，增加生态系统及生物的多样性，调整种植物结构，发展具有区域特色和竞争优势的名优特产品，进一步发展高科技含量的农副产品深加工与精加工，使区域经济从以农业为主逐步向农业工业化过渡，促进人工绿洲社会—经济和生态的可持续发展。

2)天然绿洲生态系统

天然绿洲生态系统位于人工绿洲与荒漠之间，阻隔着人工绿洲和荒漠的联系，是人工绿洲的天然生态屏障。天然绿洲生态系统在抗风沙、盐碱和干旱能力方面明显优于人工绿洲生态系统。塔里木河流域天然绿洲生态系统是由依靠洪水灌溉或地下水维持生长发育的中生、中旱生的非地带性植被构成，主要分布在地下水埋深较浅的河滩地、低阶地、湖滨和湿地等轻度盐渍化草甸上和河道两岸。

湖泊、湿地是盆地和流域及其水体、沉积物、各种有机和无机物质之间相互作用、迁移、转化的综合反映，在蓄洪防旱、调节气候、水土保持、缓解环境污染、维护生物多样性、保持区域生态平衡等方面发挥着巨大作用。在塔里木河流域内大约有 16 个大小湖泊，除博斯腾湖以外，绝大部分为尾闾湖泊。博斯腾湖是一个吞吐型湖泊，它既是开都河的尾闾，又是孔雀河河源，是流域内最大的淡水湖泊，面积约 1000 km^2，在博斯腾湖周边有大面积湿地分布。

3. 荒漠生态系统

在塔里木河流域的古老冲积平原上，绝大部分地区为荒漠。区域内无地表水，气候极端干旱，植被多为旱生及超旱生种类，且覆盖度极低，平原区的天然植被主要由非地带性植被构成，依靠洪水漫溢或地下水维持生命，主要分布灌木荒漠、小半乔荒漠、半灌木荒漠、多汁盐柴类荒漠。以胡杨为优势种，多分布在沿河两岸地下水水位较高的河漫滩、低阶地、湖滨及低洼地等轻度盐渍化草甸上和河道两岸，沿河形成断续的、宽窄不一的走廊式绿色植被带。本区天然植被种群单一，植物共 86 种，分属 26 科 63 属，是我国植物种类最单一的地区之一。在荒漠植被之间，分布有流动沙丘、半流动沙丘、固定沙丘以及裸地，在塔里木河南岸与塔克拉玛干沙漠相邻的局部地段，沙丘上分布有小丛的耐干旱性极强的塔克拉玛干柽柳，丘间低地分布有芦苇、甘草、罗布麻、骆驼刺、猪毛菜等植被，盖度＜10％。

胡杨是塔里木河流域荒漠河岸林的主要建群种，是塔里木河流域荒漠区的主体森林类型。灌木以柽柳、盐穗木、梭梭等为主，以及盐柴类小半灌木；草本以芦苇、罗布麻、甘草、骆驼刺、花花柴为主。构成了世界上面积最大、生长最旺盛的胡杨荒漠森林带，也叫吐加依林，主要分布在塔里木河三河汇合口及干流区，其中，以和田河沿岸和阿拉尔至胡杨林公园分布最多，在塔里木河南部的古河道沿岸，因河道多年断流，除低阶地小面积的新生胡杨林外，大部分胡杨林已不能被洪水浸漫，仅靠塔里木河下渗的地下水供给水分，多数处于枯死和半枯死状态，在塔里木河干流下游阿拉干以下地区，因多年没有河水下泄而使胡杨林大面积衰败、枯死，生态系统向沙漠化转化，生物多样性严重受损。

塔里木河流域荒漠河岸林植被生长的盛衰、覆盖度的大小，与地形地貌和水文地质条件密切相关。距河道越近，植物种类越丰富，生长越好；距河道越远，植物种类越单纯，生长也越差。塔里木河干流生长较好的植被主要分布在阿拉尔到铁干里克河段的沿岸，而远离现代河道和铁干里克以下，都有不同程度的抑制或衰败。胡杨幼龄林一般分布在塔里木河河道及其岔流两岸河漫滩、低阶地地带，呈走廊状分布。在现代冲积平原多生长着中龄林，在古河道两侧分布着过熟林、衰老林和枯死林。

4. 塔里木河干流区生态系统

塔里木河干流区的生态系统结构简单，从生态与环境的角度，可大致划分为森林、草地、水域、荒漠生态系统。

1)森林生态系统

在塔里木河干流区，最重要的代表植物为胡杨，由于水土条件适宜，在塔里木河干流区形成了世界上面积最大、生长最旺盛的胡杨荒漠森林带，也叫吐加依林。以塔里木胡杨林保护区最为典型；其次为灰杨，主要分布在干流区上部，三河汇合口一带，以和田河沿岸数量较多。

胡杨和灰杨是塔里木河流域森林生态系统的支柱，由于塔里木河的自然变迁，人类经济活动的影响，两侧古河道和下游阿拉干以下河道多年没有水进入，胡杨林处于枯死、半枯死状态。要保护塔里木河干流区的生物多样性，保护胡杨正常生长是首要任务。

塔里木河干流区森林生态系统中第二种重要植物为柽柳，它是组成该流域灌木林中面积和种群数量最大的灌木树种。柽柳在新疆有27种，塔里木河干流区不少于6种，即多枝柽柳、刚毛柽柳、短穗柽柳、多花柽柳、长穗柽柳及塔克拉玛干柽柳，几种柽柳中最耐干旱的为塔克拉玛干柽柳，它多生长于距离河道较远的沙丘地带，根系可下扎7～8 m，它能生存的沙丘地带因地下水位太深，其他种的柽柳和其他深根系乔、灌、草本植物均不能存活，因此，塔克拉玛干柽柳可称得上是塔克拉玛干沙漠边缘的先锋植物，在胡杨林中极少分布。柽柳中最能耐盐的是短穗柽柳，它能在重盐碱地上成活。保护柽柳灌木林是塔里木河干流生态保护中的第二项重要任务。

灌木林中在局部地段能形成适群种的还有铃铛刺、苏枸杞、沙拐枣、盐节木、盐穗木、梭梭、白刺等，常作为胡杨林下的伴生植物，与柽柳组成较浓密的灌木层，组成典型的吐加依林。林中还有特产的羊肚菌等多种菌类及苔藓、地衣等组成该生态系统。

胡杨林型动物种类主要有塔里木马鹿、塔里木兔、野猪、兔狲、猞猁、狼、赤狐、沙狐等，鸟类有环颈雉、斑鸠、白翅啄木鸟、白尾地鸦、鸢、红隼、欧鸽、长耳鸮、丛纹腹小鸮等，两栖爬行类有塔里木鬣蜥、麻蜥、绿蟾蜍、棋斑游蛇、黄脊游蛇等，其中塔里木鹿、塔里木兔、白翅啄木鸟、塔里木鬣蜥是当地特有种，但因人们捕捉，马鹿数量已迅速下降。

塔里木河干流地区的胡杨林，以有洪水漫溢的塔里木胡杨林保护区及其以西至阿拉尔东部的地带生长较好，在南部的古河道沿岸，因多年很少有水灌溉，多数处于枯死和半枯死状态，但那里适于靠觅食胡杨树叶等赖以生存的荒漠动物野骆驼生存。在塔里木河干流下游阿拉干以下地区，也因多年没有河水下泄而使胡杨林生态系统向沙漠化转化，生物多样性已极大地散失。

2)草地生态系统

草地主要分布在塔里木河两岸的低阶地、高河漫滩以及北岸接近天山北坡洪积冲积扇扇缘带地下水位较浅的地带，在人工绿洲周围也有分布。塔里木河干流地区尉犁县南部草地分布面积较大。草地有低地盐化草甸及河漫滩盐化草甸两个植被类型，以佛子茅、芦苇、甘草、芨芨、骆驼刺、蒲公英、野生油菜、獐茅等为主。植物所需水分主要来源于地下水及河道侧渗，土壤普遍有不同程度的盐渍化。草被是草地生态系统的主体，除草被外还有多种蘑菇等菌类和部分适于该区域生长的苔藓、地衣类低等植物以及大量的微生物。

草地常见的动物主要有塔里木兔、沙狐、子午沙鼠、小家鼠、草原斑猫、兔狲、鸢、红隼、家麻雀、斑鸠、白鹡鸰、密点麻蜥、荒漠麻蜥、棋斑游蛇及绿蟾蜍等。不少水禽也常在水域旁草地上觅食，如豆雁、鸿雁、赤麻鸭等。无脊椎动物和昆虫等也是草地生态系统中的主要组成部分。草地是塔里木河畜牧业的主要放牧区，在该区畜牧业中有重要经济价值。

3)水域生态系统

湿地有地球的“肾”之称，水域生态系统在地球表面生态系统中具有十分重要的地位。水是水域生态系统的主体，塔里木河干流地区，凡是洪水能漫流浸淹的地带均属于湿地，水库和积水湖泊、沼泽更属典型的湿地。塔里木河干流区约有大小十余座人工水库，还有数百个大小不等的湖沼，但大多数湖沼枯水期干涸，只有少部分能延续到第二年洪水来临。塔里木河干流区湖沼最多的地区是尉犁南部地区，湖沼面积大、积水湖沼数量多；其次为轮台南部地区和渭干河冲积扇外缘东南部和西南部与塔里木河冲积平原交接区及塔里木河支流区。历史上塔里木河干流下游考干等地湖沼面积是相当广阔的，在1921年以前，塔里木河和孔雀河合流流经此地，形成了大面积淡水湖泊，后因塔里木河改道断流而干涸。

湿地生态系统中的植物主要由草甸沼泽植物和挺水植物及沉水植物组成，草甸沼泽植物主要有苔草、稗、水莨根、委陵菜、蒲公英等，挺水植物有芦苇、菖蒲、荆三棱、毛蜡灯芯草等，沉水植物有多种轮藻、眼子菜及多种水藻类等。

在塔里木河河道及其牛轭湖和积水叉流湖泊中，在过去有塔里木河特有新疆大头鱼、塔里木裂腹鱼(尖嘴鱼)及多种鳅鱼等土著鱼类分布，后来人们引进赤鲈(五道黑)及鲤、鲫、链、鳙、三角鳊等多种外来鱼类和家鱼，导致大头鱼绝灭，尖嘴鱼已残存不多。水域中有燕鸥、渔鸥、大天鹅、豆雁、苍鹭、翠鸟、赤麻鸭、绿头鸭、赤膀鸭、针尾鸭、凤头辟鸟、虎鸟、骨顶鸡、黑水鸡、白鹈鹕、大麻鳽、苇莺、鹭鸶、凤头麦鸡、红脚鹬等多种水鸟活动，也有两栖爬行类绿蟾蜍、棋斑游蛇、牛蛙等在水中生活，此外还有大量的水生昆虫。在洪水季节和洪水期过后的秋季，水域中鸟类种群数量较大，冬季种群数量最少。

水域生态系统食物链中，水域的鸟类多以水生昆虫、水草和鱼类为食，而鸢、雕等猛禽又以小型鸟类和兽类为食，鸟类成为在该水域活动的狼、狐等食肉兽的捕食对象。该地水域中，由国外引进的麝鼠在该区生活适应性很强，繁育数量较多，分布较广。

水域生态系统，以其所处地貌部位差异、积水深浅及时间长短、植物及动物类型的变化，可分为多种次级生态系统类型，如季节积水的草甸沼泽，浅水中以挺水植物为主的浅水湖沼，深水区以沉水植物为主的湖泊，都有自己独特的动植物类群和生态关系，均可成为独立的一个生态系统，如以密集的芦苇群落来说，它本身可成为独立的一个生态系统，除鱼类外，苇莺和大麻鳽等水鸟是光顾该系统的常客。

4)荒漠生态系统

在荒漠生态系统中分布有荒漠动物，由于荒漠与绿洲交错分布，食物较为丰富，常到荒漠地带活动的动物种类有野双峰驼、草原斑猫、鹅喉羚、沙狐、狼、漠即鸟、沙即鸟、猎隼、大鵟、棕尾鵟、南疆沙蜥、叶城沙蜥、黄脊游蛇、子午沙鼠等。

5)人工绿洲生态系统

塔里木河干流人工绿洲生态系统集中分布于上游兵团农一师阿拉尔垦区和下游兵团农二师恰拉垦区。人工绿洲生态系统是在荒漠或自然绿洲的基础上，经过长期人类活动的参与和改造而发展起来的，它是人类劳动的产物。在干旱荒漠区，人类为了生存，就得兴修水利，开荒造田，营造防护林，发展种植和养殖业，于是就形成以人工水域为支撑，以人工栽培植物和饲养的畜禽为主体，由农田生态系统、人工林生态系统、畜禽养殖系统、乡村聚落生态系统以及部分城市生态系统耦合在一起的荒漠地区特有的人工绿洲生态系统。人工水域是支撑人工绿洲生态系统的条件，农田是绿洲生态系统的基础，人工林是绿洲生态系统的卫士。

人工绿洲生态系统是适应人类生存需要而建立起来的，通过人类干预自然、改造自然，改变了荒漠水、热条件搭配不当，不适合人类生存的严酷环境。人工绿洲中土壤、植被、水文、气候和地形则受人类活动控制，取得了优化组合，搭配得当，使生物生产量高，小气候条件优越，为人类在荒漠地区生存、繁衍创造了条件。人工绿洲生态系统是经过改造重建，富有再生产性，更有价值的生态系统。它“不是自然”却“胜似自然”。人工绿洲生态系统的建立是对荒漠生态系统的优化。

6)生态系统分布格局

塔里木河干流五大类生态系统的分布格局有着明显的规律，水域生态系统分布在最低洼的地带，即河流主流及干流区、河间洼地、牛轭湖及塔里木河冲积平原与天山南坡洪积冲积扇及低洼地带，还有人工筑成的水坝上游及水库下游地区积水区。

草地生态系统分布于水域生态系统的周边及与胡杨林之间的交错地带，呈环状或条状分布。受塔里木河洪水的直接或间接影响，若没有塔里木河水源的补充，地下水位持续下降，该类型生态系统将不复存在。

森林生态系统分布在河道两岸的低阶地和高阶地上，除低阶地小面积的新生胡杨林外，大部分胡杨林已不能被洪水浸漫，仅靠塔里木河下渗的地下水供给水分，若地下水位持续下降，将使胡杨林枯死，使该生态系统劣变，阿拉干下游区和古塔里木河沿岸的胡杨林就属于这种类型。

人工绿洲生态系统分布在塔里木河高阶地上，如阿拉尔绿洲和铁干里克绿洲及沙雅、尉犁等地的部分绿洲都属这种类型，它们完全靠人工引水灌溉来维持，无水可灌绿洲将不复存在。沙雅、轮台南部新开垦的部分人工绿洲因位于高河漫滩和低阶地上，在塔里木河洪水期常遭受浸淹而造成巨大损失，对这些新开垦地应实施“退耕还林”和“退耕还草”，以维护塔里木河生态系统的稳定。

荒漠生态系统分布在离塔里木河干流和支流较远与最高的地貌部位，即塔里木河南部的沙漠带及北部的盐土带，还有古河道之间的高地上，主要以流动沙漠的形式和盐漠的形式存在，部分地区为土漠，但风蚀严重，部分地表出现雅丹地貌现象。

第二节　气候变化对自然生态系统的影响

由于大气 CO_2 等温室气体的增多，以气候变暖为标志的全球气候变化正在发生有史以来从未有过的急剧变化。预测表明未来 50～100 年全球气候将继续向变暖发展，降水格局也将有较大变化，同时一些极端气候事件（如高温天气、强降水、强热带气旋等）发生的频率也将增加（IPCC，2001）。塔里木河流域是中国的极端干旱区，其自然生态系统对气候变化的依赖性极强，气候变化导致的降水格局和气温改变将对流域自然生态系统带来极大影响。

一、对森林生态系统影响

在气候变化背景下，森林生态系统的组成、结构、功能、生产力以及退化的森林生态系统的恢复和重建，都将面临严峻的挑战。极端气候事件的发生强度和频率增大，还会增大森林灾害发生的频率和强度，危及森林的安全，增加陆地温室气体排放（朱建华等，2007）。气候变化及大气组成的变化，还会影响森林为人类社会提供产品和服务的功能，从而对社会经济系统产生显著的影响。

1. 气候变化对森林生态系统结构和物种组成的影响

森林生态系统的结构和物种组成是系统稳定性的基础，生态系统的结构复杂、物种丰富，则系统表现出良好的稳定性，其抗干扰能力较强，反之，其结构简单、种类单调，则系统的稳定性差，抗干扰能力相对较弱（刘国华等，2001）。千万年来，不同的物种为了适应不同的环境条件而形成了其各自独特的生理和生态特征，从而形成现有不同森林生态系统的结构和物种组成。由于原有系统中不同的树木物种及其不同的年龄阶段对 CO_2 浓度上升及由此引起的气候变化的响应存在着很大的差别。因此，气候变化将强烈地改变森林生态系统的结构和物种组成。气候变化可通过以下途径使森林物种组成和结构发生改变。

1）温度胁迫

气温是物种分布的主要限制因子之一。在未来气候变化的预测中，全球平均气温将升高，尤其是冬季最低气温的升高，这对于一些嗜冷物种来说无疑是一个灾害，因为这种变化打破了它们原有的休眠节律，使其生长受到抑制。塔里木河流域属于极端干旱区，是中国气候变暖的敏感区域，其气温变化较全国平均气温变化更为显著。流域内的山地森林和干流森林生态系统的主要植物都是耐寒性物种，如云杉、圆柏、胡杨、灰杨和柽柳等，随着冬季气温的升高，其原有生理活动将面临考验，种子萌发和成年植株生长发育过程将受到影响，其演替更新速度和竞争能力将减弱。已有试验表明，高温将严重抑制塔里木河流域胡杨等森林建群种的光合作用，导致光合器官受损，阻碍光合产物的形成，影响植物的正常生长（陈亚鹏等，2009；Zhou，*et al.*，2010）。

动物在森林生态系统中处于食物链的高端，随着气候变化导致的食物链中生产者种类和数量的变化，森林生态系统中动物的种类和数量也将随着发生改变，同时气温的变化也将直接影响动物的生理活动，加速其入侵定居或迁徙速度，改变其物种组成。

2)水分胁迫

虽然现有大气环流模型预测全球降水量将有所增大，但是由于地区和季节的不同而存在很大的差别。大量模型预测表明，随着气候变暖，塔里木河流域降水量将呈增大趋势(施雅风等，2002；陈亚宁等，2008，2009b；傅丽昕等，2009)。然而降水的格局分布并不均匀，山区降水将显著增加，这将有利于山地森林生态系统物种的生长和发育，加速森林生态系统的顺序演替；而平原地区降水量的增大无法抵消气温升高导致的地面蒸散作用所带走的土壤水分，因此，在平原区的森林生态系统中将仍然面临土壤含水量减少，植物在其生长季节中水分严重亏缺，从而使其生长受到抑制，甚至出现落叶及顶梢枯死等现象而导致衰亡，但是对于一些耐旱能力强的灌丛(如柽柳、黑刺等)来说，这种变化将会使它们在物种间的竞争中处于有利的地位，从而得以大量地繁殖和入侵，使得森林生态系统的组成和结构发生变化。

3)物候变化

物候是反映气候变化对植物发育阶段影响的综合性指标。随着全球气候的变化，植物的物候也将发生显著变化。冬季和早春气温的升高使春季提前到来，影响到植物的物候，使它们提早开花放叶，这将对那些在早春完成其生活史的林下植物产生不利的影响，甚至有可能使其无法完成生命周期而导致灭亡，从而导致森林生态系统的结构和物种组成的变化。尽管，塔里木河流域森林生态系统中早春植物相对较少，但冬季和早春温度的升高将使建群种和伴生种的发芽和开花时间提前，导致植物生理周期变化与外界水分周期变化不一致，高温胁迫将加速环境的水分胁迫，从而影响植物的正常繁育和更新，最终将导致系统物种组成和分布的变化。

2. 气候变化对物种和森林类型分布的影响

气候是决定森林类型(或物种)分布的主要因素，影响森林生态系统特点和分布的两个最为重要的气候因子是温度及降雨量。植被(物种)分布规律与气候的关系早就被人们所认知，并由此而提出一系列气候—植被分类系统(如 Holdridge 生命带、Thornthwaite 水分平衡及 Kira 温暖指数和寒冷指数等)。当前，人们正是基于气候与植被(或物种)的关系来描绘未来气候变化下物种和森林分布的情形。而另一个有利于气候变化对物种和森林分布影响的证据是来自于全新世大暖期物种的迁移和灭绝，但是与全新世相比，未来全球温度升高的速率更大，全球自然景观也因人类活动的影响而发生了巨大的变化，因此，未来气候变化将给物种和森林的分布带来更为严重的影响。目前，大多数有关气候变化对森林类型分布影响的预测都是根据模拟所预测的未来气候情形下森林类型分布与现有气候条件下森林分布的比较而得到的，其结果都认为各森林类型将发生大范围的转移(Smith, *et al.*, 1995)。

由于在不同的区域其未来气候变化的情形不一致，而不同的森林类型也有其独特的结构和功能等特点，因此，气候变化对各个森林类型的影响是不同的。一般认为：热带森林的更新将随着全球气候变暖加快，热带雨林将侵入到目前的亚热带或温带地区，雨林面积将有所增大，但有些地区降雨的减少也可能加速雨林和干旱森林向热带稀疏草原转变（李霞等，1994；刘国华等，2001）；温带森林将随着全球气候变暖侵入到当前北方森林地带，而在南界则将被亚热带或热带森林所取代，同时由于温带内陆地区将受到频繁的夏季干旱的影响，从而导致温带森林景观向草原和荒漠景观的转变，因此温带森林面积的扩张或缩小主要取决于其侵入到北方森林的所得和转化为热带或亚热带森林及草原的所失，目前按大部分模拟预测都认为温带森林面积将缩小（Smith, *et al.*, 1995）；北方森林在未来的气候变化中，由于高纬度地区的升温幅度远比低纬度地区的升温幅度大，其对气候变化的响应较热带森林和温带森林大得多，且其面积将因全球气候变化大大缩小。

塔里木河流域森林生态系统属于典型的温带森林，受人类干扰极大，呈片段化分布，因此，未来气候变化对森林生态系统的影响是巨大的。随着全球气候变暖，山地森林生态系统的耐寒性树种如云杉、圆柏等将逐渐退化，或被一些中山带或低山带建群树种取代，同时随着气候变暖导致的干旱加剧，胡杨等流域森林生态系统建群种将逐渐衰退，被更为耐旱的柽柳等灌丛所取代，进而逐渐向荒漠生态系统转变。

3. 气候变化对森林生产力的影响

森林生产力是衡量树木生长状况和生态系统功能的主要指标之一，大气中 CO_2 浓度上升及由此而引起的气候变化将改变森林的生产力。这主要表现在两个方面，其一是气候变化后植物生长期延长，加上大气 CO_2 浓度上升有利于植物通过光合作用将其转化为可利用的化学物质，从而形成“施肥效应”，促进植物的生长和发育，使得森林生态系统的生产力增大。研究表明，塔里木河流域干流森林生态系统的建群种胡杨净光合速率随 CO_2 浓度升高而增大，尤其是在干旱胁迫下，这种增大态势愈加明显（陈亚鹏等，2008；Zhou, *et al.*, 2009），因此随着 CO_2 浓度的升高，塔里木河流域森林生态系统建群树种的生长发育将有加快的趋势；然而，随着气温的升高，土壤中水分蒸发量将增大，可能引起植物的生理干旱，限制植物的光合作用和生长速度，而且，气温的升高还会增强土壤微生物的活性，加速有机质的分解速率和其他物质循环，改变土壤中的碳氮比，使植物的生长遭受氮素限制（Korner, 1997），从而减弱森林生态系统的生产力。另外，由于气候变化导致的降水格局改变也将直接影响植物的生长发育和分布格局。因此，塔里木河流域森林生态系统生产力和生物量将随着 CO_2 浓度升高和气温上升呈增加趋势还是减少趋势，还有待进一步的长期野外观测和试验研究。

4. 气候变化对森林碳库的影响

森林作为陆地生态系统的主体，以其巨大的生物量贮存着大量的碳。全球森林生物量碳库储量约为 348 GtC，森林土壤碳库储量约为 478 GtC（1 m 深度）（Bolin, *et al.*, 2000）。森林植被的碳储量约占全球植被的 77%，森林土壤的碳储量约占全球土壤的 39%。可见，森林生态系统是陆地生态系统中最大的碳库，森林碳库的增大或减少，都对大气中的 CO_2 浓度产生重要的影响。过去几十年，大气 CO_2 浓度和气温升高导致森林生长期延长，加上氮沉降和营林措施的改变等因素，使森林年均固碳能力呈稳定增长趋势（Nabuurs, *et al.*, 2002）。塔里木河流域内天然荒漠林面积达 28 万 hm^2，以红柳为主的灌丛面积为 108.5 万 hm^2，有林地面积达 136.5 万 hm^2（梁瀛等，2005），此外，山地森林面积也不容忽视。未来气候的变化将影响着塔里木河流域森林生态系统中植物的生长发育，从而导致森林碳库的改变，而其森林碳库的增大或减少，都将对区域大气中 CO_2 浓度产生严重的反馈影响。

二、对草地生态系统的影响

塔里木河流域草地资源丰富，类型繁多，面积辽阔。流域草地总面积 2389.84 万 hm^2，占全疆草地面积的 41.7%，占流域土地总面积的 22.48%，其中可利用草地面积 1995.14 万 hm^2，占全疆可利用草地面积的 41.56%。流域内草地类型繁多，新疆 11 个大类的草地在这里均有分布。其中山区草地类型共分 10 大类，27 个亚类，广泛分布于天山、昆仑山和帕米尔高原；平原区草地类型较少，只有温性荒漠、低平地草甸和沼泽草地三大类，11 个亚类。

塔里木河流域属于极端干旱区域。CO_2 浓度倍增，气候变暖，将加剧流域内草地干旱的概率，延长干旱持续时间，这将导致草地土壤侵蚀严重，土壤肥力下降。随着干旱气候和荒漠化、盐碱化的相互作用，草地的初级生产力将下降，草地景观向荒漠化转化。据 1959 和 1983 年航片资料统计分析，24 a 塔里木河干流区沙漠化土地面积上升了 15.6%，下游土地沙漠化发展更为强烈，24 a 沙漠化土地上升了 22.05%，特别是 1972 年以来，大西海子以下长期处于断流状态，土地沙漠化以惊人的速度发展（张磊等，2002）。遥感影像数据表明，气候变化和人类活动干扰使得流域内天然草地退化严重，天然草地正在向裸地和沙地演变，塔里木河下游英苏以下地区，草地严重退化，已失去放牧的利用价值。

模型预测气候变化对西北草原的影响结果表明，气温升高 1℃，降水增加 10%，天山以北的草原和稀灌木草原的面积将增大；塔克拉玛干沙漠面积将缩小，胡杨树林将消失，部分地区发展为草甸和草本沼泽；昆仑山山顶水砾石部分被垫状驼绒藜和藏亚菊沙蒴砾代替。

随着气候变化导致的草地生态系统的退化，草地动物种类、数量和分布密度也随着生境的改变而逐渐减少。近年来，野双峰驼、沙狐、沙蜥、狼等数量和密度逐渐减少，特别是野骆驼，在塔克拉玛干沙漠分布区仅剩 50～60 只，在沙漠公路沿线，塔里木河南 100 多千米处的古老河道残存的胡杨林地带较易见到。

三、对水域生态系统影响

内陆湖泊是气候变化敏感的指示器，尤其是高山湖泊处于自然状态，湖区人烟稀少，人类活动的影响较小，主要是受气候变化影响，而内陆河尾闾湖变化受自然和人类活动的共同影响。因此，气候的变化对于流域内陆湖泊水域有着巨大的影响。过去的事实提供了一个重要的参照系：在全球温室气体排放导致未来温度上升的气候环境下，尽管温度变化的时间尺度和驱动机制与地质时期不同，但中国干旱、半干旱地区的湖泊水量对气候的响应具有相近的变化幅度（于革等，2004）。

塔里木河流域天然湖泊和人工水域面积较大，但分布零散。流域内湖泊水位和水域面积主要受气候变化影响。在全球气候变化背景下，塔里木河流域气候变化与全国变暖具有同步性，突出表现在20世纪90年代，塔里木河流域较60、70、80年代分别升高了0.7、0.6和0.6℃，冬季升温尤其显著。气候变暖直接导致了降水量的增加和冰雪融化加快，流域内90年代降水较1961—1990年的降水量平均值增加了25.2%，且降水量偏多主要表现在冬季和夏季（胡汝骥等，2002）。降水量的增大和气温升高引发的冰雪融水加快，直接导致了河川径流增大，流域内开都河、阿克苏河、叶尔羌河等河流径流在90年代均呈上升趋势（陈亚宁等，2008，2009b；陈亚宁，2010）。湖泊水位和面积的变化与河流水量变化也具有高度的同步性，如：博斯腾湖，1987年面积为980 km^2，根据2002年8月EOS/MODIS资料计算的面积达1430 km^2（郭铌等，2003）。由此可看出，随着气候变化，塔里木河流域冬季和夏季降水量将明显增多，河流水量的增大有利于湖泊水位和面积的提高，湿地面积将有所扩大，湿地生境将有所改善，有利于湿地动植物的生存和繁育。但由于水资源分布不均，冰川融化加快可能加大流域内部分地区水资源供需矛盾，导致水土流失加剧，内陆湖泊和湿地萎缩、冰川和土地面积减少，原有物种多样性受到威胁。

另外，不能忽视的是，导致湖泊和水域水量减少的另一大因素——人类活动。随着人类社会的发展，科学技术的进步，人类开发利用自然资源的能力不断提高，流域内大量开垦利用土地等自然资源，必然将消耗大量的上、中游水量，加之水资源开发利用粗放、浪费严重、流域内缺乏控制性骨干工程以及水资源不能有效实施统一调度、合理配置，导致下游水域面积不断萎缩或干涸，如台特玛湖和罗布泊，由于上中游大量用水，地表水注入湖泊水量逐渐减少甚至无水入湖，相继干涸，导致地下水位大幅度下降，以胡杨林为主体的荒漠植被全面衰败，沙漠化过程加剧发展，夹持在塔克拉玛干沙漠和库鲁克沙漠间的"绿色走廊"急剧萎缩。下游水域面积的减少直接威胁湿地物种多样性，目前台特玛湖和罗布泊的原有动植物种类和数量急剧减少，甚至有的物种已销声匿迹，如轮藻，眼子菜及水藻等植物和大头鱼、牛蛙等动物。

四、对荒漠生态系统影响

塔里木河流域地处大陆腹地，地形复杂，高山与平原、盆地相间，荒漠与绿洲共存。荒漠作为塔里木河流域的重要景观，由于干旱、盐碱和沙漠化的胁迫，荒漠生态系统物种单一，生态环境十分脆弱。这种脆弱的生态环境对气候变化十分敏感，尤其是对荒漠化、物种多样性、群落演替及生态系统功能等均有不同程度的影响。

1. 气候变化对荒漠化的影响

荒漠化是由于气候变化和人类活动等因素所造成的干旱、半干旱和干燥半湿润地区的土地退化。研究表明，影响荒漠化发生和发展的因素很多，包括自然因素和人为因素，其中气候是主要的自然影响因素（丁一汇等，2001）。在荒漠化进程中，人类活动与气候变化都起着重要作用，在大多数的荒漠化进程中二者都起共同的作用，只是在诱发和推动荒漠化中作用大小上存在差异。气象条件决定了荒漠化的必然性和广泛性，同时也诱发、推动了一些类型的荒漠化；人类活动决定了土地退化的程度和可逆性，同样诱发、加速和延缓、推动一些类型的荒漠化；下垫面状况决定了荒漠化类型、形式多样和特有的区域性特点(任朝霞等,2008)。

1)对沙区荒漠化的影响

随着气候变暖,沙区荒漠化进程将加剧。分布于塔里木盆地中央的塔克拉玛干沙漠面积 33.76 万 km^2,占盆地总面积的 60.0%,其中流动沙丘面积 27.2 万 km^2,占沙漠面积的 82%,库鲁克沙漠面积为 7340 km^2。近 50 a 沙漠区气候变暖,蒸发量增大,使得干旱危害加剧,这必然加快沙漠化的进程。据资料,流域内沙漠每年以 3～5 m 的速度蚕食绿色走廊(王承兴等,1992),仅塔克拉玛干沙漠 1999 年沙漠化面积较 1994 年增加了 1667 km^2,年均增长 333.8 km^2,且沙漠化强度提高,从发展趋势上看不可逆转。走廊就地起沙,大量固定沙丘向流动沙丘演化,绿色走廊的范围日趋缩小,库鲁克沙漠和塔克拉玛干沙漠在阿拉干以南一些地段已连接了起来,沙漠化强度在提高,沙漠化逆转的可能性小,土地沙化日趋严重。据资料,塔里木河流域荒漠化土地总面积 265 万 hm^2,占流域面积的 53.5%;潜在荒漠化土地总面积 104 万 hm^2,占流域面积的 21%。在荒漠化土地面积中,沙漠 238 万 hm^2,占 89.8%;其中,固定、半固定沙丘 46.5 万 hm^2,占沙漠面积 19.5%;流动沙丘 192 万 hm^2,占沙漠面积 80.5%;盐漠 17.7 万 hm^2,占 6.7%;土质荒漠 9.39 万 hm^2,占 3.5%(叶茂等,2006)(表 4.1),塔里木河流域已成为中国沙漠化危害最严重的地区之一。

沙漠区扩大也对全球气候变化有反馈作用。沙漠区扩大增大了地表反射率,使太阳辐射大量损失,沙漠化地区有效辐射降低,从而导致下沉气流产生,对流不显著,难以成云致雨,使气候更加干旱。由于地面生物植物稀少,植物蒸腾作用减弱,难以向大气补充足够的水汽,不利于大气对流产生,难以降水,从而使气候更加干旱,尤其是对极端干旱、沙漠化土地面积巨大的塔里木河流域,沙漠化对气候变化的反馈作用更明显。

表 4.1　塔里木河流域荒漠化土地面积统计(万 hm^2)(叶茂等,2006)

	荒漠化土地				非(潜在)荒漠化土地			
	沙漠		盐漠	土质荒漠	胡杨疏林和衰败林	疏林和衰败灌木林	灌丛草地	衰败草地
	固定、半固定沙丘	流动沙丘						
发育状况	一般	一般	逐渐退化	逐渐退化	严重退化	严重退化	开始退化	严重退化
上游	18.43	50.55	5.71	6.52	11.30	12.80	7.94	5.60
中游	12.68	90.33	3.32	2.69	7.82	10.55	8.78	12.58
下游	15.40	50.94	8.66	0.18	4.23	8.33	9.13	4.89
合计	46.51	191.82	17.69	9.39	23.35	31.68	25.85	23.07
占荒漠化面积(%)	89.8		6.7	3.5				
占流域面积(%)	53.5				21			

2)对绿洲区荒漠化的影响

绿洲区荒漠化的主要诱因有两个——气候变化和人类活动。由于气温的不断升高,蒸发增强和水资源开发利用的不合理,塔里木河干流,尤其是中下游地表径流逐渐减少,植被不断衰退,植被覆盖度呈下降趋势。40 a 来,中下游地区新增沙化土地 39 万 hm^2,每年还以 0.2 万 hm^2 的速度在扩大(杨健等,1998)。1959—1983 年,塔里木河中下游沙漠化土地由 69.23%上升至 80.6%,上升 11.4 个百分点,沙漠化土地年增长 0.45%。而 1978 年至 1983 年的 5 a 平均每年增加 2.23%,沙漠化危害日趋严重。随着沙漠化土地面积的扩大,风沙扬尘天气显著增多。以尉犁县为例,20 世纪 70 年代平均每年风沙日数 108 d,扬沙日数 49 d,浮尘日数 44.7 d,比 60 年代的平均值增加两倍;80 和 90 年代又显著增多,塔里木河下游垦区的风沙日数现在有 130 多天,浮尘日高达 180 d(海米提·依米提等,2002)。随着沙漠化土地综合治理和治沙工程的逐渐实施,局部地区沙漠化现象将会减缓或得到控制,但是,塔里木河流域土地沙漠化的发展趋势仍将是"整体扩大,局部逆转","治理与破坏并存",治理速度赶不上沙漠化速度,演变的结果,可以概括为"两扩大"和"四缩小",即绿洲与沙漠同时扩大,而处于两者之间的天然林地、草地、野生动物栖息地和水域缩小,即沙漠与绿洲之间的过渡带在缩小。

未来气候变化背景下,塔里木河流域气温升高、降水量增大、蒸发量增大,河川径流量增大,这些变化将有利于增大塔里木河流域绿洲区,尤其是源流地区的沙漠化逆转趋势。在塔里木河流域源流地区,60 年代初期沙漠化土地面积占流域土地总面积的 59.07%;70 年代后期为 67.67%;80 年代前期沙漠化土地占总土地面积的 68.58%;90 年代初期,随着降雨量和河川径流量的增大,植被生境都得到了有效改善,覆盖度明显提高,沙漠化土地占总土地面积的 63.63%,与 50 年代末期相比,沙漠化土地总面积仍然很大,但与 70 年代后期和 80 年代前期相比,沙漠化土地面积有所缩小,凸显了沙漠化逆转趋势(任朝霞等,2008)。

2. 气候变化对物种多样性的影响

温度和降水是影响物种多样性的两个主要气候因素。温度变化主要通过对物种个体生理活动和性别发育的影响而对物种产生影响,降水则主要通过对物种繁殖过程和生理活动的影响而对物种产生直接影响(吴建国,2008)。物种的优势度和丰富度是反映物种多样性的重要指标。气候变化后,将对一些物种有利而对另一些物种不利,进而改变物种的丰富度和优势度。就塔里木河流域植物物种多样性而言,首先,1970 年塔里木河下游河道的断流使河岸林植被失去了地表水源的补充;其次,塔里木河下游降水稀少,多年平均降水量仅为 17.4~42.8 mm,蒸发强烈,气候极为干旱,稀少的降水增多对植物的生长发育无实际意义(李卫红等,2008)。在气候变化和人类活动干扰下,由于强烈的蒸发和源流区、上游区过多的耗水,流域中下游,尤其是下游地下水位持续下降,使得中下游一些不耐旱的天然植物逐渐消亡,留存下来的天然植被大面积衰退,生长衰败,种类贫乏,生物多样性严重受损(李卫红等,2008)。根据新疆林业部门在 1958 年所做的调查,塔里木河干流区胡杨林面积为 45.98 万 km^2,到 1978 年面积减少到 17.5 万 km^2;20 世纪 50 年代,下游的胡杨林面积为 5.4 万 km^2,1978 年降到 1.64 万 km^2,到了 90 年代，只剩下 0.67 万 km^2，减少了 87.6%（中国科学院新疆综合考察队，1978）。胡杨林的衰落不仅意味着该物种总体数量的锐减，植被覆盖率下降，更重要的是胡杨对于抵御风沙、稳定流域生态系统的屏障作用被严重削弱。

专 栏

物种多样性：是生物多样性的中心，是生物多样性最主要的结构和功能单位，是衡量一定地区生物资源丰富程度的一个客观指标。概括而言，物种多样性是指地球上动物、植物、微生物等生物种类的丰富程度。物种多样性的概念包括两个方面：一方面是指一定区域内全部物种种类及其类群状况。研究的内容包括一定的时空尺度上的物种总数的形成、迁徙和灭绝，科属种的分布中心，种类的特有分布与岛屿生物地理学所涉及的物种问题，可称为区域物种多样性；另一方面是指在生物群落的组织水平上的物种多样化的程度。以一定的生物群落范围内分析的尺度，分析群落内物种组成的多样化程度和形成，即“群落协种多样性”，可称为生态多样性或群落多样性。事实上，我们可以看出这两类的区别在于：前者主要探讨物种多样性的形成、演化过程及维持机制等，后者研究物种多样性的其他问题，并且前者比后者适用的范围和尺度要大。此处的物种多样性主要是指前者，即物种水平的生物多样性。

物种多样性是一个地区或生态系统在特定时间内所有生物种类的总和。在实际研究中，因生物学家研究对象的不同，物种多样性常指植物、动物、微生物多样性。根据研究采用的尺度不同，多样性又分为 α、β 和 γ 多样性。α 多样性指同一地点或群落中种的多样性，是由种间生态位的分异造成的。它是针对某一特定群落样本的物种多样性。一般地分四类：物种丰富度、物种的相对多度模型、生态多样性指数、均匀度指数等；β 多样性指在不同地点或群落中的更替或转换，是由于各个种对一系列生境的不同反应造成的，即沿环境梯度的变化物种替代的程度，还包括不同群落间的物种组成的差异，可以客观地度量生态交错带的宽度、强度和动态特征；γ 多样性指在相距更远地点或群落中种类的不同，它是 α 和 β 多样性的总和（马克平，1994；马克平等，1995；Whittaker，1972）。

随着 2000 年后人工生态输水工程的实施，大量地表水资源下渗补给地下水，使得地下水位有所提高，植被多样性和生长状况有所改善（Chen，*et al.*，2008；2006；Liu，*et al.*，2007），但近两年由于流域源区和上游对水资源持续的大量截留，中下游的生态用水量，尤其是下游天然植被生态用水量无法得到保证。另外，未来气候变化背景下，气温升高，荒漠区降水量虽有所增大，但无法抵消土壤蒸发和植物蒸腾持续增强所消耗的土壤水分与地下水，干旱胁迫的趋势必然日益严重，因此，在未来气候变暖趋势下，塔里木河流域荒漠生态系统的植被多样性和生长发育状况将面临更严峻的局面。

植被多样性的受损直接导致动物生境的破坏，而且气温的逐渐升高，一些荒漠动物也将不再能适应荒漠环境而迁徙，此外，人类活动也在不断地威胁着荒漠动物的生存。在气候变化和人类活动的双重影响下，荒漠生态系统动物种类和数量呈现减少的趋势，野双峰驼、草原斑猫、鹅喉羚、沙狐、狼、漠即鸟、沙即鸟、大鵟、棕尾鵟等荒漠动物已逐渐消失，猎隼、南疆沙蜥、叶城沙蜥、黄脊游蛇、子午沙鼠等以前数量巨大、活动频繁的荒漠动物也鲜见活动。未来气候变化下，随着荒漠化和绿洲化的扩展，绿洲—荒漠过渡带将不断减小，生境的受损和不断恶化，将加剧荒漠动物多样性的减少。

专栏

群落演替：是指群落由于动植物的迁移、散布或群落内部环境变化或种内和种间关系的改变或外界环境条件的变化以及人类活动等因素所引发的，一定区域内一个群落被另一个群落所替代的过程。从演替类型来分，群落演替分为初生演替和次生演替两大类。初生演替是指在一个从来没有植被覆盖的地面，或原来存在植被，但后来被彻底消灭了的地方发生的演替。如，裸岩、沙丘、火山岩上发生的演替，此类演替过程十分缓慢。一般旱生植物的初生演替过程为：裸岩阶段—地衣阶段—苔藓阶段—草本植物阶段—灌木阶段—森林阶段，水生演替过程为：沉水植物—浮水植物—挺水植物—湿生草本植物—灌丛、疏林植物—乔木。次生演替是指在次生裸地上发生的演替，即原来存在过植被，但由于火灾、洪水、崖崩、火山爆发、风灾或者人类活动等原因而大部分消失，但原有土壤条件基本保留，甚至还保留了植物的种子或其他繁殖体下所发生的演替，如弃耕农田—一年生杂草—灌木—乔木的演替，这类演替速度较快。

在自然界，群落演替是普遍现象，而且存在一定的规律，首先群落演替具有一定的方向性，如在能量上，群落向总生产量和群落有机总量增多，而净生产量则逐渐降低的方向进行演替；在结构上，群落向营养结构复杂，物种多样性增加，群落稳定性增强的方向进行演替；在生活史上，群落向生物个体增大，生活周期变短，生态位变窄的方向演替；在物质循环上，群落由开放型转为封闭型，交换速度变慢方向演替。其次在演替过程中有一定的次序性，演替过程可人为划分为三个阶段：①侵入定居阶段：一些物种侵入裸地(群落的形成总是从没有生物生长的地段开始的，这种没有生物生长的地段称为裸地)定居成功并改良了环境，为以后侵入的同种或异种物种创造有利条件；②竞争平衡阶段：通过种内或种间竞争，优势物种定居并繁殖后代，劣势物种被排斥，相互竞争过程中共存下来的物种，在利用资源上达到相对平衡；③相对稳定阶段：物种通过竞争平衡地进入协调进化，资源利用更为充分有效，群落结构更加完善，有比较固定的物种组成和数量比例，群落结构复杂、层次多。影响群落演替的原因有很多，其中气候因素和人类活动是主要影响因素(李博，2000)。

3. 气候变化对群落演替的影响

全球气候变化导致的降水量和降水格局变化使得植物物种组成和物种空间分布发生变化，致使某些物种消失或蔓延，从而改变群落结构和类型(Steven，2009)。Paul 和 Michael(2004)采用 IBIS2.1 模型模拟发现植物群落分布格局对温度和降水的依赖性极强，降水的改变将主要影响温带常绿阔叶林、草地、荒漠和热带雨林植物类型的分布面积，而温度的改变又将影响温带落叶林、冻原、极地荒漠和北方针叶林的植物类型的分布面积。在南美洲，降雨增多的东部，森林扩张，而北部森林减少，荒漠扩张；在南美洲北部和非洲西部 Sahel 区域，森林类型正从常绿林过渡到抗旱的落叶林。

依据植物群落演替特征的比较，由荒漠变为绿洲应属于进展演替，而绿洲的衰退或者荒漠化过程应属于逆行演替。50 a 来，新疆气温呈上升趋势，使塔里木河流域植被组成和结构发生了一系列有规律的逆向演替。首先是草本植物的退化，其次是胡杨的退化，再者为灌木的退化(王让会等，2000)，植物群落的逆行演替过程表现为乔灌草群落阶段→乔灌群落阶段→乔木或灌木群落阶段(刘加珍等，2002)。不同地段，受地形及土壤水盐状况影响，群落演替的起点不同，但演替的结果都是群落结构趋于简单，种类组成下降。代表性的是，20 世纪 50 年代在塔里木河下游英苏附近，草甸植被是主要植被类型，其次为柽柳灌丛，并有较大面积的芦苇沼泽分布。然而，随着其后的变化和人类干扰，目前英苏草本因无法适应环境而消失殆尽，仅残存长势衰败的柽柳灌丛(赵振勇等，2006)。

4. 气候变化对生态系统功能的影响

气候变化可通过改变生产者和消费者的组成和结构来影响生态系统的功能。天然植被的主要生态功能是为系统其他成员提供物质和能量，因此，第一生产力是度量植物对自然生态系统功能影响的重要指标。Paul 和 Michael(2004)采用 IBIS2.1 模型分析认为，全球年生物净初级生产力和生物量将分别降低 4.3% 和 4.8%，但区域变化较大，在南美洲东部和北美洲的部分地区净初级生产力将以每年 0.1～0.4 kg/m^2 的速度增加，在南美洲北部净初级生产力的降低速率将达每年 0.5 kg/m^2，在 Sahel 和澳大利亚的部分区域，净初级生产力的年降低率在 0.1～0.2 kg/m^2，在欧洲北部生物分布格局和净初级生产力以及生物量等也将存在相似的变化。Izaurralde 等(2005)利用 Biome 3 模型分析气候变化对美国生态系统影响也发现，在全球气候变化情景下模拟美国森林和草地的净初级生产力都将发生较大的变化，其中在模拟区域气温巨变的 BMRC 气候变化情景下，净初级生产力的变化最剧烈，在 UIUC 和 UIUC＋Sulfate 情景下，净初级生产力将增大，尤其是在降水增多的区域。毛裕定等(2008)研究也认为随着气温的升高和降水量的增大，“暖湿型”气候变化情景有利于提高浙江省植物的气候生产力，而“暖干型”气候使植物气候生产力明显下降。

专栏

生态系统功能：是指生态系统的不同生境、生物学及其系统性质或过程(Odum,1971)。具体来看,它有两个层面的含义。第一,生态系统功能指生态系统的过程或性质,即构成生态系统的生物及非生物因素之间的相互作用、复杂的物质、能量和信息传输(冯剑丰等,2009;Lyons, *et al.*,2005)。在这个意义上,生态系统主要包括三大基本功能:物质循环、能量流动和信息传递。生态系统的物质循环功能是指地球上各个库中的生命元素——碳、氧、氮、磷和硫等的全球或区域的地球生物化学循环过程;生态系统的能量流动功能是指各种能量在生态系统内部的输入、传递和散失的过程;生态系统的信息传递功能是指构成生态系统的各组分之间(包括生物与非生物)进行物理信息、化学信息、行为信息和营养信息的双向传递过程。其中能量流动和物质循环是生态系统的基本功能,而信息传递则在能量流动和物质循环中起调节作用,能量和信息依附于一定的物质形态,推动或调节物质循环,三者不可分割。生态系统的不同功能主要通过物种外循环、物种内循环和物种间循环三种途径来实现(李博,2000;周广胜等,2003;Boero 等,2007)。第二,生态系统功能是生态系统本身所具备的一种基本属性,它独立于人类而存在。以物质循环功能中的碳循环功能为例,大气中的二氧化碳(CO_2)被陆地和海洋中的植物吸收,然后通过生物或地质过程以及人类活动,又以二氧化碳的形式返回大气中。不管人类存在与否,这种循环会在生物圈内周而复始地进行,人类活动的干预(如大量矿物燃料的使用导致的大气中 CO_2 浓度的升高)只会对这种循环过程产生一定程度的影响,却无法改变整个过程。

生态系统功能是构建系统内生物有机体生理功能的过程,是维持生态系统服务的基础,其多样性对于持续地提供产品的生产和服务至关重要,尽管生态系统功能独立存在着,但气候条件和人类活动都对物质、能量、信息的交换和传递起着一定的推动或抑制作用,进而在一定程度上将改变系统功能的正常发挥。

就塔里木河流域而言,气候变化对植物气候生产力(TSPV)影响显著,"暖湿型"气候对 TSPV 有着积极的影响,当年平均气温升高 1℃,年降水量增加 10%时,有利于塔里木河流域植物干物质积累(高素华等,2001)。而且,全球变化对塔里木北部盐渍化草甸净第一生产力影响依地下水埋深的不同而有所差异。地下水埋深越深,净第一生产力对全球变化的响应愈明显,净第一生产力的增幅也愈显著;地下水埋深愈浅,土壤积盐愈强烈,盐化草甸植被的演替也愈明显,由此将导致多数草甸植物的逐渐消失和多汁盐柴类灌木数量的不断上升(张宏等,1998b)。降水可能增多的地区若在绿洲内部,气候的这种暖湿变化将有利于植被生产力的提高。但是若在绿洲以外其变化复杂,众说不一。中国西部环境演变评估综合报告指出(秦大河,2002),气候变化对西部荒漠植被有不同程度的影响，降水和出山径流可能增大，大多数植物的生长期延长，无霜期缩短，干物质积累有所增大。但流域内降水主要集中在山区，荒漠的降水仍然将较少，其有限的增大并不能改变整个流域的基本面貌，考虑到流域地表水蒸发、潜水蒸发以及植物蒸腾的加剧和人类活动导致的干流径流减少，地下水位不断下降，土地沙漠化速度不断加快，天然植被尤其是塔里木河中下游的荒漠天然植被净初生产力将随着气候变化导致的地下水埋深的抬升和土壤沙化加剧呈衰退趋势。

未来气候变化还将引发塔里木河流域动物的种类和数量发生改变，从而改变消费者群落的组成和结构，人类活动将进一步加剧这种改变。动、植物群落的这些改变将影响整个生态系统内物质、能量及信息传递的速度和方式，进而影响生态系统功能的表达。

五、对绿洲生态系统影响

1. 历史时期气候变化对绿洲的影响

塔里木河流域绿洲的形成过程与演变，既受自然环境因素控制，也受人为作用的影响，其中天然绿洲的形成是地质时代气候变化的结果。早在第三纪特别是晚更新世以来，塔里木盆地的大陆性干旱气候就已经形成，出现大面积荒漠，在荒漠中地表适宜的地貌部位，水土条件优越的地段，逐步形成了天然绿洲。天然绿洲随气候的变化而变迁。在第四纪冰期气候频繁、周期性的冷暖波动，气候寒冷时期，高山冰雪消融减少，平原水系缩短，湖泊退缩；温暖时期，高山冰雪消融增多，平原水系扩展，湖泊扩大，这样一冷一暖的气候变化，引起了水系的变迁，导致绿洲的变化，即这一时期塔里木河盆地绿洲的演化在总体上与气候变化具有同步性。在较长的时间尺度内，温度的变化将影响到山地冰雪融化的时间和河川径流的大小，从而对下游绿洲的演变造成影响。从这个意义上讲，地质时期气候变化对绿洲的演化起着决定性作用。如第四纪初期，塔里木盆地周边山地继续抬升，山前凹陷被淤填并隆起，以前汇注于和田—喀什、库车凹陷及塔东凹陷的水体向东泄入罗布泊地区，使上新世末干枯的罗布泊洼地充水扩大；中更新世，山体抬升 2000～3000 m，定向盛行风出现，在罗布泊地区的东西部形成沙漠，罗布泊湖水变浅。晚更新世中、末期，开都河—孔雀河水再次进入塔里木盆地，塔里木河借孔雀河东流，在楼兰地区形成水上三角洲；晚更新世末，全新世初期，气候干冷，罗布泊再度干枯，塔里木河中下游风沙盛行。中全新世为多水期，因孔雀河、塔里木河南迁，罗布泊水体向西南退缩。在公元前 3600—3000 年，楼兰地区的罗布泊两度充水，楼兰三角洲河汊纵横，出现了渔猎和垦殖活动。直到公元前 2000—1800 年前后，风沙作用盛行，渐使三角洲的入水主道淤塞，库鲁克沙漠逐渐形成和发展(张宏等，1998a；舒强等，2000)。

千年尺度的气候波动，对干旱的绿洲环境也造成一定的影响，导致盆地绿洲的演变。塔里木盆地相当多的古绿洲消亡于公元十世纪以前，甚至在三、四世纪就已有消亡的绿洲。在这样一个历史时期，河流中、上游还不可能出现大规模的人类活动和大型水利工程建设设施，乃至改变地表水的时空分配而使下游断流，迫使古绿洲衰亡。因此，历史时期促使河流下游古绿洲消亡的主要原因是气候干旱造成的河流水量持续偏少、河流的自然改道和社会的长期动荡相结合所致，荒漠化是古绿洲放弃的必然结果(周兴佳，1994）。气候温暖湿润时期，塔里木盆地的水资源相对丰富，塔克拉玛干地区的湖泊面积较大，盆地边缘水系繁荣，灌溉方便，盆地绿洲面积比现代大许多，是流域政治、经济和文化的繁荣时期；相反，当气候波动出现寒冷时，气候异常现象增多，社会动荡和战乱趋于频繁，绿洲也遭到破坏，使环境朝着荒漠化方向演变。由此可看出，历史时期的气候波动，以及由此造成的地表径流量的变化，对平原地区绿洲的演化是有影响的。随着人口的不断增多，人类活动对绿洲环境的改造作用也逐渐显现，但这种改造作用还不可能造成绿洲的彻底衰亡，社会动荡和战争虽然对绿洲造成严重破坏，但气候异常所引起的持续干旱往往对绿洲的衰亡具有致命作用（张宏等，1998a）。

而近代绿洲的变迁，尤其是人工绿洲的变迁，则主要是人类活动的干扰造成的。随着社会生产力的不断发展，人类在开发改造自然绿洲的同时创造了绿洲文明。由于大量地修建人工水库和开垦荒地，绿洲自然植被受到很大破坏，草地退化，植被衰败，野生动物数量下降，土壤大面积盐渍化，生物生产力下降。如塔里木盆地绿洲耕地平均灌溉定额超过 $12\times10^3\ m^3/hm^2$，有些地区超过 $22.5\times10^3\ m^3/hm^2$，造成了水资源的严重浪费，并促使土地大面积盐渍化，其中渭干河三角洲的重盐渍化土和盐土占土地总面积的10%以上，而盐渍化土壤占全流域土地总面积的56%左右（王树基等，1993；张宏等，1998a）。

2. 未来气候变化对绿洲的影响

气候模式预测结果表明，未来新疆气候存在变暖、变湿的趋势（施雅风等，2002）。塔里木河流域为典型的灌溉农业，气候的这种变暖、变湿对绿洲水文、农业生产等多方面的发展均有很大的影响。

1）对绿洲水资源的影响

水是绿洲存在的基础，水的空间分布决定绿洲的位置，水量决定了其存在的规模。全球气候变暖导致南极冰川减少，海水升温。对于中国西北干旱区来说，气温的升高也导致了山地冰雪融水量增大，冰川退缩。从最近50年的降水分析，塔里木河流域的降水量和冰川融水量有所增大，这表明由于全球气候的变暖，季风环流影响大陆腹地，给塔里木河流域带来较多降水，山地冰川有所退缩，地表径流量增多，灌溉用水将会增多，有利于流域典型的灌溉农业发展。

2）对绿洲植被和农业生产的影响

全球气候变化背景下，塔里木河流域 CO_2 浓度升高，气候变暖，降水增多，这将有利于增加农业生产产量，优化农产品品质，提高植被覆盖度，减缓农田沙化过程。其中温室气体 CO_2 浓度升高，可以增加植物和农作物的干物质，C_3 作物平均产量可增加26%，棉花增产104%，小麦增产38%，大豆增产17%，水稻增产9%，同时 CO_2 浓度的升高还可使农作物部分气孔关闭，减少蒸腾，提高水分利用效率（舒强等，2000）；温度升高可增加有效积温，延长作物生长期，缩短霜期，增加农作物复播指数，提高农作物产量，改善作物品质；降水量的增大，对于以灌溉农业为主的塔里木河流域农业生产无异于雪中送炭，宜农区将可进一步扩大，农业生产力将得到进一步的提高。

然而，从塔里木河流域目前的农业生产状况来看，尽管气候变化为农业生产带来了有利的条件，但由于人类盲目地扩大开垦面积，粗放的水资源利用，使得绿洲及其边缘的天然植被退化，土壤质量下降，绿洲农业生产尤其是流域下游农业生产状况不容乐观。因此，这种人为破坏绿洲环境行为应引起人们的高度注意，以在未来气候变暖、变湿的有利时机下，合理处理好各方面因素，调整流域农牧业生产布局，使绿洲社会经济和生态环境得以协调发展，最大限度地改善我们的生存环境。

第三节　气候变化背景下自然生态系统脆弱性分析

近十多年来，气候变化脆弱性评价工作在农业、林业、水资源以及渔业等众多行业展开(Simas, *et al.*,2001；金之庆等，2002；於琍等，2005；朱建华等，2007)，许多国家也开展了国家尺度上各领域对气候变化的综合脆弱性评价研究(Bachelet, *et al.*,2001；Brooks, *et al.*,2005)。目前的脆弱性评价工作侧重于研究人类社会对气候变化的敏感性和适应性，在综合评价一个区域或国家对气候变化的脆弱性时，自然生态系统往往是作为一个敏感因子参与脆弱性评价。美国能源部在评价不同国家对气候变化的脆弱性时，生态系统的敏感性是 8 个评价对象之一，其指标为被管理土地的百分比和肥料消耗量，认为被管理的土地越多，生态系统敏感性越强；肥料消耗量过多或过少都会增加生态系统的敏感性。这两个指标都是从人类管理的角度来反映生态系统对气候变化的敏感性。但自然生态系统本身对气候变化敏感的同时，具有对气候变化的适应性。如何从自然生态系统自身的角度来刻画其对气候变化的脆弱性，成为气候变化脆弱性研究的一个重要问题，也成为气候变化领域和生态学研究领域关注的热点。

一、自然生态系统脆弱性的定量评价方法

定量评价自然生态系统的脆弱性是目前气候变化研究领域紧迫而重要的任务之一。由于自然生态系统的脆弱性是一种很难预见的现象，对其进行定量评价存在诸多困难。尽管如此，定量或半定量的评价工作仍在不断进行之中。评价中应用的方法主要包括：情景分析、生态模型模拟和综合指标法。情景分析为脆弱性评价提供气候背景数据，是驱动生态模型最重要的因子之一；生态模型模拟是自然生态系统脆弱性评价的基础，其模拟效果的好坏直接影响评价结果，因此选择一个好的模型，将使脆弱性定量评价获得更可信的结果；综合指标法是定量评价气候变化下自然生态系统脆弱性的主要研究方法，应用非常广泛，其中指标的选取、指标的权重赋值和脆弱性等级的划分是最为关键的 3 个问题(李克让等，2005；赵慧霞等，2007)。

由于气候变化的影响涉及生态系统的方方面面，因此反映生态系统变化的指标也是多种多样的。到目前为止，对于采用哪些指标来衡量生态系统的脆弱性还没有统一标准。李克让和陈育峰(1996)选取林地质量、林龄结构、森林灾害、薪材供应情况、薪材类型变化、生产力变化、森林火险等指标，构造中国森林脆弱性综合指标来衡量中国森林的现实脆弱性和未来脆弱性情况；李双成等(2005)选取了可以反映生态系统结构、功

能和生境状况的指标(物种多样性、群落盖度、净第一性生产力、建群种年生长量、地表干燥度、土壤碳密度),研究了中国自然生态系统的脆弱性变化趋势。与脆弱性评价研究相类似的生态系统健康评价也多从系统的活力、组织结构和恢复力等几个方面确定能够反映系统健康状况的特征指标进行评价,可以为生态系统的脆弱性评价提供借鉴(Rapport, *et al.*,1999)。脆弱性指标选取应尽量选择可以客观反映自然生态系统特征变化且数据可获取性强的指标。由于不同生态系统对气候变化响应有其独特性,因此,应根据生态系统类型的不同特征而选用不同指标,如森林生态系统与草原生态系统的脆弱性评价应选用不同的指标体系。

生态系统脆弱性评价指标的权重赋值方法很多,有专家打分法、层次分析法、主成分分析法、人工神经网络、模糊逆方程法、灰色关联法等诸多方法,其中以专家打分法和层次分析法较为常见。划定各指标不同脆弱性等级,通常是以系统的生态基准或阈值作为基础的。生态阈值类似环境科学中的"环境本底",是指自然生态系统在适宜环境条件下的原始状态和特征值。生态阈值的确定有两种途径:①根据生态系统关键成分的生理幅度,计算其基础生态位,并以生态系统的基础生态位作为生态基准,该途径主要用于确定不同生态系统类型空间地理位置的分布;②取某类生态系统在某区域或全球长期的平均特征值作为生态基准,用来确定生态系统结构、功能的生态基准。生态阈值是生态系统从一种稳定状态快速转变为另一种稳定状态的点或区域,是一个很难定量化的概念,因此,生态系统响应气候变化脆弱性研究领域中生态阈值还没有统一的数据。

二、流域自然生态系统的脆弱性评价

塔里木河流域是一个完整的山区—平原—绿洲—荒漠生态系统,其封闭的水文循环过程致使流域自成一个独立的系统。根据塔里木河流域自然资源及生态环境的地域差异,应用数量化理论及模糊数学的方法,选择水资源系统、土地资源系统、生物资源系统及环境系统共 4 个系统,4 个系统各选 5 个指标,共 20 个指标,构成脆弱生态环境质量评价的指标体系,确定各指标的阈值范围,构建生态环境脆弱性指数(I_{EF})。从各指标的阈值赋值可以得知,正指标值愈大,环境质量愈差;负指标值愈大,环境质量愈好;据此,生态脆弱性指数 I_{EF} 值的大与小就和环境质量的劣与优相对应,这是生态脆弱性指数的内涵所在。

根据中外研究,结合塔里木河流域生态脆弱性表现特征及变化规律,把生态脆弱性分为 4 级,即严重脆弱($I_{EF} \geqslant 0.5$)、中等脆弱($0.3 \leqslant I_{EF} < 0.5$)、一般脆弱($0.1 \leqslant I_{EF} < 0.3$)及不脆弱($I_{EF} < 0.1$),并分别与生态环境受损区、失调区、平衡区及改善区相对应。评价结果表明,阿克苏河流域属于生态环境改善区,叶尔羌河流域及塔里木河上游属于生态环境基本平衡区,和田河流域及塔里木河中游属于生态环境失调区,而塔里木河下游属于生态环境严重受损区(表 5.2)。

按照塔里木河流域行政区划,进一步以海拔、地质环境、沙尘暴、人口密度、降水量、植被类型、生态保护政策(自然保护区面积)等 7 个因子作为成因指标层,并用专家打分法对每个指标赋予权重(表5.3),采用模糊数学层次分析法评估气候变化下流域内各县(市)的生态环境脆弱性等级,根据最大隶属度原则将生态系统脆弱性分为4级(即4级属于极端脆弱级,3级为中度脆弱级,2级为比较脆弱级,1级为轻微脆弱级)。评估结果表明,塔里木河流域各县(市)生态环境均处于极端脆弱或重度脆弱状态(表5.4)。

表4.2　塔里木河流域生态脆弱性评价结果(王让会等,2002)

流域	阿克苏河流域	叶尔羌河流域	塔里木河上游	和田河流域	塔里木河中游	塔里木河下游
I_{EF}	0.08	0.23	0.25	0.32	0.49	0.87
脆弱性	尚未脆弱	一般脆弱	一般脆弱	中等脆弱	中等脆弱	严重脆弱

表4.3　新疆生态环境脆弱性评价因子权重(罗传秀等,2006)

指标	权重值
海拔	0.10
人口密度	0.05
地质环境	0.20
沙尘暴	0.20
植被类型	0.05
降水量	0.25
生态政策(自然保护区面积)	0.15

比较两种评价结果,从行政区划来看,均是塔里木河干流、叶尔羌河流域与和田河流域的脆弱性较阿克苏河流域高;但两种评价结果又存在差异,第一种评价方法认为阿克苏流域尚不存在气候脆弱性,而第二种评价方法认为整个塔里木河流域自然生态系统都对气候变化有明显的生态脆弱性。由此可知,选取指标的不同和生态阈值确定的差异,对评价结果有明显的影响,因此,在今后的研究中,还需要进一步完善指标的筛选和指标体系的构建,更科学地确定指标的权重和生态阈值的划分,以增强评价结果的准确性。

表4.4　塔里木河流域生态环境脆弱性分级(罗传秀等,2006)

生态环境脆弱性等级	分布县(市)
极端脆弱	和田县、策勒县、于田县、皮山县、叶城县东部、泽普县、莎车县、麦盖提县、巴楚县大部分地区、岳普湖县、伽师县南部、英吉沙县、疏勒县、阿克陶县东北部、墨玉县、洛浦县、民丰县、沙雅县大部分地区、阿克苏市南部、阿瓦提县大部分地区、且末县北部、尉犁县南部、和硕县东北部

续表

生态环境脆弱性等级	分布县(市)
中度脆弱	若羌县北部、且末县西部、阿图什市东部、伽师县北部、阿合奇县南部、乌什县南部、柯坪县、阿克苏市西北部和东北部、新和县、沙雅县北部、库车县南部、轮台县西部。
比较脆弱	阿克苏市北部、温宿县南部、阿合奇县西北部、阿图什市西部、喀什市、乌恰县大部分地区、疏附县北部
轻微脆弱	—

第四节　应对气候变化的适应性对策

气候变化对自然生态系统有重要的影响,但自然生态系统对气候变化也有一定的适应能力。植被是自然生态系统的主体,其气候适应能力在植物个体、群落和生态系统水平上均有表现。

一、个体适应性

物种对气候变化反应将取决于生活史、基因、生理特征和地理范围。适应环境范围窄的物种能通过利用新微气候环境而忍受气候变化影响,一些分布范围广的物种将扩大其气候忍耐范围或萎缩其分布范围或扩展到分布范围边缘,一些分布广的物种有适应气候变化的不同生态型,能有效地适应气候变化。具有短周期和快速增长特点的物种也能快速适应气候变化(吴建国,2008)。植被在适应气候变化过程中,短期主要表现在植物体生理生态学特性的微结构变化。

在塔里木河流域,天然植被面临着高温和干旱双重胁迫。对于高温胁迫,塔里木河流域的天然植被有着自己独特的生理适应策略,如胡杨可通过增大气孔导度促进植物蒸腾以散失过多的热量来适应高温并避免高温对叶片的伤害,而且在一定限度的高温胁迫下,胡杨还可通过气孔的不完全关闭在散失多余热量的同时保持较高的光合速率(Zhou, *et al.*,2009),以维持正常的生长发育。与高温胁迫相比,干旱胁迫对天然植被的影响更大。对于干旱胁迫,塔里木河流域的天然植被也有着自己的生理生态适应策略。首先,为适应干旱环境,塔里木河流域的荒漠植物大多为中生耐旱植物,有着明显的抗旱特征,如,植株矮小,根系发达,其根干比可达1:1,甚至1:2,叶表面积和体积比例小,叶片或茎秆覆毛绒或白色蜡质等;其次,当面临轻度和中度干旱胁迫时,植物种群,如胡杨、柽柳和芦苇等可通过在体内累积可溶性糖、脯氨酸等渗透调节物质来提高自身的抗旱性,避免水分胁迫的伤害,以维持正常的光合速率和生长发育(Chen, *et al.*, 2006;陈敏等,2007)。

另外，植物个体对气候的适应调节能力还可以通过改变物候期来适应气候变化。对植物来说，物候是季节明显地区适应气候条件的节律性变化。对物候的影响研究表明，随着近年气温的升高，植物生长季延长、春季物候期提前、秋季物候期推迟成为一种全球趋势。欧洲国际物候观测园 1959—1996 年的资料表明，植物春季物候期提前了 6.3 d，秋季物候期推迟了 4.5 d，生长季长度延长 10.8 d(Menzel，*et al.*，1999)。在过去 20 年内，欧亚地区植物生长季约延长了 18 d、北美延长了 12 d(Zhou，*et al.*，2001)。针对中国而言，采用全中国物候观测网的物候观测资料与气象资料进行统计分析，建立物候与年平均气候的线性统计模式，利用该模式计算表明：年平均温度每上升 1℃，中国各种木本植物物候期，春季一般提前 3～4 d，而秋季一般推迟 3～4 d，绿叶期延长 6～8 d(张福春，1995)。植物生长季长度的延长可能是由于全球人类活动的增加，导致大气中二氧化碳量浓度的升高，从而引起的气候变暖所致。在全球气温升高和 CO_2 浓度升高的大背景下，塔里木河流域天然植被发芽时间也必然将提前，延长生长季来适应气候的变化。

二、群落适应性

以全球气温上升和降水格局改变为标志的气候变化给经过长期进化的生物物种施加了前所未有的选择压力，引起生物物种的生理特征、物候、生长和种间关系及分布区发生改变，进而导致群落组成和结构发生变化。此外，种群更新的不同步性也会影响昆虫和寄主植物、植物与土壤生物的相互作用以及物种多样性的丧失。据估计，目前生物多样性丧失的速率是有人类活动之前的 1000 倍，而未来将是现在的 10 倍(牛书丽等，2009)。尽管气候变化给植物群落带了极大的影响，但群落也在通过不断的演替来主动适应气候的变化，而且研究表明，面对环境的胁迫，群落对环境的适应能力比个体更强(Xu，*et al.*，2006)，如在南美洲北部，为适应气候的变化，森林类型从常绿林过渡到抗旱的落叶林；再如，为适应气温的逐渐升高，中国东北的落叶阔叶林也正在逐渐地取代部分针叶林。

在 20 世纪 50 年代以前，塔里木河中下游的植被物种非常丰富，群落类型多种多样，既有沿河流蜿蜒而行的荒漠河岸林，也有面积众多的荒漠草甸。然而，随着气候变化和人类活动的干扰，地表径流逐渐减少，强烈的蒸发和植物蒸腾使得地下水位不断降低。面对高温和干旱胁迫，塔里木河下游的植物群落组成和结构发生了一系列改变，群落内物种开始通过“优胜劣汰”的生存竞争原则，使群落经历一系列的演替，以适应环境的变化。从群落组成来看，最先消失的是一些不耐旱的草本植物，如猪毛菜等，然后是浅根系的乔灌木；从群落结构演替来看，群落结构从 20 世纪 50 年代前的乔灌草复合结构群落逐渐演替到目前的乔灌群落，甚至到单一的乔木或灌木群落。目前，在塔里木河下游的荒漠区，地下水埋深 4～9 m 的区域，主要是以胡杨、柽柳和黑刺为主的乔灌群落，在地下水埋深大于 9 m 的区域，一般仅存有单一的、衰败的柽柳群落。这些历经干旱和高温长期胁迫而保存下来的群落，在长期的环境胁迫下，有着独特的适应干旱和高温的策略，群落内的物种主要呈聚集分布格局，以利于更容易地改善群落微环境，而且地下部分的适应性比地上部分强，其最主要表现为群落内深根系植物通过根系从土壤深处提水，释放到土壤上层，使得土壤水分能在微环境内重新分配，增加根系周边的土壤湿度，改善微环境，维持周边其他浅根系植物的生长发育，以保持群落的稳定性（郝兴明等，2009）。

三、生态系统适应性

塔里木河流域山区和源流区由于水分条件相对较好，尤其是随着降水量的增大，天然植被发育较好，自然生态系统对气候变化的自身调节和适应能力相对较强。然而在塔里木河中下游地区，地表径流少，有限的降水增大对植被的生长发育影响极小，气温的升高使得蒸发愈发强烈，地下水位不断下降，天然植被大面积衰退，群落退化，自然生态系统结构和功能遭到严重破坏，而且随着气温的升高，其破坏趋势将日趋严重，且这种破坏无法仅依靠系统本身的调节能力来逆转。因此，在此区域内，必须依靠人为活动来调节使自然生态系统能够适应气候的变化。目前，为改善下游地区的自然生态系统状况，国家已将该流域的综合治理列入了“十五”计划，中国科学院也已将塔里木河流域生态建设与荒漠化防治纳入“西部行动”计划，新疆人民政府成立了塔里木河流域管理局，实施了紧急向塔里木河下游输水的生态工程，世界银行针对塔里木河流域生态保护也给予巨额贷款支持，在这一系列的行动中，专家、政府和公众已开始进行了一系列的探索，为提高自然生态系统的气候适应能力起到了积极的作用。

针对塔里木河流域自然生态系统的特征及气候变化的特点，可采取以下应对措施：合理利用水资源，经济与生态并重。水是决定塔里木河流域自然生态系统发展的关键因素。要提高中下游自然生态系统的调节和适应能力，最主要的是在用水上坚持生态与经济、源流与干流、上游与下游协同发展的原则，实施流域水资源的统一管理，应用市场和行政手段，加快实施塔里木河流域的“供水、堵水和输水”工程，加大投资力度，加快生态水利工程建设，建立合理的分水方案和调水机制，控制源流引水，减少干流上、中游低效耗水，确保下游基本用水，实现用水的公平性，保证水资源在利用中平衡、在使用中提高效率。

另外，要积极进行生态系统的恢复和重建。首先，结合实际情况有计划地进行退耕、退牧，部分地区可实施退耕还林、还草，优化种植模式，减少灌区内高耗水作物的种植；其次，加强灌区外围的乔、灌、草综合防沙体系建设，发展人工经济林、草和荒漠高效生态产业，增加林草比例，发展高效生态农业和特色农业，改善并扩展绿洲—荒漠过渡带范围；再次，针对塔里木河下游“绿色走廊”严重萎缩、生态环境日益退化问题，结合塔里木河下游生态输水工程，要根据河道自然条件，优化输水路径，在目前沿塔里木河大支流——齐文阔尔河“线型”输水的基础上，逐步实施双河道输水和面上供水方案，扩大输水的生态效应；确立8—9月为最佳输水时段，使植物落种与输水时间一致，达到“生态默契”，为植物的落种更新提供条件，以实现生态系统的可持续性。

小结

有关气候变化对塔里木河流域自然生态系统影响的研究结果，还存在较大的不确定性。这主要是对于生态系统与气候系统的交互耦合作用，以及包括气候变化在内的多重全球变化驱动因子之间的相互影响的理解不够充分。另外，也忽略了气候变化与人类利用管理系统变化之间，以及气候变化与其他全球环境变化驱动因子相互作用的影响。这使得在对气候变化对自然生态系统影响进行评估时，很难做到充分完整。此外，对气候系统的主要生物反馈研究不够，大多研究都集中在个体尺度上，对群落尺度和生态系统尺度上的研究较少，也没有考虑到正在变化的扰动格局（如土地利用变化、洪水等）对于大气、生态结构、功能、生物多样性以及生态系统服务的生物反馈结果。

已有的有关气候变化对塔里木河流域自然生态系统影响的研究相对比较零散，不够系统，且以宏观尺度为主，在数据收集、评估范围、评估方法和评估工具方面还存在很大的差异，对未来气候变化影响的预测模型和工具还不够完善，研究的不确定性较高。由于受人为活动的影响，研究结果难以区分人为活动和气候变化的影响，因此，缺乏有说服力的已观测到的气候变化影响方面的科学证据。

对于塔里木河流域自然生态系统对气候变化的脆弱性评价研究较少，且大多停留在定性的水平上，侧重于描述脆弱性的原因和特点。对于气候变化脆弱性的定量评估，其评价工具、方法、指标和标准还远不完善，在评估中缺乏对气候变化不确定性的考虑，也缺乏对基础资料的大量收集和全面共享，未来情景和社会发展情景的合理设计，数据的可靠性、可获得性，指标选取的代表性，权重分配的科学性等所带来的不确定性的考虑。这方面的研究还缺乏更为客观的基础，需要形成统一的评价指标标准及体系。

对气候变化的适应性措施研究，到目前为止多数还仅停留在有限的理想适应战略和措施的探讨上，离实际的应用还有一定的差距。对适应性的评估主要基于定性描述，缺少基于生态系统过程模型的气候变化影响、敏感性、脆弱性与适应性研究。目前还未就某些适应气候变化的技术和措施的成本与效果进行定量评估，提出的适应气候变化的对策建议也都是以定性研究为基础得出的，很难被政府部门采纳。

针对未来气候变化对塔里木河流域自然生态系统的影响，以及自然生态系统的气候脆弱性和适应性的研究，应重点涉及以下几个领域的研究：①分析过去气候变化包括极端气候事件对自然生态系统分布、结构、生产力和功能的影响，以增强对观测到的气候变化影响的认识；②研究自然生态系统与气候系统交互耦合作用，包括气候变化在内的多重全球变化驱动因子之间的相互影响；③模拟未来气候变化对自然生态系统的影响及自然生态系统响应气候变化影响的滞后效应，确定气候变化对生态系统影响的阈值；④构建完善的评估指标体系，准确、定量地评估气候变化下自然生态系统的脆弱性，模拟未来气候变化对自然生态系统的脆弱性阈值；⑤揭示自然生态系统适应气候变化的机制，包括气候变化过程、生物个体到生态系统不同尺度对气候变化的响应过程、环境背景和人类活动等，确定自然生态系统响应气候变化的自适应机制和人为适应策略。

参考文献

陈敏，陈亚宁，李卫红等. 2007. 塔里木河中游地区 3 种植物的抗旱机理研究. 西北植物学报，**27**(4)：0747-0754.

陈亚宁. 2010. 新疆塔里木河流域生态水文问题研究. 北京：科学出版社，345-346.

陈亚宁等. 2009a. 干旱荒漠区生态系统与可持续管理. 北京：科学出版社.

陈亚宁，徐长春，郝兴明等. 2008. 新疆塔里木河流域近 50a 气候变化及其对径流的影响. 冰川冻土，**30**(6)：921-929.

陈亚宁，徐长春，杨余辉等. 2009b. 新疆水文水资源变化即对区域气候变化的响应. 地理学报，**64**(11)：1331-1341.

陈亚鹏，陈亚宁，李卫红等. 2008. 塔里木河下游胡杨气体交换对 CO_2 加富和地下水埋深的响应. 水土保持学报，**22**(5)：217-220.

陈亚鹏，陈亚宁，李卫红等. 2009. 干旱环境下高温对胡杨光合作用的影响. 中国沙漠，**29**(3)：474-479.

丁一汇，王守荣. 2001. 中国西北地区气候与生态环境概论. 北京：气象出版社.

冯剑丰，李宇，朱琳. 2009. 生态系统功能与生态系统服务的概念辨析. 生态环境学报，**18**(4)：1599-1603.

傅丽昕，陈亚宁，李卫红等. 2009. 近 50a 来塔里木河源流区年径流量的持续性和趋势性统计特征分析. 冰川冻土，**31**(3)：157-163.

高素华，潘亚茹. 2001. 气候变化对植物气候生产力的影响. 气象，**20**(1)：30-33.

葛全胜等. 2005. 20 世纪下半叶中国地理环境的巨大变化. 地理研究，**24**(3)：345-358.

郭铌，张杰，梁芸. 2003. 西北地区近年来内陆湖泊变化反映的气候问题. 冰川冻土. **25**(2)：211-214.

海米提·依米提，潘晓玲，塔西甫拉提·特依拜等. 2002. 塔里木盆地水土资源开发及其生态环境效应. 资源科学，**24**(6)：48-54.

郝兴明，陈亚宁，李卫红等. 2009. 胡杨根系水力提升作用的证据及其生态学意义. 植物生态学报，**33**(6)：1125-1131.

胡汝骥，马虹，樊自立等. 2002. 新疆水资源对气候变化的响应. 自然资源学报，**17**(1)：22-27.

金之庆，葛道阔，石春林等. 2002. 东北平原适应全球气候变化的若干粮食生产对策的模拟研究. 作物学报，**28**(1)：24-31.

李博. 2000. 生态学. 北京：高等教育出版社.

李克让，曹明奎，於琍等. 2005. 中国自然生态系统对气候变化的脆弱性评估. 地理研究，**24**(5)：653-663.

李克让，陈育峰. 1996. 中国森林响应气候变化的脆弱性分析. 地理学报，**51**(增刊)：40-49.

李双成，吴绍洪，戴尔阜. 2005. 生态系统响应气候变化脆弱性的人工神经网络模型评价. 生态学报，**25**(3)：621-626.

李卫红，郝兴明，覃欣闻等. 2008. 干旱区内陆河流域荒漠河岸林群落生态过程与水文机制研究. 中国沙漠，**28**(6)：1113-1117.

李霞，张新时，杨奠安. 1994. 应用 Holdridge 植被气候分类系统进行中国植被对全球变化响应的研究//中国国家自然科学基金委员会生命科学部，中国科学院上海文献情报中心. 全球变化与生态系统. 上海：上海科学技术出版社，1-16.
梁瀛，雍宏. 2005. 新疆塔里木河流域森林火灾分析与对策. 森林防火，**4**：15-16.
刘国华，傅伯杰. 2001. 全球气候变化对森林生态系统的影响. 自然资源学报. **16**（4）：71-78.
刘加珍，陈亚宁. 2002. 新疆塔里木河下游植物群落逆向演替分析. 干旱区地理，**25**（3）：231-236.
罗传秀，潘安定，千怀遂. 2006. 气候变化下的新疆生态环境脆弱性评价. 干旱环境监测，**20**（1）：38-43.
马克平. 1994. 生物群落多样性的测度方法 Ⅰ. α 多样性的测度方法. 生物多样性，**2**（3）：162-168.
马克平，刘灿然，刘玉明. 1995. 生物群落多样性的测度方法 Ⅱ. β 多样性的测度方法. 生物多样性，**3**（1）：38-43.
毛裕定，苏高利，李发东等. 2008. 气候变化对浙江省植物气候生产力的影响. 中国生态农业学报，**16**（2）：273-278.
牛书丽，万师强，马克平. 2009. 陆地生态系统及生物多样性对气候变化的适应与减缓. 学科发展，**24**（4）：421-427.
秦大河. 2002. 中国西部环境演变评估（综合卷）. 北京：科学出版社，9-10.
任朝霞，杨达源. 2008. 近 50 a 西北干旱区气候变化趋势及对荒漠化的影响. 干旱区资源与环境，**22**（4）：91-95.
施雅风，沈永平，胡汝骥. 2002. 西北气候由暖干向暖湿转型的信号、影响和前景初步探讨. 冰川冻土，**24**（3）：219-226.
舒强，钟巍，周哲. 2000. 全球变化与西北干旱区绿洲的可持续发展. 国土开发与整治，**10**（2）：39-43.
王承兴，阚耀平. 1992. 塔里木盆地南缘 2000 年环境变迁. 干旱区地理，（9）：39-41.
王让会，樊自立. 2000. 塔里木河下游近 50 a 来沙质荒漠化演变规律. 中国沙漠，**20**（1）：45-50.
王让会，马英杰，卢新民. 2002. 关于中国塔里木河流域若干问题的辨识. 安全与环境学报，**3**（4）：3-7.
王树基，刘兴文. 1993. 阿克苏河—塔里木河流域水土资源合理利用与环境保护对策. 北京：气象出版社，1-5.
吴建国. 2008. 气候变化对陆地生物多样性影响研究的若干进展. 中国工程科学，**10**（7）：60-68.
杨健，华贵翁. 1998. 新疆土地荒漠化及其防治对策. 防护林科技，（3）：24-26.
叶笃正. 1992. 中国的全球变化预研究. 北京：气象出版社.
叶茂，徐海量，宋郁东等. 2006. 塔里木河流域水资源利用面临的主要问题. 干旱区研究，**23**（3）：388-392.
于革，赖格英，薛滨等. 2004. 中国西部湖泊水量对未来气候变化的响应-蒙特卡罗概率法在气候模拟输出的应用. 湖泊科学，**16**（3）：193-202.
於琍，曹明奎，李克让. 2005. 全球气候变化背景下生态系统的脆弱性评价. 地理科学进展，**24**（1）：61-69.
张福春. 1995. 气候变化对中国木本植物物候的可能影响. 地理学报，**50**（5）：403-408.
张宏，樊自立. 1998a. 气候变化和人类活动对塔里木盆地绿洲演化的影响. 中国沙漠，**18**（4）：308-313.
张宏，樊自立. 1998b. 全球变化对塔里木盆地北部盐化草甸植被的影响. 干旱区地理，**21**（4）：16-21.
张磊，谭民. 2002. 新疆塔里木河流域沙漠化演变成因初探. 防护林科技，**1**：69-71.
张维祥，孙武. 1992. 干旱内陆流域绿洲农业生态系统分析. 干旱区农业研究，**10**（1）：93-99.
赵慧霞，吴绍洪，姜鲁光. 2007. 自然生态系统响应气候变化的脆弱性评价研究进展. 应用生态学报，**18**（2）：445-450.
赵振勇，王让会，张慧芝等. 2006. 塔里木河下游荒漠生态系统退化机制分析. 中国沙漠，**26**（2）：

220-223.

中国科学院新疆综合考察队.1978.新疆植被及其利用.北京:科学出版社,42-197.

周广胜,王玉辉.2003.全球生态学.北京:气象出版社.

周兴佳.1994.克里雅河绿洲的形成与演变.第四纪研究,(3):249-255.

朱建华,侯振宏,张治军等.2007.气候变化与森林生态系统:影响、脆弱性与适应性.林业科学,**43**(11):138-145.

Bachelet B,Neilson R P, lenihan J M,*et al*. 2001. Climate changes effects vegetation distribution and carbon budget in the United States. *Ecosystems*,**4**: 164-185.

Boero F, Bonsdorff E. 2007. A conceptual framework for marine biodiversity and ecosystem functioning. *Marine Ecology*, **28**: 134-145.

Brooks N, Adger W N, Kelly P M. 2005. The determinants of vulnerability and adaptive capacity at the national level and the implications for adaptation. *Global Environmental Change*, **15**:151-163.

Chen Y N, Pang Z H, Chen Y P, *et al*. 2008. Response of riparian vegetation to water-table changes in the lower reaches of Tarim River, Xinjiang Uygur, China. *J Hydrogeology*, **16**: 1371-1379.

Chen Y N, Zilliacus H, Li W H,*et al*. 2006. Ground-water lever affects plant species diversity along the lower reaches of the Tarim river. *J Arid Environ*, **66**: 231-246.

IPCC. 2001. *Climate Change*: *Synthesis report*. Cambridge, United Kingdom and New York, USA: Cambridge University Press.

Izaurralde R C, Thomson A, Rosenberg N J, *et al*. 2005. Climate change impacts for the conterminous USA: An integrated assessment. *Climatic Change*, **69**:107-126.

Korner E P C. 1997. Growth responses to elevated CO_2 and soil quality in beech-spruce model ecosystems. *Acta Ecologica*, **18**(3):343-349.

Liu Y B, Chen Y N, Deng M J. 2007. Saving the "green corridor": Recharging groundwater to restore riparian forest along the Lower Tarim River,China. *Ecological Restoration*, **25**(2):112-117.

Lyons K G, Brighan C A, Traut B H, *et al*. 2005. Rare species and ecosystem functioning. *Conservation Biology*, **19**:1019-1024

Menzel A, Fabian P. 1999. Growing season extended in Europe. *Nature*, **397**(6721):659.

Nabuurs G J, Possinen A, Karjalainen T, *et al*. 2002. Stemwood volume increment changes in European forests due to climate change—A simulation study with the EFISCEN model. *Global Change Biology*, **8**(4): 304.

Odum E P. 1971. *Fundamentals of Ecology*. Philadelphia: Saunders.

Paul A T H, Michael V. 2004. Ecosystem responses to abrupt climate change: Teleconnections, scale and the hydrological cycle. *Climatic Change*, **64**:127-142.

Rapport D J, Costanza R M, McMichael A J. 1999. Assessing ecosystem health. *Trends in Ecology and Evolution*, **13**: 397-402.

Simas T, Nunes J P, Ferreira L G. 2001. Effects of global climate changes on coastal salt marshes. *Ecological Modelling*, **139**: 1-15.

Smith T M ,Halpin P N,Shugart H H,*et al*. 1995. Global forest//Strzepek K M, Smith J B. *As Climate Change*: *International Impacts and Impactions*. Cambridge: Cambridge University Press, 59-78.

Steven M. 2009. Tree mortality in the African Sahel indicates an anthropogenic ecosystem displaced by climate change. *J. Biogeography*, **36**:1181-1193.

Whittaker R H. 1972. Evolution and measurement of species diversity. *Taxon*, **21**: 213-251.

Xu H, Li Y. 2006. Water use strategy of three central Asian desert shrubs and their responses to rain pulse events. *Plant Soil*, **285**(1-2):5-17.

Zhou H H, Chen Y N, Li W H, *et al*. 2009. Photosynthesis of Populus euphratica and its response to elevated CO_2 concentration in an arid environment. *Progress in Natural Sci.*, **19**:443-451.

Zhou H H, Chen Y N, Li W H, *et al*. 2010. Photosynthesis of Populus euphratica in relation to groundwater depths and high temperature in arid environment, northwest China. *Photosynthetica*, **48**(2): 257-268.

Zhou L, Tucker C J, Kaufmann R K. 2001. Variation in northern vegetation activity inferred from satellite data of vegetation index during 1981 to 1999. *J. Geogphys. Res.*, **106**(017): 20069-20083.

第五章 气候变化对塔里木河流域能源、社会经济的影响和适应对策

赵成义，施枫芝（中国科学院新疆生态与地理研究所）

引言

塔里木河流域深居内陆，气候干旱，水资源贫乏，生态环境脆弱。流域内土地资源、光热资源和石油、天然气资源十分丰富，是中国重要的棉花生产基地、石油化工基地和21世纪能源战略接替区（邓盛明等，2001）。受社会经济发展阶段和资源禀赋的制约，塔里木河流域能源安全及社会经济将面临更多气候变化风险。气候变化及其引发的水文气象极端事件增多，加大了能源供需矛盾以及社会经济系统的脆弱性，对交通、通信等基础设施，城市供电、供暖、制冷、供水等生活设施安全影响巨大。如何处理好减缓、适应气候变化与能源、社会经济发展的关系，是摆在我们面前的一个重大问题。

气候变化对塔里木河流域能源、社会经济的影响研究主要集中在石油、太阳能、交通、旅游、城市安全和基础设施安全等方面。本章将系统分析塔里木河流域气候变化对以上各领域的影响，并针对影响提出应对气候变化的适应对策。

第一节 概况

一、能源

塔里木河流域水土、光热条件优越，能源资源丰富，开发历史悠久。富含石油和天然气，截至2001年底，塔里木盆地发现和探明27个油气田，累计探明石油地质储量

5.38 亿 t，天然气地质储量 6131.95 亿 m^3。石油与天然气资源探明程度分别为 4.65% 和 5.39%，探明程度较低，油气资源潜力巨大（徐向华等，2004）。

塔里木河流域太阳能资源丰富，是新疆太阳能资源五大分布区之一（张玲等，2001）。根据欧洲 JRC 的预测，到 2030 年太阳能发电将在世界电力的供应中显现其重要作用（达 10%以上），可再生能源在总能源结构中占到 30%；2050 年太阳能发电将占总能耗的 20%，可再生能源占到 50%以上，到 21 世纪末太阳能发电将在能源结构中起主导作用（王涌等，2011）。近年来，国家和自治区的财政积极支持塔里木盆地周边地区开发、利用太阳能资源，当地各族群众已经越来越多地享受到太阳能路灯、太阳能热水器、太阳能集热板设施大棚给他们带来的现代、环保的新生活。

塔里木河流域内煤炭资源贫乏，水能开发薄弱，电力能源严重短缺，制约了流域经济的发展，是流域工业发展的主要限制因素（宋郁东等，2002）。

综上所述，塔里木河流域石油与天然气已成为国家重要能源基地，大力加强风能、太阳能、生物质能、地热等“绿色能源”的利用，将为塔里木河流域筑起一道生态屏障。

二、交通运输业

塔里木河流域的绿洲基本在盆地四周呈串珠状分布，是塔里木河流域居民集中点和经济活动的中心。交通主要以公路、铁路为主，沿着绿洲展开，运输线漫长。现代公路干线是在古丝绸之路的基础上，经过不断地改建、扩建和新建而逐步完善起来的。与内地纵横交错、星罗棋布的公路结构不同，塔里木河流域公路沿流域边缘呈环形展开（陈祥千，2005）。流域交通发展迅猛，目前，已建成四条高速，和硕—库尔勒高速，179 km；库尔勒—库车高速，260 km；库尔勒—阿克苏高速 260 km；阿克苏—喀什高速 450 km。5 条高等级公路，喀什—叶城—和田高等级公路 515 km，阿克苏—温宿高等级公路 14 km；阿克苏—阿拉尔一级公路（规划），阿克苏环线 19 km；喀什环线 23 km。县级公路已全部建成柏油路，县乡公路也有明显改善，客货运里程明显增长。

塔里木河流域铁路目前已从乌鲁木齐经库尔勒、阿克苏、喀什等地，通至和田市，全流域铁路干线共达 2075.68 km，铁路已成为塔里木河流域交通运输的主力。远期向南延伸至拉萨形成新藏线，随着远期青新线建设，和田至若羌线建成，将构成环塔里木盆地的南疆铁路环线。铁路网的快速发展将进一步增强新疆西南部地区与疆内其他地区及祖国内地的政治、经济和文化的联系；有利于开发沿线旅游、矿产资源，促进南疆地方经济发展。

塔里木河流域航空运输以客运为主，班次也大大增多。乌鲁木齐到库尔勒、阿克苏、喀什、和田等地州市都建立定期航班，民用航空已成为塔里木河流域的重要运输手段。

塔里木河流域位于亚欧大陆中心，远离海洋，气候干旱，大部分河流流程短、水量小，不能汇成大的河流。因此，地理环境与自然条件决定了没有发展航海运输和内河航运的条件。

三、旅游业

塔里木河流域旅游资源丰富，一是古文化遗址，二是独特的大漠绿洲风光，三是绚丽浓郁的维吾尔民族风情，四是正在开发的旅游特色产品。目前开辟的供游客参观、游览的景点、景区包括自然风光、文化古迹、民族工艺、地方特产、风土人情、沙漠探险等 20 多类。境内著名的自然旅游资源有：中国最大的内陆河——塔里木河、最大的内陆淡水湖——博斯腾湖，巴音布鲁克天鹅湖；素有“冰山之父”之称的慕士塔格峰，各具特色的公格尔山、慕士山慕孜塔格峰等；举世闻名而又具神秘色彩的“盐泽”——罗布泊；世界第二大流动性沙漠塔克拉玛干沙漠独特的沙漠景观；阿尔金山自然保护区等（祖木热提·买合木提等，2010）。塔里木河流域不仅有各种自然的奇观异景，而且还保留了大量的古代文明遗址，人文旅游资源十分丰富。在塔克拉玛干沙漠深处和周围，已发现的古城遗址就有 40 余座，仅阿克苏境内古“丝绸之路”通道上，就有全国和自治区的重点文物保护单位 59 处，如克孜尔千佛洞、龟兹古城、阿帕克霍加墓（俗称“香妃墓”）、艾提尕尔清真寺、古楼兰遗址等。除此之外，南疆人民在与严酷的自然条件长期斗争中创造的现代历史文明，如横穿塔克拉玛干沙漠的“沙漠公路”、和田“千里葡萄长廊”、库尔勒绿洲香梨园等，也是中外游客企望驻足的旅游热点之一。特殊的地理位置、奇特的干旱区风光、浓郁的民族色彩和悠久的历史文化遗产构成了塔里木河流域旅游资源的总体风貌，成为新疆乃至全国最具旅游业发展前景的地区之一。

四、城市与基础设施

塔里木河流域在行政范围上包括阿克苏、喀什、和田、克孜勒苏柯尔克孜自治州（简称克州）、巴音郭楞蒙古自治州（简称巴州）五个地（州）的 42 个县（市）和生产建设兵团 4 个师的 55 个团场。2005 年，流域总人口 943.2 万，其中少数民族占流域总人口的 82.34%，是以维吾尔族为主体的少数民族聚居区，国内生产总值 218.7 亿元，人均 4556 元，低于全疆平均水平（邓盛明等，2001）。塔里木河流域远离内陆，是全国最边远、贫困的少数民族地区之一，2005 年全流域农村人均可支配收入除巴州和阿克苏地区外都低于全疆平均水平，远低于全国水平。

基础设施是区域生产力发展的支柱，水、电、交通、通信、水库、堤坝等基础设施的发展状况是决定一个地区开发效益的基础，它构成区域可持续发展的基点。塔里木河流域水利工程多为小型工程，主要以引用地表水的渠道和平原水库为主。“四源一干”灌区现有平原水库 76 座，是农业生产的重要调节水源，总库容 28.08 亿 m^3，其中大型水库 6 座，总库容 12.9 亿 m^3。塔里木河干流现有平原水库 8 座，和田河现有平原水库 20 座，总库容 2.36 亿 m^3，叶尔羌河现有平原水库 6 座，总库容 4.92 亿 m^3，开都—孔雀河平原水库库容较小，仅 0.77 亿 m^3。已建成各类引水渠道 286 处，总设计引水能力 882 m^3/s，现状供水能力 765 m^3/s。塔里木河源流各级灌溉渠道总长度为 10.1 万 km，已防渗 2.1 万 km，防渗长度占总长度的 20.85%。现有机电井 5342 眼，一部分用于城乡居民生活和工业供水，农业灌溉的机电井主要用于临时性的抗旱。

第二节　气候变化对能源的影响

专栏

度日(DD):度日是指日平均温度与规定的阈值温度的实际离差。为一个能够反映供暖和制冷所需能源的时间温度指数,被广泛用在气候变化和能源需求的研究应用领域。度日可分为2种类型,供暖度日与制冷度日。

供暖度日(HDD):又称热度日,是日平均气温低于某一阈值温度的温度与这一阈值温度之差的累计值,即月供暖度日是月内日供暖度日之和。年供暖度日一般定义每年冷季(9月至次年4月)各月供暖度日之和。

制冷度日(CDD):又称冷度日,是日平均气温高于阈值的温度与阈值温度之差的累计值。月制冷度日为月内日制冷度日之和,年制冷度日则定义为年内5月至次年9月制冷度日之和(谢庄等,2007)。

能源安全:是20世纪70年代首先在西方兴起的一个概念,1973年第四次中东战争引发的石油危机后,西方发达国家开始认识到能源安全的重要性。为了维护石油的供应和价格的稳定,它们组成了国际能源机构(IEA),引入了能源安全概念。起初能源安全被简单地理解为能源供应安全,认为能源安全就是“消费者可以稳定而可靠地获得所需要的能源的一种状态”。20世纪80年代中期以后,随着全球气候变暖和大气环境质量的急剧下降,人们日益认识到环保问题的重要性,发达国家开始重新审视能源安全问题,将环境问题纳入了考量范围。这样能源问题就不再是单纯的供应安全问题,生态安全成为能源安全的重要组成部分。国际能源机构将能源安全定义为“价格合理、可靠、环保的能源供应”,能源的安全使用成为能源安全的题中之意,所谓能源使用安全就是指“能源消费及使用不应对人类自身生存与发展的生态环境构成大的威胁。”可以说,在当今能源安全与可持续发展紧密相连,它不仅包括能源供应的安全,还包括对于能源生产与使用所造成的环境污染的治理,能源安全成为能源供应安全和能源使用安全的统一(刘颖,2010)。

气候变化对能源消费的影响早就引起人们的注意,特别是随着中国经济的迅猛发展,人们生活水平的日益提高,气候变化对能源消费产生了重大而深远的影响。有研究发现,年供暖度日和制冷度日与年平均气温的相关系数最大,相关较显著,年供暖度日与年平均气温具有明显的反位相变化趋势,年制冷度日与年平均气温具有明显的同位相变化趋势(谢庄等,2007)。随着平均气温的上升,尤其是冬季(表 5.1),塔里木河流域冬半年“供暖度日”呈现减小的趋势,所需能耗(煤热)减少;夏半年“制冷度日”出现上升趋势,能耗(电能)增多。未来 60 年塔里木河流域最高和最低气温总体变化依然表现出升高趋势,其中夏季增暖幅度最大(刘兆飞等,2008),势必会继续增加流域机械制冷的电力消耗,对保障电力供应带来更大压力。

表 5.1　　1961—2008 塔里木河流域年及四季气温趋势系数(℃/a)

	全年	春季	夏季	秋季	冬季
平均气温	0.028	0.023	0.016	0.029	0.045
平均最高气温	0.023	—	—	0.043	—
平均最低气温	0.048	0.032	0.044	0.054	0.066

注:表格中“—”指气温趋势系数未通过 0.05 的显著性检验。

气候变化将影响塔里木河流域的能源供应。中国政府在哥本哈根会议召开之前提出减排承诺:到 2020 年,单位国内生产总值二氧化碳排放比 2005 年下降 40%～50%(张娥,2009)。这意味着中国的能源体系将被改变,这给塔里木河流域石油业带来巨大的挑战。塔里木河流域必须提高石油石化企业能源转换效率,大幅提高能效,生产更高附加值的产品。此外,必须大力发展风能、太阳能和生物质能等可再生能源,继续加大对水电资源的开发力度。气候变化将影响水能、风能、太阳能、生物质能等可再生能源的资源布局。

日照时数不仅是塔里木盆地外围绿洲农业合理布局的主要气象参数之一,而且还是塔里木盆地腹地油气资源开发利用中大型工程设计的重要参数(马志福等,2000)。据已有的研究结果,塔里木河流域日照时数变化趋势有升有降且下降趋势偏大(刘兆飞等,2007;陈少勇等,2010),这将不利于太阳能的利用。然而,塔克拉玛干沙漠,总面积约 3400 万 hm^2(5.1 亿亩)。全年日照丰富(平均日照时数 3000 多小时),为开展太阳能资源利用提供了得天独厚的自然条件。在气候变暖的背景下,由于相对湿度增加,云量增多,是造成一部分地区日照减少的主要原因。塔里木河流域日照时数年序列整体虽呈下降趋势,但变化程度较小,倾斜率为 0.4 h/10 a(刘兆飞等,2007)。气候变化对太阳能利用的不利影响是微弱的。

气候变化与极端事件对塔里木河流域能源工程与设施安全构成威胁。气候变化影响能源工程的设计标准与施工,极端气候事件威胁能源基础设施,如西气东输管网建设都必须高度重视气候变化的影响。

第三节 气候变化对社会经济的影响

一、气候变化对交通的影响

交通安全与不利天气气候密切相关，现代交通运输受天气气候的影响越来越明显。在塔里木河流域，沙尘暴、极端降水等是影响交通的重要因素。

在过去的 50 a，新疆年平均发生沙尘暴日数为 5～8 d，而塔里木河流域多达 15 d 以上。沙尘暴造成能见度降低是引发交通事故的重要原因之一。其特点表现为：(1)由于生理条件的限制，在有些情况下，驾驶员很难确切地感知沙尘暴的严重程度；(2)由于地理、气候条件的差异，不同路段沙尘暴的严重程度可能有所不同，驾驶员很难根据各路段不同的能见距离及时调整自己的速度和车间距；(3)在沙尘暴发生的情况下，可视距离会远远小于绝对安全间距，极易发生追尾相撞。例如，1998 年 4 月 18 日，塔河流域的喀什、阿克苏、巴音郭楞蒙古自治州北部等地，普遍出现了平均风力为 6 级的沙尘暴天气，造成多起交通事故，对交通运输业带来严重危害(胡汝骥等，2001)。

在全球变化背景下，极端降水事件频发，对塔里木河流域交通运输业产生一定影响。2010 年 6 月初，位于塔里木河流域的巴州且末县连日普降大雨，该县牧区三乡两场出现持续强降雨天气，局部地区降大暴雨，为 40 a 不遇，引发洪灾。洪水造成牧区 80% 的道路被毁，严重影响了牧民出行；6 月 6 日下午，喀什地区英吉沙县突降暴雨，部分地区伴有冰雹。此次灾害性天气引发洪水，冲毁了部分道路、桥梁，极大地影响了当地居民的正常出行。

随着气候变暖，塔里木河流域极端高温的天气将变得更持久和更频繁。极端高温天数增多会使沥青路面融化影响通行，导致车辆过热和轮胎老化，并易诱发交通事故；导致铁路轨道变形和路面的过度热膨胀；气温升高不利于飞机起落与载重，将增加航空运输成本。

二、气候变化对旅游的影响

气候与旅游有着不可分割的关系，气候优势是旅游资源开发必备的前提条件之一。气候条件对自然景观的塑造起着十分重要的作用，光、热、水既直接构成了景观的特色，又影响着景区内生物的种类及其生长情况，气候的季节性变化决定了旅游的最佳时期，气候的舒适程度决定了可游期的长短，追求适宜的气候是人们外出旅游的重要动机之一。

塔里木河流域旅游资源丰富，特色鲜明。旅游资源类型多，拥有 8 大主类中的 7 类，主类盖度为 87.7%，共有 414 个旅游单体，旅游资源科学内涵丰富，人文内涵丰厚深邃，具有鲜明的地区特色和民族特色。其中，许多景点是“丝绸之路”在塔里木河流域沿线遗留下来大量的城堡、塔寺、石窟、墓穴等人文景观，许多著名的遗址如尼雅遗址、龟兹国都故城遗址等，均已被列为国家级重点文物保护单位，这些名胜依靠丝绸之路的背景吸引了更多的旅游观光者。但这些人文景点多是土质建筑，易受风蚀。近年来，塔里木河流域风频与风强均有不同程度的增大趋势，土质人文景点面临消失的威胁。

气候条件与旅游业的关系还表现在不同的气象和气候条件下可以形成不同的自然景观和旅游环境，即气候和气象有直接的造景功能和间接的育景作用，如塔里木河流域的胡杨自然景观和冰川景观。过去，欣赏胡杨景观，9—10月为最佳期。随着气温升高，胡杨泛黄期延迟，观赏最佳期较过去有所推迟。冰川景观受温度影响较大，近20 a塔里木河流域气温上升迅速，冰川景观明显萎缩。

极端气候事件范围和程度的增大，可在某种程度上破坏旅游交通基础设施，对旅游业的影响日益明显，主要表现在强风、沙尘暴频繁、强降水等方面，以及强降水和冰雪消融性洪水等引发的泥石流、滑坡对出入景区公路的破坏。

气候变化带来自然资源、生态环境和人们生活方式的改变，使塔里木河流域的人类非物质文化遗产的保存更加困难。物候、气候景观和人群活动规律的改变将深刻影响旅游业和服务业的结构与布局，但同时也将给旅游业带来商机，避暑旅游、生态旅游和水上活动都会增加，冰雪旅游向更高纬度与高海拔地区转移，许多与自然物候密切相关的地方特色旅游也需要调整，如与春季开花有关的项目将提前，与秋色相关的项目将延迟，冬季冰雪旅游时间将缩短，夏季避暑旅游时间将延长(桑东莉，2010；杨建明，2010)。

三、气候变化对城市安全影响

在复杂的气候变化背景下，短时间内的强降水在城市地区会出现街道积水、房屋进水、交通瘫痪等。随着城市扩展和大量立体建筑物的出现以及不透水地面的大幅度增多，同等雨量和雨强下的径流系数数倍增大，洪峰提前，流量增大，城市局地暴雨造成的内涝积水日益加重。以喀什市为例，其年平均降水量大部分在60 mm左右，以5—9月降水最多，大降水出现次数少，但过程降水量大。1961—2000年大降水个例中，夏半年出现大降水的次数占80%，其中夏季占54%。例如：1992年6月17—19日、1993年5月11—12日、1996年4月5—7日、1998年5月28日至6月1日喀什市及周边地区连续普降暴雨，高山冰雪融化，形成暴雨融雪型山洪，引发克孜河特大暴雨洪水，郊区农田冲毁，民房倒塌，城市出现严重积涝；同时，积涝还造成了市区交通困难。

塔里木河流域气候变暖，城市人均生活用水量增大，加剧了流域缺水形势。由于蒸发量加大，河水流量趋于减少，河流原有的污染程度可能会加重，特别是在枯水季节；河水温度的上升，也会促进河流里污染物沉积、废弃物分解，进而使水质下降。对于农业生产和日常生活依靠河川径流的塔里木河流域而言，河川径流减少及水质下降，将在一定程度上影响城市的供水安全。

近年来，随着气温升高，塔里木河流域城市热岛效应也日益显现，引发许多疾病。例如：城市高温区居民易患消化系统疾病，表现为食欲减退，消化不良；胃肠道和溃疡性疾病增多。神经系统易受损害，表现为失眠、烦躁不安、记忆力下降；患忧郁症和精神委靡症。呼吸道疾病、支气管炎、肺气肿、哮喘、鼻窦炎、咽炎发病人数也有所增多。

干旱与高温经常造成城市用电用水的高度紧张。雷电、雾霾等气象灾害也日益突出，交通堵塞、水体污染、垃圾污染与噪声、电磁污染等城市病成为顽症（吴正华，1998；郑水红等，2000）。

四、气候变化对基础设施安全运行的影响

未来全球气候变化所导致的气温升高、降水时空分布变化、暴雨强度和频率加大、地质灾害频发、洪涝干旱极端事件增多等都将对塔里木河流域基础设施建设、功能及运行带来严重影响。

在克孜河上，1966 年 8 月 19 日乌鲁卡恰地区连降暴雨，形成山洪，巨大径流夹带大量红黏土泥浆、砂子、巨石自上而下，构成强大的泥石流冲入克孜河内，横截克孜河河床，形成天然堆积坝体，高达 20 多米，致使克孜河断流一天一夜，迴水 20 余千米，构成一座大容量的天然水库，后来在上游不断来水的情况下，致使洪水漫“坝”溢出，造成“溃坝”型特大洪水，洪峰流量达 1400 m^3/s；1980 年 9 月 4 日盖孜河上游乌帕尔山区暴雨山洪，形成下游三道桥水管站实测 378 m^3/s 的洪水流量；1982 年 6 月 29 日和 1987 年 7 月 29 日叶城柯克亚山区的暴雨山洪，使棋盘河洪水流量 300～700 m^3/s，危及叶城县城；1987 年 7 月叶尔羌河上游山区达木斯地区暴雨洪水和棋盘河的暴雨洪水形成叶河卡群水文站实测 1950 m^3/s 的洪峰。这些洪峰引发了严重的洪涝灾害，不但影响到河道、堤坝和水库的正常运行，还对下游城镇基础设施及农田水利、电力设施危害极大。而 1999 年塔里木河夏季洪水泛滥，下游河道拥塞下泄不畅，沿沙漠公路上的塔里木河大桥附近积水超过 1.5 m，淹没公路，阻碍了交通。

2002 年 7 月 22—23 日天山山区南麓渭干河流域普降大一暴雨，渭干河流域遭受百年一遇特大洪水（黄健等，2003）。克孜尔水库入库流量由 7 月 21 日的日均 500 m^3/s 猛增，23 日入库最大流量高达 3400 m^3/s，是 1958 年最大洪峰的 2 倍多，是 1999 年最大洪峰的 1.58 倍，超过百年一遇的 3380 m^3/s；库容在短时间内由 3.2 亿 m^3 增至 5.5 亿 m^3；23 日水库坝前最高水位为 1148.23 m，距设计洪水危险水位 1148.57 m 仅差 0.34 m，为历史最高蓄水水位。由于径流长时间居高不下，洪水仍源源不断地涌入克孜尔水库，22 日 22 时至 29 日 15 时，160 h 入库总水量为 5.032 亿 m^3，占水库总库容的 78.6%。据分析（安临军等，2003），7 月 23 日 21 时 30 分，在克孜尔水库水位达到设计百年一遇洪水的防洪高水位 1146.4 m 时，下泄流量由 550 m^3/s 陆续加大至 600 m^3/s；24 日 11 时，在水位逼近千年一遇的设计洪水水位 1148.57 m 时，加大泄量至 800 m^3/s，超出了水库设计百年一遇洪水的安全泄洪量（661 m^3/s）；7 月 26 日 11 时，泄量增加到 1000 m^3/s，超过水库设计百年一遇洪水的安全泄量的 51.3%，进行了非常调度；水位下降后，7 月 27 日 09 时减小泄量，当水位下降至设计防洪高水位 1146.4 m 后，根据水库设计标准，及时调整下泄流量到安全泄量 661 m^3/s（樊静等，2009）。在这次洪水过程中，克孜尔水库调度运行科学合理，既确保了水库大坝的安全，又最大限度地保证了水库下游地区各族人民的生命财产安全。由于气候变暖和人类活动的影响，流域的来水和用水条件与原设计条件可能发生明显的变化，故已建工程的运行规则和规程需要作相应的必要调整，以保障

水利工程的安全。

极端天气对水库大坝工程本身安全的影响，温室效应会显著提高地面温度，而温度荷载是混凝土大坝所承受的主要荷载之一。气候变化将可能导致更多的不利工况出现，如突发性持续干旱、高温低水位、低温高水位、高温高水位或低温低水位等，这些不利工况将对混凝土坝、特别是拱坝的安全影响更加突出，气候变化对水利工程自身安全的影响主要体现在水利工程的服役环境将显著恶化，故应加强水库大坝本身安全建设与预警研究。气候变化也会导致流域降雨径流关系、水文极端事件的大小和频率发生改变，影响大型水利工程的建设标准、规模和运行规程(贺瑞敏等，2008)。

风灾对基础设施的运行也不容忽视。例如：喀什市的风灾，主要出现在4—6月，多发生在春夏季农忙时节，1996年5月28日、2001年4月2日、2003年4月8日发生的大风天气，造成喀什市棉花、小麦、瓜菜等农作物受损，树木折断，房屋倒塌，温室大棚被吹坏，电力和交通系统严重受损或受阻。

极端降水事件与土温变化对西气东输工程输气管道安全运营产生威胁，塔里木河流域管道沿线深层地温升高使冻土层变薄；暴雨洪水发生频率与强度增大，洪水直接冲击河谷或河道可能使管道暴露破裂，或冲淘坡脚引发坡体不稳定或滑坡而造成管道破裂。另外，西气东输工程沿线的泥石流或地震等地质灾害也将对管道安全造成威胁。

第四节　应对气候变化的适应对策

一、调整能源结构与供需方案，发展绿色能源

气候变化导致能源需求增大，引发碳排放空间争夺，进而影响塔里木河流域能源安全。增大太阳能、生物质能与地热等绿色新能源在能源消费中的比重，减少高碳能源的使用，对调整能源结构、应对气候变化具有重要意义，逐渐发展低碳经济已经成为解决气候变化问题的必然趋势。通过优化能源结构、节约能源、提高能源效率、发展可再生能源和清洁能源，有利于减缓塔里木河流域能源安全的脆弱性，建立可持续发展的能源供应体系。

随着全球气候变暖，塔里木河流域大部分地区冬季气温明显升高，需要对供暖期长度重新评估并修订供暖方案。夏季炎热地区的空调降温耗能将明显增多。将气象因子与能源消费类指数结合起来，互相防范风险，可提高整个社会的能源利用效率(张海东等，2009)。应根据气温与用电量的关系建立电力安全应急机制，合理预测评估用电量变化，进行电量销售预报(吴向阳等，2008)，科学指导电力部门调配电力资源。

修订能源与建筑工程设计标准是适应气候变化的有效手段之一。提高人居设施的保温隔热标准，不仅是适应气候变化和节能的需要，也是全面建设小康和和谐社会的要求。

气候变化将使塔里木河流域的太阳辐射与风速发生改变，需要根据气候变化调整

风能、太阳能利用工程的规划布局并修订相关设施的建筑与运行标准。

二、加强极端气候事件预警，构建安全节能的交通系统

气候变暖背景下，极端气候发生的频率和强度会有增大趋势，加强极端气象灾害预警、预报，是应对极端气象灾害事件对交通运输产生的影响的有效途径（李长城等，2008）。塔里木河流域沙尘暴、极端降水等事件是影响交通安全的最主要气象因素。针对沙尘灾害，建立沙尘监测系统，实时分析能见度和风沙态势（张丰焰等，2005），根据检测信息和统计资料，建立交通安全天气指数，及时向管理者和使用者发布信息，为采取相应的防范措施提供有效的依据。针对强降雨事件，交通管理部门需要加强对一些防洪设施和排水系统的监控，加强对洪水水位的实时监控，制定切实可行的紧急疏散程序，保护重要的疏散通道，改善道路排水系统及涵洞泄洪能力，限制洪泛区的发展。

专　栏

交通气象指数：是根据雨、雪、雾、沙尘、阴晴等天气现象对交通状况的影响进行分类，其中主要以能见度为标准，并包括对路面状况的描述，以提醒广大司机朋友在此种天气状况下出行时，能见度是否良好，刹车距离是否应延长，是否容易发生交通事故等，减少由于不利天气状况而造成的人员及财产损失。

交通指数分为5级，级数越高，天气现象对交通的影响越大。交通指数1级，安全；2级，比较安全；3级，基本安全；4级，不太安全；5级，不安全（张书余，2002）。

应对气候变化对交通运输产生的影响，需要政府从政策和法规上加强交通安全策略。建立低消耗、低排放、高效率的交通运输系统（李克平等，2010）；制定切实有效的方案和措施以增强运输系统的安全性，提高系统的管理和运作效率；考虑气候变化的因素，制定相适应的建筑设计标准；制定可持续发展的、减缓气候变化的交通战略（陆晓召，2010）。

三、完善旅游规划与景区管理，保护自然旅游资源

未来塔里木河流域的旅游规划与景区管理必须全面考虑全球气候变化可能产生的影响，如风蚀作用对古文化遗址的影响，温度升高对胡杨林生长期的影响，以及极端气候灾害对旅游业产生的不利影响等。针对气候变化的影响，科学地加强旅游资源的保护与修复工作，有效地保护旅游地的生态系统多样性、物种多样性、景观多样性及旅游资源的可持续利用。同时，根据气候变化的影响，恰当地分配旅游时节和管理旅游活动，保护旅游地自然生态与社会环境的完整性，倡导可持续发展生态旅游，较好地协调

旅游发展与环境保护的关系。此外，综合考虑气象因素，计算旅游指数，可为旅游者的出行提供建议。

专栏

旅游指数：一般天气晴好，温度适宜的情况下适宜出游；而酷热或严寒的天气条件下，则不适宜外出旅游。旅游指数是根据天气的变化情况，结合气温、风速和具体的天气现象，并综合了舒适度指数、穿衣指数、中暑指数、紫外线指数等生活气象指数，给人们出游提供的建议。旅游指数分为5级，级数越高，越不适宜旅游（张书余，2002）。

随着气候变暖和生活水平的提高，闲暇时间将会增多，旅游业将日益发展。对气候变化对气候景观、自然景观和物候的影响，以及人群活动季节与行为的变化，调整旅游设施建设与项目设计。大力发展以回归自然与保护生态为特征的知识型生态旅游业。加强气候变化背景下的建筑物防护和古迹保护的适应技术开发，针对具有重要历史意义和旅游价值的文物古迹制订专门的保护方案，加强气候变化情景下脆弱濒危非物质文化遗产的保护。建立和完善适应气候变化的旅游资源保护政策。改进旅游设施和信息服务，建立旅游场所应对极端天气的预警机制，加强防范措施，提高旅游场所和设施的安全度，建立旅游安全应急救援机制（钟林生等，2011）。

四、加强城市防灾、减灾能力，健全城市安全法律法规

全球气候变化背景下，塔里木河流域城市安全、城市灾害防治问题日益彰显，气象灾害的危害进一步影响到塔里木河流域城市建设的各领域以及社会生活、人民健康等领域。针对气候变化对塔里木河流域城市安全的影响，重点加强洪水、干旱、风灾等主要灾害防治，重视沙尘暴、地质灾害及雷电灾害的防治，建立减灾体系和灾害管理体系；加强以水利工程、植被保护、节水型社会建设、应急水源地建设为中心的防灾工程建设；严格执行保障城市安全的法律、法规，提高生态建设和城市生命线工程（交通运输、情报通讯、能源供应、供水排水、取暖等工程）的建设质量，减少城市灾害隐患；进一步加强灾害评估、早期预警、抗灾救援、灾后建设和健全法制、宣传教育等非工程措施，保障城市安全与适应气候变化相协调，促进塔里木河流域经济持续发展，城市和谐稳定。

设置城市建设工程气候风险论证与调整城市生命线建设运行标准重大工程，特别是新城和新区规划布局与产业基地建设及生命线工程都必须进行气候论证并考虑到未来气候变化的因素。盆地或类盆地型城市要留出多条风廊以利于污染空气的扩散。除必要的路面和广场外，尽可能减少沥青和水泥等不透水地面，所有露天停车场和社区空地都应建成栅格状渗水地面，充分拦蓄雨水以减轻城市内涝。

根据地温、降水、冰雪等要素的改变，调整供电、供水、排水、供气、供热和通信等城市生命线系统埋设架设的耐热、耐寒、耐冰冻或耐涝安全标准。根据气候要素的季节变化调整夏季空调与冬季供暖温度指标并根据天气变化及时调控，既要节能减排，又要确保市民舒适和健康。在城市交通方面应根据热岛效应调整道路铺设沥青标号，加强行道树栽植和交通服务设施的建设。

加强城市减灾管理，提高应对极端天气、气候事件的应急能力。改造原有排水系统以增强城市排涝能力。尽量减少不透水地面，密植草被以充分拦蓄雨洪和减轻内涝。城市道路与居民住宅区都要避免建在低洼处。地下建筑要在入口处建设挡水装置并安装排水设备。构建部门间协调联动的高效城市运行监管与应急指挥体系，根据气候变化情景下城市气象灾害发生的新特点，编制和修订各项减灾预案，建立高效运作的城市综合减灾中心。按照社区人口密度和分布，规划建设灾害避险场所并储备充足的救灾物资和短期生存的必需品(郭建，2008)。

五、提高基础设施设计标准，储备气候灾害应急方案

气候变化及其引发的水文气象极端事件增多，对水利、交通、通信等基础设施安全影响巨大。目前的工程设计标准很难满足由气候变化引发的突发性持续干旱、高温低水位、低温高水位、高温高水位或低温低水位等不利工况对基础设施的安全影响。因此，为了主动地应对并减少气候变化对工程自身安全与运行安全的风险，要将气候变化影响评价工作纳入工程建设的议事日程，充分考虑未来气候变化趋势及对工程的不利影响，增强其适应性，切实保障因气候变化对工程的不利影响而需要附加的维护与保养投入。评估气候变化下基础设施的脆弱性及灾害发生的综合风险，全面规划研究与其相适应的基础设施建设方案，提高基础设施设计标准、对已建工程的运行规则和规程作相应的必要调整，是保障基础设施安全的重要对策之一。

面对未来水文、气候极端事件强度与频次的加大，要提高工程调度运行的科技水平，提高应对突发的破纪录事件的能力，将灾害危害降低到最低程度。

针对气候变化及其影响的不确定性，要大力推进工程管理信息系统建设，为管理者提供不断更新的可靠的气候变化信息和决策支持，及时地采取多种形式的措施，最大限度地发挥重大工程的经济、社会和环境效益。

加强气候灾害风险评估、构建极端气候事件的监测和预警系统，制定紧急预案，建设应急管理体系，是降低气候变化对基础设施安全运行不利影响的有效对策。

小结

气候变化对塔里木河流域能源和社会经济产生巨大影响。尽管其影响在某些方面是有利的，但更多的影响却往往是灾难性的。本章从技术、管理和政策三个方面，提出了塔里木河流应对气候变化，能源及社会经济领域的适应对策：调整能源结构与供需方

案，发展绿色能源；加强极端气候事件预警，构建安全节能的交通系统；完善旅游规划与景区管理，保护自然旅游资源；加强城市防灾、减灾能力，健全城市安全法律、法规；提高基础设施设计标准，储备气候灾害应急方案。通过以上适应对策，减少气候变化对能源、社会经济产生的不利影响，降低未来气候变化可能给能源及社会经济带来的损失。

参考文献

安临军，张宏科，安小敏. 2002. 新疆克孜尔水库"7·23"洪水水情分析及水库实时调度运行概况. 大坝与安全，(4)：343-350.

陈少勇，张康林，邢晓宾等. 2010. 中国西北地区近47a日照时数的气候变化特征. 自然资源学报，**25**(7)：1142-1151.

陈祥千. 2005. 南疆铁路运输现状及扩能对策. 铁道运输与经济，(3)：48-50.

邓盛明，陈晓军，祝向民. 2001. 塔里木河流域水资源和生态环境问题及其对策思路. 中国水利，(4)：31-32.

樊静，李元鹏，欧家理等. 2009. 克孜尔水库上游流域蓄水前后降水变化特征. 沙漠绿洲气象，(5).

郭建. 2008. 气候变暖与城市公共安全规划. 城市与减灾，**3**：32-36.

贺瑞敏，王国庆，张建云等. 2008. 气候变化对大型水利工程的影响. 中国水利，(2)：52-54.

胡汝骥，樊自立，王亚俊等. 2001. 近50 a新疆气候变化对环境影响评估. 干旱区地理. **24**(2)：97-103.

黄健，毛炜峄，李燕等. 2003. 渭干河流域"2002·7"特大洪水分析. 冰川冻土，**25**(2)：204-210.

刘颖. 2010. 气候变化对我国能源安全的影响. 特区经济，(8)：267-268.

刘兆飞，徐宗学. 2007. 塔里木河流域水文气象要素时空变化特征及其影响因素分析. 水文，**27**(5)：69-73.

李长城，张高强，汤筠筠. 2008. 高速公路交通气象灾害预警管理系统研究. 道路交通与安全，**8**(3)：16-20.

李克平，王元丰. 2010. 气候变化对交通运输的影响及应对策略. 节能与环保，(4)：23-26.

陆晓召. 2010. 论可持续交通系统的构建——基于气候变化和能源消费的角度分析. 当代经济，(5a)：88-92.

马志福，谭芳. 2000. 塔里木盆地日照时数分布规律研究及应用. 资源科学，**22**(2)：40-44.

桑东莉. 2010. 气候变化对中国旅游业持续发展的影响及应对措施. 中国环境管理干部学院学报，**20**(2)：7-10.

宋郁东，樊自立，雷志栋. 1999. 中国塔里木河流域水资源与生态问题研究. 乌鲁木齐：新疆人民出版社.

宋郁东，王让会，彭永生. 2002. Water resources and ecological conditions in the Tarim Basin. *Science in China(Series D)*，**45**(增刊)：11-17.

王涌，柳立慧，曹志猛等. 2011. 太阳能技术开发对新疆能源经济发展的促进作用. 新疆电力技术，(1)：82-84.

吴向阳，张海东. 2008. 温度对电力负荷影响的计量经济分析. 应用气象学报，**19**(5)：531-538.

吴正华. 1998. 北京的城市化发展与城市气象灾害. 决策咨询通讯，**9**(4)：54.

谢庄，苏德斌，虞海燕等. 2007. 北京地区热度日和冷度日的变化特征. 应用气象学报，**18**(2)：232-236.

徐向华，周庆凡，张玲. 2004. 塔里木盆地油气储量及其分布特征. 石油与天然气地质，**25**(3)：300-313.

杨建明. 2010. 全球气候变化对旅游业发展影响研究综述. 地理科学进展，**29**(8)：997-100.

张娥. 2009. 气候变暖石油"冷"? —来自哥本哈根的挑战. 中国石油石化，**24**：38-39.

张丰焰，程正旺. 2005. 关于建立沙漠高速公路沙尘监控系统的探讨. 公路，(2)：80-84.

张海东，孙照渤. 2009. 温度变化对南京城市电力负荷的影响研究. 大气科学学报，**32**(4)：536-542.

张玲，韦文珍，毛雁升. 2001. 谈新能源的开发与利用及新疆新能源的利用现状. 新疆农垦科技，(3)：51-53.

张书余. 2002. 城市环境气象预报技术. 北京：气象出版社.

郑水红，王守荣，王有民. 2000. 气候灾害对北京可持续发展的影响与对策. 地理学报，**55**(增刊)：119-127.

钟林生，唐承财，成升魁. 2011. 全球气候变化对中国旅游业的影响及应对策略探讨. 中国软科学，(2)：34-41.

祖木热提. 买合木提，孜比布拉. 司马义等. 2010. 南疆铁路沿线旅游资源"点—轴"开发模式研究. 经济地理，**30**(9)：1574-1579

气候变化对塔里木河流域人体健康与人居环境的影响和适应性

毛炜峄(新疆维吾尔自治区气候中心)

引言

气候变化对塔里木河流域人居和健康的直接影响因素包括沙尘天气、酷热等极端天气气候事件。塔里木河流域是沙尘天气高发区,和田地区沙尘天气日数呈减少趋势,但2010年沙尘天气日数仍然高达132～151 d。新疆冬季升温最为显著,夏季酷热日数呈增多趋势,尤其是南疆吐鲁番地区。气候变化对人体健康的间接影响包括对居住生活、饮水供应、卫生设施、农业生产、食品安全。新疆区域未来气候变化及其引起的极端天气气候事件的增多对人体健康具有重要的影响,利弊兼有,需要更加关注负面影响。加强气候变化背景下对人体健康影响研究,推进卫生、气象等多部门跨领域的合作。建立和完善气候变化对人体健康影响的监测、预警。在自然环境较恶劣的区域强化综合应对措施,特别是针对南疆的沙尘天气、吐鲁番地区的高温等极端天气气候事件,实施相应的预防控制技术,为社会提供准确、及时、权威的疾病监控、评估、预警。降低因气候变化导致的对人类健康的危害。强化敏感区域的综合应对措施。加强对脆弱区域及脆弱人群的监测,对特殊人群采取有效的保护措施。

第一节　人体健康

一、气候变化对人体健康已有的影响

新疆特殊的地理环境和独特的气候状况使得新疆成为中国对气候变化最敏感的区域。气候变化对人体健康的影响有些是直接的，如高温酷暑，持续高温会使心脑血管病、中暑、中风、日光皮疹等疾病发病率增多，威胁人体健康；有些是间接的，是由气候变化带来其他改变造成的，如寒潮可诱发感冒、气管炎。《气候变化与人类健康：危机与应对》中指出了以下几种全球变暖带来的潜在健康影响：与温度相关的疾病和死亡、与极端天气相关的健康影响、与空气污染相关的健康影响、心理健康和营养等方面的影响。在全球气候变化大环境的影响下，气候变化对新疆人体健康的影响主要表现为高温、沙尘天气、严寒天气、大雾天气以及空气干燥等（新疆维吾尔自治区气象局，2012）。

1. 高温对人体健康的影响

极端温度事件是气候变化中关键的一个方面（吴荣军等，2010），极端温度事件的发生不仅制约国民经济的发展，而且对人民的身体健康也会带来很大的危害（崔智慧等，2010）。相对于沿海地区湿度较大的热浪天气，新疆主要表现为高温酷暑。据生理学家测定，人体最舒适的环境温度在 20～28℃，而有益于人体健康最理想的温度是 18℃左右。为了从气象角度来评价在不同气候条件下人体的舒适感，专家也提出了人体舒适度指数。如果温度在 30～35℃，人体皮肤血液循环旺盛，代谢能力增强，如果体内热量排散不及时，就会引起体温升高，使人神疲力乏、思维迟钝、烦躁不安。如果温度升高至 35℃以上，人体热量增加，大量出汗，不思饮食，身体消瘦。当温度高达 37℃时，体内的温度调节功能失效。由于出汗过多，会消耗体内大量的水分和盐分，使血液浓缩，增加心脏负担，易出现肌肉痉挛、脱水中暑或诱发缺血性中风，危及生命；高温还会损害人体免疫力和疾病抵抗力，导致与心脑血管疾病、呼吸道系统疾病等的发病率和死亡率升高，对老年人、穷人以及居住在拥挤城市中的其他易感人群是非常危险的。

根据环境温度及其和人体热平衡的关系，通常把 35℃以上的生活环境和 32℃以上的生产劳动环境作为高温环境。高温环境因其产生原因不同可分为自然高温环境（如阳光热源）和工业高温环境（如生产型热源）。气候变化引起的高温属于自然高温环境系，主要由日光辐射引起，多出现于夏季（每年 7—8 月）。

对人体热平衡的影响。机体产热与散热保持相对平衡的状态称为人体的热平衡。人体保持着恒定的体温，这对于维持正常的代谢和生理功能都是十分重要的。产热与散热之间的关系可以决定人体是否能维持热量平衡或体内的热积聚有否增多。

对体温的影响。在高温环境下作业，体温往往有不同程度的升高，皮肤温度也可迅速升高。在高温环境中，人体为维持正常体温，通过以下两种方式增强散热作用：(1)在高温环境中，体表血管反射性扩张，皮肤血流量增大，皮肤温度增高，通过辐射和对流使皮肤的散热增强；(2)汗腺增加汗液分泌功能，通过汗液蒸发使人体散热增大。

对水、盐代谢的影响。在常温下，正常人每天进出的水量约为 2 L。在炎热季节，正常人每天出汗量为 1 L，而在高温下从事体力劳动，排汗量会大大增加，每天平均出汗量 3～8 L。由于汗的主要成分为水，同时含有一定量的无机盐和维生素，所以大量出汗对人体的水、盐代谢产生显著的影响，同时对微量元素和维生素代谢也产生一定的影响。当水分丧失达到体重的 5%～8%，而未能及时得到补充时，就可能出现无力、口渴、尿少、脉搏增快、体温升高、水盐平衡失调等症状，使工作效率降低。

对消化系统的影响。在高温条件下劳动时，体内血液重新分配，皮肤血管扩张，腹腔内脏血管收缩，这样就会引起消化道贫血，可能出现消化液(唾液、胃液、胰液、胆液、肠液等)分泌量减少，使胃肠消化过程所必需的游离盐酸、蛋白酶、脂肪酶、淀粉酶、胆汁酸的分泌量减少，胃肠消化机能相应地减退，同时大量排汗以及氯化物的损失，使血液中形成胃酸所必需的氯离子储备减少，也会导致胃液酸度降低，这样就会出现食欲减退、消化不良以及其他胃肠疾病。

对呼吸系统的影响。每年光化学污染(例如由污染造成的空气臭氧浓度高峰会对人体呼吸系统造成刺激)出现的日期可能会提前，并持续更长时间。在春夏和夏秋相交之际，哮喘、鼻炎等呼吸道疾病的发病率也会随着气温的上升而增加。研究显示，更高的气温也是导致过敏的因素之一。全球变暖令植物比以前早开花，而二氧化碳浓度升高，会让植物制造出更多的花粉，令空气中的花粉浓度升高。相当一部分原来只分布在南方的致敏植物有可能在北部出现。过敏源早来，过敏季节又迟迟不走，加重了过敏症的发生。

对循环系统的影响。在高温条件下，由于大量出汗、血液浓缩，同时高温使血管扩张、末梢血液循环增加，加上劳动的需要，肌肉的血流量也增大，这些因素都可使心跳过速，而每搏心输出量减少，加重心脏负担，血压也有所改变，头昏脑涨，因此，高温对心脑血管的机能有重要的影响，炎热的夏季也是心脑血管病多发的季节。

对神经系统的影响。在高温和热辐射作用下，大脑皮层调节中枢的兴奋度增强，由于负诱导，使中枢神经系统运动功能受到抑制，因而，肌肉工作能力、动作的准确性、协调性、反应速度及注意力均降低，易发生工伤事故。

此外，高温可加重肾脏负担，还可降低机体对化学物质毒性作用的耐受度，使毒物对机体的毒害作用更加明显。高温也可以使机体的免疫力降低，抗体形成受到抑制，抗病能力下降。

2. 沙尘天气对人体健康的影响

沙尘天气分为浮尘、扬沙、沙尘暴和强沙尘暴四类(杨德保等，2005)。从沙尘天气的区域特征来讲，中国沙尘天气年平均发生日数大于 10 d 的区域主要分布在南疆盆地、河西地区及青藏高原东北部(李耀辉，2004)。新疆的和田是全中国沙尘污染最严重的城市，沙尘天气是和田市空气重度污染的主要原因(宋健侃，2003)。沙尘天气发生时大气中的沙尘气溶胶浓度急剧上升，可吸入颗粒物(PM_{10})含量显著增大，对大气环境和人类健康带来极大危害，可引起急性和慢性支气管炎、哮喘、肺炎甚至肺癌等呼吸道疾病，对易感人群(老人及儿童)伤害更大。

沙尘天气对呼吸道的影响。沙尘天气对呼吸道的影响主要表现为鼻炎、支气管炎、哮喘等,其中鼻炎在新疆南部地区无论世居还是移居者中发病率均较高。其发病原因可能与下列因素有关。昼夜温差大:南疆地区白天气温较高而夜间气温较低,昼夜温差在 20～30℃,真可谓“晚穿棉袄午穿纱”的独特气候,尤其是冬季夜间气温达－10℃以下。空气湿度低:南疆地区较干旱,年降水量在 100～300 mm,空气极干燥,当外界空气进入呼吸道时,鼻腔必须给予大量水分进行湿度调节。鼻黏膜中含有大量的腺体,正常情况下,24 h 鼻黏膜分泌约 1000 ml 液体,其中约 700 ml 用于提高吸入空气的湿度。空气含尘量高:南疆地区各地州市位于塔克拉玛干沙漠周边,沙尘暴和浮尘天气多,空气含尘量大。长期的粉尘刺激不仅会导致鼻黏膜充血肿胀、增生肥厚、纤毛破坏,而且鼻黏膜肥厚是不可逆的,不能恢复正常功能。同样鼻前庭长期受到粉尘刺激也会导致局部毛囊堵塞、细菌存留,以及鼻前庭皮肤受干燥、日照、寒冷的影响,皮肤易产生变性、裂口等,这可能是鼻疖、鼻前庭炎的主要病因。

沙尘天气增加了一些传染性疾病传播流行的危险。在沙尘天气的源地和影响区,大气中可吸入颗粒物增多,大气污染加剧,颗粒物表面吸附着多种有害病原体,如细菌和病毒等,导致一些传染病传播的机会增高。2001 年,一场强沙尘暴将口蹄疫病毒从非洲传播到英国,并在短短半个月内横扫欧洲,致使数百万牲畜被宰杀、焚烧、掩埋,造成巨大的社会恐慌。

沙尘天气可加重一些心血管疾病患者的病情。沙尘天气增加了心血管疾病患者发生呼吸道感染的机会,加重心脏负担,严重时可导致心力衰竭。中外研究均表明,随着空气中沙尘颗粒的增多,原来患心血管疾病的入院率有明显的增高,并与每日心血管疾病病死率和总死亡率有关。小于 10 μm 的沙尘颗粒每升高 10 $\mu g/m^3$,心血管疾病人死亡率升高 1.4%。

沙尘天气可使人产生刺激症状和过敏反应。大气污染物中有 60%～90%的有害物质吸附于直径小于 10 μm 的可吸入颗粒物上,一些具有潜在毒性的元素,如 Pb、Ca、Ni、Mn 等,能在直径小于 2 μm 的细颗粒物上高度蓄积,一些粒子具有刺激性,可使人产生流鼻涕、流泪、咳嗽、咳痰等刺激症状。同时,沙尘天气可把过敏源从遥远的地方传到本地,就可能引起一些人发生哮喘、过敏性鼻炎和过敏性皮肤瘙痒症等变态反应和其他过敏性疾病。

沙尘天气对人的心理健康产生负面影响。当沙尘天气出现时,空气及沙尘的冲撞摩擦噪音,会使人们心里感到不适,特别是大风音频过低,直接影响人体的神经系统,使人头痛、恶心和烦躁;其次,猛烈的大风、沙尘常使空气中的负氧离子浓度严重降低,让人感到神经紧张和疲劳;另外,沙尘天气时,能见度较低,使人的视野受到限制,并且空气污浊,使人普遍感到胸闷憋气,呼吸困难,还常会产生压抑、烦躁、紧张、恐慌等心理疾患。

3. 严寒对人体健康的影响

严寒天气指 0℃以下或者是下雪结冰时人体感到不适的天气状况。当温度低于平常、风速增大时，热量迅速从人体散失，可以导致冻伤、低温症等健康问题。因为结冰，可以使由道路损坏而造成的伤害增多，如跌伤和车祸导致的外伤等；不正确使用取暖工具或汽车取暖不正确，导致一氧化碳中毒增多、火灾发生增多等。

低温严寒对人体有直接影响，引起多种疾病，低温严寒可引起冻僵及冻伤。当外界气温降低，人体产热少于散热，则出现人体产热及散热机制失衡，如果此时缺乏足够保暖条件，时间过久就会使机体受到损伤。低温环境下心脑血管疾病发作概率增大。环境温度的骤变能加重心血管病患者的病情并增加死亡率。低温还能引起其他疾病。当气温下降时，关节活动阻力增大，同时润滑关节的液体的黏度也增加，进一步影响了关节的活动能力。如果体温调节功能不佳，关节温度的恢复则更加延迟，就会造成关节功能疾病。另外，在寒冷的天气下，皮质素及甲状腺素释放增多，从而促进新陈代谢，但同时也抑制促性激素活动。

4. 大雾对人体健康的影响

雾是贴着地面层空气中悬浮着大量水滴或冰晶微滴而使水平能见距离降低到 1 km 以内的天气现象。浓雾不仅对水陆交通有不利影响，而且对工农业生产和人民身体健康也带来严重危害。大雾不利于城市空气中尘埃物的扩散，加重了空气的污染程度，严重损害人们的身体健康。酸雾的形成则与城市空气污染程度有关。其主要污染物是硫酸（盐）及钙、铵，其次是硝酸（盐）、氯及氟的化合物。并且随着城市发展，雾水中离子的总浓度已有明显增高趋势。

5. 空气干燥对人体健康的影响

空气干燥亦即空气湿度低。空气湿度与人体健康以及日常生活都有着密切的联系。在一定温度下，空气中的相对湿度越小，水分蒸发越快。在任何气温条件下，潮湿的空气对人体都是不利的。科学实验表明，在气温日变化大于 3℃、气压日变化大于 10 hPa、相对湿度日变化大于 10%时，关节炎的发病率会显著增大。空气过于干燥或潮湿均有利于微生物的繁殖和传播，同时，由于空气干燥，还促使尘土飞扬，物体干裂，生活条件恶化。医学研究证明，在一般情况下，居室相对湿度 45%～65%，温度在 20～25℃时，人的身体、思维处于良好状态，无论工作、休息都可收到较好的效果，这就是健康湿度。而冬季的绝大部分时间，一般供暖温度不低于 16℃，但相对湿度则大大低于健康湿度。气象资料显示，在北方地区的 120 个供暖日中，仅有 2.5 d 室内相对湿度在 45%～65%，其他大部分时间的室内平均相对湿度仅为 15%。环境湿度过低会使人的呼吸系统抵抗力下降，诱发和加重呼吸系统疾病。有研究表明，近年来过敏性皮炎、支气管哮喘、花粉病等过敏性疾病的发病率在世界范围内也呈现快速增长趋势。空气湿度对婴幼儿的健康尤为重要。秋冬季节，医院里急性喉炎的患儿就会明显增多。这些疾病高发是人们自幼年起，长期生活在湿度较低的环境里，导致肌体免疫力下降造成的。也有研究发现，相对湿度变化越大，心血管病患者猝死数也越多。干燥的环境会导致水分过度流失，加速生命的衰老。因此，从某种意义上说，克服干燥就是克服流行病。

二、已采取的适应措施

应对高温的措施。高温天气来临，人们能够有效地采用各种适应措施来大大地减少高温对健康的可能影响。最重要和最有效的措施是健全的公共卫生基础设施，完善的高温天气预警系统和合适的高温天气紧急响应策略。适应和减轻高温天气对人类健康的影响可以在个人、集体或社会不同层次上进行。

应对沙尘的措施。建立与林业、气象等部门的信息沟通渠道，密切关注南疆地区沙尘天气灾情动态，加强信息采集与分析，对沙尘天气可能对公众健康产生的影响及时预警并广为宣传；坚持平战结合，积极做好沙尘天气条件下各类疾病的监测、预报和预防控制工作，随时做好人员、技术、物资和设备的应急储备工作，提高应对沙尘天气的能力，最大限度地保护人民群众的生命和财产安全。

应对低温严寒的措施。入冬前做好防寒取暖工作，提高居室温度，经常通风换气，保持室内空气清新。其次，积极开展耐寒锻炼，坚持用冷水洗手洗脸及冲洗鼻腔，建立冷适应。还应该及时收听天气预报，根据天气变化增减衣物。

应对大雾的措施。首先要躲雾，雾天尽量不要出门行走，更不要早起锻炼，否则会造成呼吸加深、加快，从而更多地吸收雾中的有害物质。非出门行走不可的，最好戴上口罩，防止毒雾由鼻、口侵入肺部。外出归来，应立即清洗面部及裸露的肌肤。同时，要注意调节情绪，避免伤害身体。

应对空气湿度变化的影响。在夏季阴雨天或大雾天要少开窗户，避免使室内湿度过大；而当雨过天晴、气温升高后，则要注意通风采光，使居室湿度保持在适宜范围。冬季室内取暖时，最好使用有加湿功能的增温设备，倘若没有，也可以自行加湿，比如，在室内地上洒水，以提高湿度，以便充分地为健康服务。

三、未来可能的影响和适应措施

未来气候变化及其引起的极端天气气候事件的增多对人体健康具有重要的影响，且负面影响较大，气温的升高，降水量的增多，导致空气湿度加大，有可能导致病原性传染性疾病的传播和复苏，极端高温频率和强度的增大，导致相关疾病发病率与死亡率增大。

加强气候变化背景下对人体健康影响研究，推进卫生、气象等多部门跨领域的合作。开展流行病、传染病的气候风险评估和气候区划；开展极端天气气候事件对人体健康的影响机理研究。建立和完善气候变化对人体健康影响的监测、预警。在自然环境较恶劣的区域强化综合应对措施，特别是针对南疆的沙尘天气、吐鲁番地区的高温等极端天气气候事件，实施相应的预防控制技术，为社会提供准确、及时、权威的疾病监控、评估、预警。降低因气候变化导致的对人类健康的危害。

人类进化及文明的发展过程都与气候的变化和天气的变化有关，不管世界物质文明发展到何种程度，人类总是不能脱离赖以生存的土地、大气、水及动植物环境，人体与外界环境相互联系、相互作用，外界环境作用于人体，不是简单地改变它的一般性的表面式的状态，而是在人的机体内引起各种复杂的反应来最大限度地达到体内外的平衡和适应。

第二节　人居环境

人居环境是人类工作劳动、生活居住、休息游乐和社会交往的空间场所，是与人类生存活动密切相关的地表空间。包括自然、人群、社会、居住、支撑五大系统。气候变化对人居环境的影响既有直接的，也有间接的，有局地的，也有区域的，有的影响甚至是突变性和灾难性的。气候变化通过引起极端天气气候事件导致自然环境变化，影响社会经济系统进而影响人居环境。

人类居住环境目前正面临包括水和能源短缺、垃圾处理和交通等环境问题的困扰，这些问题可能因高温、多雨而加剧。面临气候变化时，居民收入大部分来源于受气候支配的初级资源产业，如农业、林业和渔业的经济单一居住区，这些地区比经济多样化的居住区更脆弱。

一、对人居环境已有的影响

水资源日益短缺。水是人居之本，生命之源。人们在选择定居地的时候，水资源作为不可或缺的必要条件，从来都倍受关注。无论是城市、社区、还是乡镇，良好的水资源环境是城乡人居建设与发展的基本需求。随着社会的进步和人们生活水平的不断提高，居住区的水环境和水资源已逐渐成为人们选择居所的优选条件，今天的城乡建设和房地产开发都已开始重视水资源的开发和利用。气候变化导致气温升高，降水分布不均，引起城市乡村的生活和生产用水日益短缺，应该快速发展生态化城市和生态化人居，并把水资源的合理利用列入生态化建设的重要位置。

能源消耗的增长。气候变化对城市生活能源消耗的影响主要表现在随着气温升高，极端天气事件频繁发生，引起用于降温、取暖、和空气净化等提高舒适度的城市生活能源消耗明显增多。夏季的极端高温天气导致城市用电量激增，冬季严寒天气持续导致城市加强供暖强度和延长供暖时间。

医疗保健支出的增长。城市热岛效应在气候变化的背景下进一步加强，可能导致传染性疾病流行范围的扩大和转移。气候变化的影响导致气温变化剧烈，城市流行性感冒爆发的强度和频次逐年增高。沙尘天气发生时大气可吸入颗粒物(PM_{10})含量显著增大，对大气环境和人类健康带来极大危害，可引起急性和慢性支气管炎、哮喘、肺炎甚至肺癌等呼吸道疾病，对易感人群(老人及儿童)伤害更大。因此，医疗保健的支出也会增加。

旅游行业的影响。气候变化对新疆的旅游行业也有较大的影响，新疆旅游资源主要以自然风光为主，地域分布广，气候特征变化明显，早晚温差较大(10～15℃)，因新疆地域辽阔，交通行程较长，新疆气温虽较内地略低，但因新疆很多地区海拔较高，紫外线照射强烈，所以气候的波动、天气的变化对新疆旅游产品具有明显的影响，这不利于新疆旅游的经济效益和社会效益。

二、已采取的适应措施

新疆维吾尔自治区建设领域的节能减排工作，以科技为先导，以环境保护为重点，以节能降耗为目标，实行引进高新技术与自主研发节能环保项目、产品相结合，在建筑、供热、供排水、市容环卫等行业取得了阶段性成果。成立了节能减排、科技研发、供热体制改革等领导小组和专家小组，部署和研究节能减排科技攻关项目。新疆维吾尔自治区建筑行业引进和推广节能新技术、新工艺、新产品和新材料100余项，先后实施节能达65％以上的示范工程11项，地源热泵技术工程9项，太阳能技术工程3项，污水源供热、太阳能照明等新技术应用项目1项。其中8项被列为国家级示范项目，6项已通过建设部验收。在对先进技术引进吸收的基础上，新疆维吾尔自治区组织实施了建筑节能环保项目的研究与开发。

三、未来可能的影响与适应措施

随着气候变化日益加剧，旅游业是气候变化影响下的敏感和脆弱的产业之一，科学分析气候变化对旅游业的各种影响，提出旅游业应对气候变化的对策措施，有助于促进旅游业的可持续发展。从旅游资源、旅游市场格局与游客行为、旅游产品、旅游服务体系、旅游效益等方面分析气候变化对新疆旅游业的影响，适应措施应提高旅游场所和设施的安全度，建立旅游安全应急救援机制。

水资源和城市能源消耗问题随着气候的变化也将逐渐敏感和激烈化，大力开展城市节水和节能的政策宣传工作，普及节水节能材料及设备的应用，加大城市居民节能减排的宣传工作，可以进一步提升城市应对气候变化的适应能力。

加快城市绿色生态系统的建设和规划，逐步改善恶劣环境对城市环境的影响，创造绿色健康的人居环境，同时需加强公共卫生及人体保健等健康知识的宣传，用以减少气候变化对城市居民健康不利的影响。

小结

随着气候变化的加剧，气候变化对新疆人体健康的影响主要表现在高温、沙尘天气、严寒天气、大雾天气以及空气干燥等方面。同时，人类居住环境目前正面临的包括水和能源短缺、垃圾处理和交通等环境问题也可能因气候变化所引起的高温、多雨而加剧。因此，我们需加强气候变化背景下对人体健康影响研究，推进卫生、气象等多部门跨领域的合作；建立和完善气候变化对人体健康影响的监测、预警；大力开展城市节水和节能的政策宣传工作；加快城市绿色生态系统的建设和规划，改善恶劣环境对城市环境的影响。

参考文献

崔智慧,黄跃青.2010.极端温度事件对人体健康的影响及对策.大众科技,**6**:116-117.

李耀辉.2004.近年来我国沙尘暴研究的新进展.中国沙漠,**24**(5):616-622.

宋健侃.2003.浅析沙尘天气对和田市大气污染的影响及对策.干旱环境监测,**17**(4):227-229.

吴荣军,郑有飞,刘建军等.2010.长江三角洲主要城市高温灾害的趋势分析.自然灾害学报,**19**(5):56-63.

杨德保,尚可政,王式功.2005.沙尘暴.北京:气象出版社.

新疆维吾尔自治区气象局.2012.新疆区域气候变化评估报告.北京:中国统计出版社.

塔里木河流域气候变化适应性措施的综合评估

陈亚宁，黄湘，杨玉海，陈忠升（中国科学院新疆生态与地理研究所）

引言

气候变化是人类发展进程中出现的问题，既受自然因素影响，也受人类活动影响，既是环境问题，更是发展问题，同各国、各地区的发展阶段、生活方式、人口规模、资源禀赋以及国际产业分工等因素密切相关。当前，以气候变化为主题的全球变化已引起各国政府、国际组织和科学界的广泛关注与高度重视。IPCC 的几次评估报告，更是体现了气候变化对自然与人类环境带来的巨大影响（IPCC，2007）。在气候变化背景下，如何采取更广泛和有效的应对策略以降低气候变化产生的负面影响，毫无疑问成为人类社会可持续发展的研究主题和热点领域。归根到底，应对气候变化问题应该也只能在发展过程中推进，应该也只能靠共同发展来解决。

对于广大发展中国家来说，减缓全球气候变化是一项长期、艰巨的挑战，而适应气候变化则是一项现实、紧迫的任务。气候变化适应性措施的评估研究，可以帮助政策制定和决策者深入了解各种适应对策、分辨不同选择的潜在影响，分析这些适应对策或政策和选择的相对利弊得失，从而选择有助于减小气候变化影响危害、提高适应能力的战略政策，为有关政策和战略制定提供科学基础（殷永元等，2004；张乾红，2008）。

第一节　气候变化的适应性及评估方法

一、现状及趋势

气候变化及其引起的干旱、暴雨、洪灾等极端气候事件的增多正在改变人类生存环境，其速度已经超出了自然适应能力所及的范围，采取适当的措施来应对这些变化已势在必行。应对气候变化包括两个方面的内容：一是减缓气候变化，二是适应气候变化。但是，人们长期以来仅对“减缓气候变化”高度关注，而对另一重要方面“适应气候变化”却重视不够。直到2007年12月联合国气候变化大会通过的《巴厘岛行动计划》，才将“适应气候变化”与“减缓气候变化”置于同等重要的位置。自早期IPCC评价报告以来，在生物和自然系统对气候变化响应方面取得了一些进展，然而由于在多数情况下难以区分人为活动引起的影响和自然变化造成的影响，因此评估适应成本/效益具有一定难度。需要进一步研究来加强未来评估能力和减少不确定性，确保政策制定者可以获得足够的信息以响应气候变化可能的后果。为此，以下几方面研究需得到优先重视：

(1)气候变化下人类和自然系统敏感程度、适应能力和脆弱性的定量评估，重点是在气候变异的范围、变化频率和极端气候事件的严重程度方面。

(2)评估对预计的气候变化和其他触发因素引起的突变的阈值范围。

(3)理解生态系统在全球、地区和更小尺度上对包括气候变化在内的多重胁迫的动力响应。

(4)研究各种适应对策，估计各种适应办法的有效性和成本，确定不同地区、不同国家和不同人群中可能的适应方法和困难的差异的方法。

(5)评估预计的气候各种变化的潜在影响，特别是对非市场条件下对物品和服务影响的计算，以矩阵方式计算和对待不确定性的一致性，因素包括但只限于受影响的人口、土地面积影响、濒危物种数量和影响货币价值、关于不同稳定水平和其他政策情景的影响。

(6)综合评价，包括风险评价，以对自然和人类系统及不同政策结果的相互作用进行估计。

(7)改善长期监测，理解气候变化和其他胁迫对人类和自然系统影响的系统和方法；需要多维知识和学科领域的联合。

专　栏

适应性：就是指面对现实或预期的气候变化带来的冲击而形成的生态的、社会的或经济的响应和调整。通过在过程、实践和结构上的变化从而削弱气候变化的潜在不利影响或从中受益。气候变化适应性就是对气候变化影响的应对策略。Kasperson等(2005)把调整和适应性进行了区分,认为调整是系统对干扰或压力的响应,而没有根本改变系统本身,是短期的、相对较小的系统修正;适应性是系统对干扰或压力的响应,改变了系统本身,有时使系统状态发生了改变。适应性在气候变化中之所以重要是因为两个原因:一是,它直接涉及影响和脆弱性的评估;二是,它涉及响应措施的发展与演化。

从不同的角度可以将适应性划分为不同的类型。其中比较重要的是根据适应发生的时间,适应的主体分为预期性适应和反应性适应,私人适应和公共适应。自然界对气候变化的适应就是一种反应性适应,农民根据气候状况改变作物种植是私人适应。由于适应气候变化近几年才引起社会的注意,中国对气候变化的适应都是反应性适应、私人适应。这是自然系统和人为系统对气候变化的影响的一种本能的反应。构建自然系统适应性法律制度的目的就是通过对人的行为的调整,使自然系统能够做到预期性适应、公共适应。

适应性的主体是自然系统和人为系统。自然系统对气候变化的适应是自然的一种本能,也是按照自然规律进行的,因此不属于本文研究的范畴。而人为系统则可以从多个角度来分析,例如是个人或团体的适应还是地区或国家的适应,还是从全球的角度采取的适应措施。对主体的定位不同,导致系统范围的大小,也决定了所采取的适应措施也是不同的。例如:农民可以通过改变种植的作物来适应气候变化,从地区或国家的角度,适应措施是改变更低的数量或耕作计划,而如果从全球看,则可能需要改变食品的贸易策略。本文则选择从流域的角度对适应气候变化的措施进行讨论。

适应性从内容上看包括适应能力建设即增加个人、团体和组织应对气候变化的能力,也包括执行适应性措施的决定,如将适应能力转化为行动。适应的这两个方面在为气候变化产生的不利影响做准备以及应对这种不利影响时得到执行。因此,适应是一个包括行动、决策和态度在内的持续不断的过程,反映了现存的社会规范和决策程序。适应依赖于相关系统的两个特征:敏感性和脆弱性。敏感性是指系统受与气候有关的刺激因素影响的程度,包括不利和有利影响。影响也许是直接的(如作物产量响应平均温度、温度范围或温度变率)或间接的(如由于海平面升高,沿海地区洪水频率增大引起的危害)。例如:与小麦相比,玉米对气候变化比较敏感,因为玉米更容易受干旱和高温的影响,不容易适应空气中不断上升的二氧化碳。脆弱性是一个综合性概念,指的是系统易受或没有能力对付气候变化,包括气候变率和极端气候事件不利影响的程度。脆弱性是一个系统所面对的气候变率特征、变化幅度和变化速率以及系统的敏感性和适应能力的函数。既包括自然系统对气候变化影响的脆弱性和人为系统应对气候变化的脆弱性。IPCC在第三次评估报告中定义脆弱性为"一个系统在面对气候变化,包括气候变异及极端气候发生时，受影响或未能处理的程度”。Adger 等(2004)则认为一个系统、社区或个体对一个威胁的脆弱性与它受此威胁伤害的程度有关。因此，脆弱性又可以定义为：一个特定的系统、子系统或系统的组成部分由于暴露在灾害、压力或扰动下而可能经历的伤害(Tuner, *et al.*, 2003)。

适应能力：是指一个系统能修正或改变其特质或行为，使之在面对现实或预期的外部压力时能有更好的处理能力，并通过适应能力的实现从而降低社会脆弱性的过程，这一过程也可被称为一种适应。按照不同的方式，可以划分许多适应性形式和层次。包括：按时机(预期的、现时的)、意图(自动的、规划的)、空间尺度(地方的、广域的)、形式(技术的、行为的、金融的、经济的、制度的、信息的)进行划分等(Smit, *et al.*, 2000; Smit,Skinner,2002)，使原始系统按照调整程度来区分适应性成为可能(Risbey, *et al.*, 1999)。

一般而言，适应能力概念的内涵要比响应能力更广泛。Adger 等(2006)、Smit 和 Wandel(2006)都将系统的应对能力或响应能力称为适应能力。而 Turner 等(2003)将响应能力与适应能力区别开来认为两者都是系统恢复力的组成部分，把适应性作为系统响应后重建的表现；根据 Smit 和 Wandel(2006)的解释，一些学者应用“应对能力”表示短期能力或仅仅是生存能力，采用“适应能力”表示长期的、持续的调整能力(Gallopin, 2006)；IPCC (2001)则同化了两者的概念。

二、适应性评估方法

1. 指标体系分析法

1)指标体系的构建

适应性是系统调整和减缓由于受到外界条件变化可能造成的损害或充分利用可能产生机会的本领或能力。而生态环境是指以人类为主体，其他生命物体和非生命物质被视为环境要素(如地形、气候、土壤、植被等)所组成的综合体。

生态环境对气候变化的适应性评价，需要建立在基于自然因子和人文因子综合考虑的基础上。自然因素主要包括水分条件、热量条件、水热关系、地表植被覆盖状况，地形因素中主要考虑坡度对地表物质稳定性有重要影响，不同坡度下的坡面物质运动对外力作用响应的强弱不同。人为因素包括复原力、可靠性、财政资源、GDP、技术发展水平、科学因素、内部调节机制以及存在的灾害应对系统等。通过遵循主导因素原则、科学性与实践性相结合的原则，从研究区域各地区生态环境和社会经济的现实状况，选择敏感性较强的因子，对生态的敏感性及恢复力进行分析，同时考虑容易获取定量数据，综合反映特定时空区域上的生态环境对外界干扰的适应性的程度，经过筛选，建立评价指标体系。

2)指标权重赋值

权重能够反映各评价因子对区域生态环境对气候变化适应性作用的强弱，突出主要因子对评价结果的影响。将收集的指标数据进行标准化预处理后，采用专家评分和主成分分析等方法确定权重。

3）适应性计算

根据所选指标及指标权重，计算生态环境对气候变化的适应性大小的评价系数（Y），公式如下：

$$Y = \sum P_i \cdot W_i \tag{7-1}$$

式中，P_i 为第 i 个指标经无量纲化处理后的数据，W_i 为第 i 个指标的权重。

采用上述方法计算不同区域生态环境对气候变化的适应性强弱。

2. 敏感性分析法

以径流对气候变化的敏感性为例探讨径流对气候变化的适应性。

1）径流变化敏感性的定义

径流对气候变化的敏感性是指流域的径流对假定的气候变化情景响应的程度。

假定的气候变化情景由给定的降水变化（如：0，±10%，±20%……）和气温升高（如：0℃，1℃……）组合而成。径流等水文要素对不同气候情景的响应以下式表示：

$$\Delta W_{\Delta P,\Delta T} = (W_{P+\Delta P,T+\Delta T} - W_{P,T})/W_{P,T} \times 100\%$$

式中，$W_{P,T}$ 为现状径流量，$W_{P+\Delta P,T+\Delta T}$ 为降水变化 ΔP 同时气温变化 ΔT 情景下的径流量，$\Delta W_{\Delta P,\Delta T}$ 为径流量在降水变化 ΔP 同时气温变化 ΔT 情况下的变化率。

在敏感性研究中，假定气候变化情景不改变历史气候的时空分布，且未来将重现降水、气温和蒸发缩放后的序列。在相同的气候变化情景下，响应的程度愈大，水文要素愈敏感；反之则不敏感。敏感性研究可提供气候变化影响的重要信息，对于揭示不同流域水文要素响应气候变化的机理和差异有一定的作用。径流敏感性的分析可以确定影响径流变化的主要因素和次要因素。

2）径流响应模型

当河源区径流与降水、气温之间存在比较密切的关系时，可通过建立统计方程近似地去模拟原型。可采用幂函数连乘的形式来描述各分区径流深 R（mm）与流域平均降水量 P（mm）和平均气温（℃）的关系，即

$$R(P,T) = e^k \cdot P^\alpha \cdot T^\beta \tag{7-2}$$

式中，P、T、R 分别为年平均降水量、年平均气温和年平均径流量；k、α、β 为回归系数。该模型体现了气候变化与水资源系统的非线性关系，具有一定的物理意义。

根据河流近 50 a 来的年平均气温、年平均降水量和年平均径流深的数据，利用统计软件，就可以求出 k、α、β，便可获得各分区径流深对气候变化的响应模型。

3）气候变化情景

据 2007 年 2 月 IPCC 发布的第四次气候变化科学评估报告及 2006 年 1 月中国气象局发布的首份全球气候变化及其影响的国家评估报告，预估未来气候将持续变暖，到 2020 年中国年平均气温将升高 1.3～2.1℃，2030 年升高 1.5～2.8℃，2050 年升高 2.3～3.3℃。预计到 2020 年，全国平均年降水量将增大 2%～3%，到 2050 年可能增大

5%～7%。基于上述报告中全球与中国的气候变化趋势，以乌鲁木齐河和开都河为例，假定乌鲁木齐河山区未来可能出现的气候情景方案分别为：降水变化为0、±5%、±10%，同时气温变化为0、+0.5℃、+1.0℃、+1.5℃、+2.0℃、+2.5℃；开都河未来可能出现的气候情景方案分别为：降水变化为0、±5%、±10%，同时气温变化为0、+0.5℃、+1.0℃、+1.5℃。根据径流对气候变化的响应模型及假定的气候变化情景，可得到各分区径流对气候变化的敏感性分析结果。

3. 协整检验法

协整理论是2003年诺贝尔经济学奖得主Granger于1987年提出的，用于描述两个时间序列之间长期均衡的同变关系。该理论使多变量时间序列建模过程不再受"变量是平稳的"必要条件限制，显著提高了预测精度，扩展了应用领域。对互动变化方向不同的复杂情景，协整检验也可以很好地鉴别出来。由于协整检验本身并不能给出两个时间变量之间的共变方向，将相关系数和协整关系结合起来分析生态系统和气候变化的整体互动关系。同时运用协整检验判断生态系统和气候因子之间是否能够建立趋势模型来说明气候趋势变化对生态系统变化的可能影响。协整检验的过程如下。

首先，利用自变量序列为$\{x_1\}$，…，$\{x_k\}$响应变量序列$\{y_t\}$构造回归模型：

$$y_t = \beta_0 + \sum_{i=1}^{k} \beta_i x_{it} + \varepsilon_t \tag{7-3}$$

式中，$\beta_0 \cdots \beta_i$为回归系数，ε_t是回归模型的残差。

然后，利用单位根检验对回归模型残差序列平稳性进行检验，如果回归残差序列$\{\varepsilon_t\}$平稳，则响应变量序列$\{y_t\}$与自变量序列为$\{x_1\}$，…，$\{x_k\}$存在协整关系。通过了协整检验的两对时间序列变量就可以建立动态回归方程。未通过协整检验的地区，属于相关气候波动指标对生态系统波动的影响未达到显著性水平的地区。

4. 气候适生性指数计算法

从气候角度对不同生态系统的气候适生性进行综合评价，以期为合理利用气候资源提供参考依据。气候综合评价采用模糊数学隶属函数的数学模型进行。设有n种生态环境类型，每种生态环境有m个气候指标($m=1,\cdots,j$)，N_{ij}和W_{ij}分别表示第i种生态环境第j个气候要素的隶属度值和权重系数，其中$0.1 \leqslant N_{ij} \leqslant 1$，$0 \leqslant W_{ij} \leqslant 1$且满足$\sum_{j=1}^{m} W_{ij} = 1$，则各个生态环境的气候适生性指数(Climate feasibility index，CFI)可表示$CFI_i = \sum_{j=1}^{m} N_{ij} \cdot W_{ij}$。采用主成分分析法确定各参评指标的权重。采用多维空间相似距离来度量各地间的气候相似程度，相似距离越小，相似程度越高，反之相似程度越低。相似距离根据欧式距离系数公式进行计算

$$d_{ij} = \sqrt{\sum (X'_{ik} - X'_{jk})^2 / m} \tag{7-4}$$

式中，d_{ij}为两地间的相似距离；X'_{ik}和X'_{jk}分别为i点和j点k要素标准化处理后的数值；m为气候要素的个数，即空间维数。

第二节　气候变化的主要适应性措施及效果评估

研究表明，当前塔里木河流域正经历一次向暖湿化转变为主要特征的显著变化（陈亚宁，2010）。气温升高和降雨增多引起了一系列气候和环境问题，对农业、水资源、自然生态系统（冰川、绿洲和荒漠河岸林等）、人类健康和社会经济等产生重大影响，甚至给社会发展带来灾难性后果，已经成为塔里木河流域社会-经济-生态复合系统可持续发展面临的最严峻挑战之一。

适应就是自然或人类系统对新的或变化的环境的调整。对气候变化的适应，就是自然或人类系统为应对现实的或预期的气候刺激或其影响而做出的调整，这种调整能够减轻损害或开发有利的机会。各种不同的适应形式包括预防性适应和应对性适应，个体性适应和集体性适应以及自发性适应和计划性适应。水资源是塔里木河流域社会经济发展和生态环境建设最主要的制约因素，必须从战略高度来认识塔里木河流域水资源短缺问题的严重性。

一、水资源适应性措施

1）加强节水、高效利用

在水资源短缺地区，节水是水资源合理利用的核心。气候变化将加剧内陆河流域水资源的供需矛盾，但是在干旱地区仍然普遍存在用水浪费、水资源利用效率低下等问题。今后应该将重点放在大力发展节水技术，调整产业结构和加强水资源管理上，尤其要通过建立高效节水农业体系，控制灌溉面积增长，控制高耗水量工农业项目来抑制用水量的高速增长，协调好上、下游之间、源流与干流之间的关系，发展高效生态农业，以扭转塔里木河流域水资源面临的严重危机，减轻流域水资源开发过程中生态与经济的矛盾。在洪水期，利用水库、河堤等流域防洪工程体系，采用优化调度等非工程措施将洪水拦蓄应用，实现最大资源化；城市区域则通过工程措施增大雨水利用（孟丽红等，2008）。

2）基于人水和谐原则、防治水旱灾害

在全球变暖的背景下，水文循环过程会加快，极端降水事件和干旱出现的频率会加大。我们应采取人水和谐的措施，坚持“人与自然和谐相处，避免所谓的人定胜天”的原则，要尊重自然、因地制宜，加强研究人与水的协调。我们需要充分协调人与水之间的关系，完善洪、旱的治水思路与减灾的规划，同时要重视防灾、减灾内涵发挥，实现抗灾软件与硬件及非工程性与工程性措施的结合，特别是要加强对突发水旱大灾、水污染暴发应急管理和预警、急救与对各种灾害事先预报，做好预案。为应对水资源缺乏问题，应努力健全旱情监测体系，提高预测与预警能力，坚持开源、节流、治污并举，才能实现流域水资源的良性循环和可持续利用（刘昌明等，2008）。

3）强化需水管理、控制水资源消费

面对气候变化下的水资源供需矛盾，政府在管理上应充分运用经济杠杆节约用水，正确发挥经济杠杆与相应技术经济措施的作用是实现生活节水的关键；建立合理水费是发挥经济杠杆作用的核心，如实行按质论价、按量阶梯水价等。必须采用以市场为导向的水资源管理模式，因为无论是农业节水、工业节水、城市居民节水、还是污水处理都需要投资和管理费用，合理的水价与提高全社会公众节约用水意识是非常重要的。在水资源十分紧缺的地区，实行经济措施是调节水资源供需矛盾促进计划用水、节约用水的重要手段；利用先进的污水处理技术，加大污水处理和中水回用力度，对改善水环境、解决中国水资源短缺问题具有重要的战略意义。流域的洪水也可以通过合理的调度来利用(刘昌明等，2008)。

4)实施流域综合管理，科学规范水土保持工作

通过制定流域和区域水资源规划，明晰初始用水权；确定水资源的宏观控制指标和微观定额指标，明确各地区、各行业、各部门乃至各单位的水资源使用权指标，确定产品生产或服务的科学用水定额；综合运用法律、行政、工程、经济、科技等多种措施，保证用水控制指标的实现；通过调整经济结构和产业结构，建立与区域水资源承载能力相适应的经济结构体系；建设水资源配置和节水工程，建立与水资源优化配置相适应的水利工程体系；特别注意运用经济手段，发挥价格对促进节水的杠杆作用；通过制定规则，建立用水权交易市场，实行用水权有偿转让，引导水资源实现以节水、高效为目标的优化配置。正确处理好城市与农村、防汛与抗旱、发电与灌溉、生产用水与生活用水的关系，建立一套可操作性强、行之有效的水管理体系，供水调度方案和运作机制。加强用水调度与指导，处理好经济社会发展与水资源、水环境承载能力的关系，算清各部门、各行业、各区域的用水指标，制定严密的用水计划，严格按计划供水(水利部应对气候变化研究中心，2008)。

5)完善政策法规，加强水资源综合管理

坚持人与自然和谐相处的治水思路，在加强堤防和控制性工程建设的同时，积极退田还河，采取积极措施予以修复和保护生态严重恶化的河流，改变水资源“取之不尽、用之不竭”的错误观念，从传统的“以需定供”转为“以供定需”，建立国家初始水权分配制度和水权转让制度。健全法律、法规体系的建设和执行，重视全民环保意识的教育，建立现代化的水资源管理体系，强化水资源的统一管理和保护，逐步建立适应气候变化和水资源可持续利用的水行政管理体制，制定和完善有关法律、法规和政策体系。深化水资源管理体制改革，提高机构管理效能，建立现代化的水资源管理体制，强化水资源的统一管理与保护，建立适应气候变化和水资源可持续利用的水行政管理机制，形成建立水权和水市场管理的基本制度，制定和完善有关法律、法规和政策体系，以法管水。

6)增强公众意识与管理水平

公众水资源紧缺意识淡薄，城市居民生活用水铺张浪费现象严重，工业用水重复利用率远低于发达国家平均水平。因此，应该加大宣传和教育，在增强公众意识的同时，也要加强相关部门的责任和管理，运用市场机制，加强法规体系建设，积极探索综合管理的体制与机制，树立水资源有价和有偿使用的理念，完善水资源保护税费政策，建立水资源保护与生态环境保护的长效补偿机制。

二、农业应对气候变化的适应性对策

气候变化对农业环境产生深远的影响。现有的农作物与农业环境的各因素之间的平衡将被迫改变，增加了农业生产的不确定性，在一定程度上威胁农业生产的安全(田涛等，2010)。

1)调整耕作制度

根据气候变化，调整农业结构和布局，避开或减轻不利作用影响，同时，还要重视对有利作用的利用。结合当地具体的气象条件，针对普遍多发的极端气象灾害，制订具体可行的农业生产应急预案降低农业减产的风险，对加大国家粮食储备量将非常重要。

2)提高土壤中有机物含量

土壤中的有机物质可以为土壤保持水分、养分，并可以防止土壤被侵蚀。保证和提高土壤有机物质的含量，是提高粮食产量的重要前提，也是减少农田碳排放与农业面源污染的一项重要手段。

3)改善农业基础设施

面对日益恶化的气候变化，必须提高农业生态系统抵御自然灾害的能力。必须加强建设、改造农业排灌工程设施，扩大灌溉、排水的面积，防止土壤盐碱化。

4)加强农田生产管理

推广灌溉、施肥、病虫防治、耕作制度等新技术；有计划地培育和选用抗旱、抗涝、抗高温、抗低温、抗病虫害等农作物品种，加强对病虫害的监测，加强生物工程防治病虫害技术研究与开发应用，加大抗旱品种、抗旱剂的推广使用力度，提高农业生态系统的适应能力。

第三节　气候变化影响适应性措施案例分析

一、塔里木河流域综合整治工程

1. 工程概况

在过去的50 a里，塔里木河的水资源开发主要是用于农业生产和居民生活，对新疆社会经济的发展起到了重要作用。然而，随着全球气候变化，塔里木河源流区来水量增大的情况下，干流径流量却呈现减少的趋势，水资源利用过程中经济与生态的矛盾也日益突出。这是因为，塔里木河流域是中国重要的水土开发区和以棉花为主的农业基地，也是以灌溉为主的绿洲农业。源流区来水量的增加一定程度上刺激了流域上游的更高强度、更大规模的水资源开发利用，因此导致流域下游321 km河道彻底断流，河流尾闾湖泊——罗布泊和台特玛湖也分别于1970和1972年干涸，地下水位大幅度下降，由地下水维系的天然植被极度退化，自然生态过程发生了显著变化，风蚀沙化加剧，土地荒漠化过程加强，生物多样性严重受损。

随着全球变暖，主要依赖于冰川融水的塔里木河流域将面临更加严峻的问题（王国亚等，2008）。因为冰川作为干旱区的“固体水塔”，一旦失去，则无可替代。总体来看，塔里木河流域的冰川既有退缩的，也有处于前进状态的，其中退缩冰川的数量占量算冰川数量的73.9%，由此可见，冰川退缩占主导趋势，这与区域气候变暖、冰川消融增加的趋势是一致的。前进冰川面积扩大与退缩冰川面积缩小相互抵消后，整个流域的冰川面积仍呈萎缩状态。缩小的冰川面积占量算冰川总面积的4.6%。据文献计算，塔里木河流域在年均冰川面积减少36.1 km^2 时，冰川径流以1.27亿 m^3 年均速度减少，1963—1999年累计减少冰川径流893.4亿 m^3，如此规模的冰川径流减少对于水资源极为短缺的塔里木河流域带来的影响是不言而喻的（刘时银等，2006）。

专 栏

塔里木河流域生态环境综合整治工程

2001年国务院计划投资107.39亿元对日益恶化的塔里木河流域生态环境进行综合治理。通过实施灌区节水改造、平原水库节水改造、地下水开发利用、塔里木河干流河道治理、博斯腾湖输水系统工程、塔里木河干流生态保护建设、山区控制性水利枢纽、流域水资源统一调度及管理工程、前期工作及科学研究等九大措施，485项单项工程建设对塔里木河流域生态环境进行综合整治。经过多年治理，塔里木河干流整治工程、博斯腾湖东泵站、下坂地水利枢纽等重点工程已相继建成。同时完成了11次向塔里木河下游“绿色走廊”的应急输水任务，塔里木河下游300多千米河道两岸的植被恢复了生机，初步扭转了生态恶化的趋势，流域内生产、生活条件得到了极大改善，初步实现了塔里木河流域近期综合治理的目标。

2. 适应性措施与成效

塔里木河流域地处中国西北干旱区，流域对气候变化的适应性措施以水资源管理为主线进行。

1)塔里木河流域综合科学考察

为了解决塔里木河流域源流区来水量多，干流区径流量少的问题，解决塔里木河流域生态与经济发展的尖锐矛盾，首先要摸清塔里木河流域农业生态资源的家底，实时掌握全球气候变化背景下塔里木河流域自然资源、生态环境和社会经济发展状况。在国家新一轮西部大开发中，要满足日益增大的农业用水需求，迫切需要构建农业生态资源的实时监测、评估体系，动态评估其潜力前景，摸清塔里木河流域农业生态资源的家底，科学挖掘其潜力，为塔里木河流域农业可持续发展提供可靠的数据支撑和科学依据。

2)进行塔里木河流域综合治理

2001年国务院计划投资107.39亿元对日益恶化的塔里木河流域生态环境进行综合治理。通过实施灌区节水改造、平原水库节水改造、地下水开发利用、塔河干流河道治理、博斯腾湖输水系统工程、塔河干流生态保护建设、山区控制性水利枢纽、流域水资源统一调度及管理工程、前期工作及科学研究等九大措施,485项单项工程建设对塔里木河流域生态环境进行综合整治。2000—2010年共组织实施了10次向塔里木河下游生态输水,自大西海子水库泄洪闸向塔里木河下游输水22.59亿m^3,水头七次到达台特玛湖,结束了塔里木河下游河道近30 a的长期断流的历史,生态环境质量得到很大改善。

3)设置塔里木河地表生态过程对全球变化的区域响应重大专项研究

主要以塔里木河流域极端干旱区为研究对象,重点研究近50 a来全球环境变化及人类活动所产生的环境效应,定量辨识水文环境及生态格局变化过程中的自然与人为活动的作用及叠加效应,解读现代地表过程及其对全球气候变化的响应,分析预测全球环境变化对干旱区水资源的可能影响,重点解决塔里木河流域生态可持续、水资源可持续利用中的科学难点。

4)强化水资源管理与保护

提高公众对生态和水资源的认识,强化水资源管理,加强生态保护意识;塔里木河三源流灌区要大力发展节水灌溉农业,优化和调整种植结构,塔里木河干流区要加强河道治理,提高管控水的能力;控制地下水的开采和对地表水的使用,加强水资源保护,防止水环境污染;协调好水资源开发过程中上游与下游的关系,生产生活用水与生态用水的关系,塔里木河三源流要确保一定数量水输入塔里木河干流,而塔里木河干流要确保一定数量的生态用水输入塔里木河下游(王蓉,2010)。

二、西气东输工程

1. 工程概况

西气东输一线工程于2002年7月正式开工,2004年10月1日全线建成投产。主干线西起新疆塔里木油田轮南油气田,向东经过库尔勒、吐鲁番、鄯善、哈密、柳园、酒泉、张掖、武威、兰州、定西、西安、洛阳、信阳、合肥、南京、常州等大中城市,东西横贯9个省(区、市),全长4200 km。最终到达上海市白鹤镇,是中国自行设计、建设的第一条世界级天然气管道工程,是国务院决策的西部大开发的标志性工程。

西气东输二线工程是中国第一条引进境外天然气资源的大型管道工程,对于优化中国能源消费结构、缓解天然气供应紧张局面、提高天然气管网运营水平、推动物资装备工业自主创新具有十分重大而深远的意义。该工程2009年底干线西段(霍尔果斯—中卫)及中卫—靖边支干线建成投产,2011年6月底干线东段(中卫—广州)及翁源—深圳支干线建成投产,2011年底全线贯通。工程主供气源来自土库曼斯坦,主要目标市场为珠三角、长三角和中南地区。西气东输二线工程西起新疆的霍尔果斯口岸,总体走向为由西向东、由北向南,途经新疆、甘肃、宁夏、陕西、河南、湖北、湖南、江西、广东、广西、浙江、江苏、上海、安徽等14个省(区、市),包括1条主干线和8条支干线,总长度9102 km。主干线全长 4843 km，采用 X80 级管线钢，管径 1219 mm，设计最高压强 12 MPa，设计输气能力 300 亿 m^3/a。管道沿线地质情况复杂多样，经过沙漠、戈壁、盐渍土、黄土冲沟、山区、丘陵、平原、水网等各种地貌。交通运输、施工作业条件艰苦。全线穿越长江、黄河等大型河流 200 余次，穿越天山、江南丘陵等共需设置 70 余座山体隧道。

专栏

西气东输工程：是国家“十五”重点工程之一，是中国西部大开发的标志性工程，它与三峡大坝、南水北调并称为 21 世纪中国“三大建设工程”。它以新疆塔里木为主气源地，以长江三角洲为目标市场。管道西起新疆塔里木轮南，东至上海市西郊白鹤镇，途经新疆、甘肃、宁夏、陕西、山西、河南、安徽、江苏和上海市以及浙江 10 省（区、市）66 个县，全长约 4000 km。穿越戈壁、荒漠、高原、山区、平原、水网等各种地形地貌和多种气候环境，施工难度世界少有。管径 1016 mm，最大供气量 200 亿 m^3/a。2004 年 12 月 1 日，中国最大的整装气田克拉 2 气田向西气东输管道供气，12 月 30 日，西气东输全线实现商业运营供气，2005 年 8 月 3 日，塔里木油田的天然气在供应东部沿海地区的同时，通过陕京二线向首都北京供气。西气东输工程为中国发展清洁能源、调整能源结构、拉动相关行业的发展，对促进中国东西部融合、缩短东西部差距、提升中国整体经济发展水平具有极其重要的意义。西气东输为中国西部地区特别是新疆塔里木盆地的资源优势转化成经济优势，促进新疆经济发展、改善优化沿线各省（区、市）能源结构发挥着巨大作用。

2. 适应性措施与成效

西气东输管道是中国目前距离最长、输气量最大、施工条件最复杂的输气工程，沿线水土流失类型多样，影响因素复杂。项目建设过程中将不可避免地损坏原地貌植被和水土保持设施，管道铺设开挖引起的原有地貌形态变化和原有土地使用功能的变化，将造成人为新增水土流失，影响区域生态环境及人民群众的财产安全；管道施工过程中产生的弃土弃渣要占用土地，影响环境景观，若不及时采取有效的防治措施，容易造成新的人为水土流失，对项目区及周边生态环境造成不良影响，并对管道安全运行构成一定威胁。特别是有近 2/3 的管线，穿过新疆、甘肃、宁夏、陕西等地，这些地区生态极为脆弱，地貌植被一旦遭到破坏，很难恢复，不但会产生严重的水土流失，甚至引发大范围的生态问题，而且会直接威胁管道的安全运行。做好水土保持工作，防治建设过程中的水土流失，对于保护区域生态系统，保证工程安全稳定运行具有重要意义。

为了贯彻落实《中华人民共和国水土保持法》和《开发建设项目水土保持方案管理办法》及有关法律、法规，处理好开发建设项目与环境保护的关系，因地制宜地采取防治措施，使项目责任范围内人为新增的水土流失得到有效控制，对工程进行水土保持监测，旨在规范主体工程设计和施工中的水土保持工作，并提出科学合理的水土保持综合防治措施，预防和治理水土流失，改善生态环境，达到开发建设和生态建设双赢的目的。使工程建设造成的水土流失得到控制和及时治理，达到保护水土资源、维护和改善生态环境、保障管道工程安全运行的目的，确保该输气管道项目的经济效益、社会效益和生态环境效益的同步体现。

三、塔里木沙漠公路工程

1. 塔里木沙漠公路概况

塔里木沙漠公路是修建在中国新疆塔克拉玛干沙漠地带的公路，是目前世界上在流动沙漠中修建的最长的公路。公路于1993年3月动工兴建，截至2007年10月共建成有三条，分别是轮民沙漠公路（轮台至民丰）、阿和沙漠公路（阿拉尔至和田）和塔且沙漠公路（塔中至且末县）。南疆的315国道也有部分路段修建在塔克拉玛干沙漠的南缘沙漠地带。现时网络媒体上所述的塔里木沙漠公路多指“轮民沙漠公路”，此路亦称塔里木沙漠石油公路；而“阿和沙漠公路”多被称为“新沙漠公路”或“第二沙漠公路”；塔且沙漠公路则被作为轮民沙漠公路的支线见诸媒体。

专 栏

塔里木沙漠公路：轮民沙漠公路长522 km，其中沙漠路段长达446 km，是世界上修建于流动沙丘上最长的公路。公路双向二车道，沥青路面，在固沙工程上成绩卓越。公路北起轮台县境内的轮南油田，在油田以南35 km处跨塔里木河向南至民丰县与315国道连接，在新疆维吾尔自治区的公路编号为“S165”省道。该公路是国家“八五”重点科技攻关项目，先后由17个科研单位、180多名专家和技术人员参加了科技攻关，攻克了流动沙漠中修筑上等级公路的一系列世界级难题，项目研究达到了国际领先水平。

阿和沙漠公路：2005年6月开建，2007年11月建成，全长424 km，其中沙漠路段长407 km，是纵贯塔克拉玛干沙漠的第二条公路、217国道的延长线，总投资人民币7.9亿元。公路北起阿克苏地区的阿拉尔市南口镇，终点为和田市玉龙喀什镇，属中国二级公路。从阿克苏至和田，汽车行驶沙漠公路比绕经314、315国道，可缩短一半的行车时间，经济效益巨大。

塔且沙漠公路：西起轮民沙漠公路的塔中，向东南在新疆的且末县与315国道交会，全长156 km，于2002年建成通车。这条公路在新疆维吾尔自治区属省道级别，编号为“S233”。

20世纪70年代末，中国石油开发重点转入塔里木盆地。1984年9月，中国在塔克拉玛干沙漠边缘发现石油，随后在沙漠腹地又勘探出油井。为解决石油运输问题，中国有关部门于1989年11月在库尔勒召开沙漠公路建设可行性专家听证会，1991年5月获得通过。公路于1993年3月开建，次年7月，首条伸向沙漠腹地的219 km线路通车，这就是现今轮民沙漠公路的北段。起初公路由北向南只修到油田集中的沙漠腹地——塔中。1994年9月，中国国务院为顾及南疆的发展，决定将公路进一步向南延伸到南疆的民丰县。1995年9月，延伸路段建成，沙漠公路全线贯通。公路路基幅宽10 m，采用强基薄面、振动干压实等施工手段。路基为风积沙基，沙基上方为土工布并铺上天然沙砾和坚硬碎石，再用沥青混凝土浇碾，最后铺上沥青路面。

2. 适应性措施与成效

塔里木沙漠公路横穿世界上最大的流动性沙漠——塔克拉玛干沙漠，在绿化带建成前经常受到流沙侵蚀路基路面和沙丘压埋公路的影响，许多连接油田基地的沥青路面被强大的流动沙丘所淹没，阻断交通。“轮民沙漠公路”的防沙工程复杂，采用土工布稳固沙基、芦苇方格、芦苇栅栏等防沙工艺，配合滴灌种植和绿化带以强化固沙效果；并以“阻”、“固”、“输”、“导”等多重手段，形成了完整的防沙体系，仅219 km的北段公路就编扎了2000万m^2的芦苇草方格，在方格的外侧还竖有尼龙网；446 km的芦苇排阻沙栅栏分布在公路两翼，宽度为20～100 m，高1.3 m，厚8 cm。防沙栅栏和草方格随沙丘起伏绵延，防沙效果优良。

1994年，科研人员开始进行防沙绿化先导试验，利用地下水造林，并筛选出柽柳、沙拐枣、梭梭等一批适应沙漠环境的造林树种。1999年完成生物防沙试验工程，2001年建成防护林生态示范工程，为实现沙漠公路的全线绿化奠定了基础。2003年7月，总投资2.2亿元的沙漠公路绿化工程开工建设。一条长436 km、宽约72～78 m、横贯被称为“死亡之海”的新疆塔克拉玛干沙漠南北的绿化带于2005年6月全面建成。为保障固沙植被的存活，塔里木沙漠公路绿化工程全线采用滴水灌溉技术，定时浇灌固沙植被，年耗水总量不超过600万m^3；防护林生态工程栽植苗木总量达到1800余万株，林带总面积3000余hm^2。这条绿化带的建成，带动了沙漠公路客流的增长，饭馆、旅社、商铺等纷纷在沿途落户，塔里木盆地的野生动物也开始沿着这条绿色通道迁移和繁殖。

小结

气候变化是当今世界面临的最富有挑战性的问题之一，它已经对地球生态系统和社会经济系统产生了明显而深远的影响。这些影响是全方位的、复杂的，既包括正面影响，同时也包括负面效应。尤其在全球气候变化的背景下，由于气候变化所引起的极端气候事件的强度和发生频率近年来在全球许多地区不断上升，对人类社会经济活动产生了严重危害。为此，全世界不得不去适应气候系统的改变。对气候变化影响的适应措施应该减轻气候变化的负面影响，而且适应措施本身应该是系统的、全面的、公正的和可持续的。但是，适应措施的有效性与适应能力有关，因为这种适应能力不仅体现于个人或机构已有的采取适应措施的能力上，还体现于一系列社会结构和制度安排上，适应能力受到人类系统特征的影响，包括经济财富、社会资本、基础设施、社会制度、科技水平、经验、适应技术、公平性、信息技术等，这些因素会提高或限制一个地区适应气候风险的能力。塔里木河流域作为国家 21 世纪经济社会可持续发展的重要后备资源库，在自然生态环境恶劣的现实背景下，全面把握全球气候变化对自然、社会等方面的影响，准确评估流域应对气候变化的适应措施和适应能力，对未来塔里木河流域应对全球气候变化有重要指导意义。

参考文献

陈亚宁. 2010. 新疆塔里木河流域生态水文问题研究. 北京：科学出版社.

刘昌明. 2004. 黄河流域水循环演变若干问题的研究. 水科学进展，**15**(5)：608-614.

刘昌明，刘小莽，郑红星. 2008. 气候变化对水文水资源影响问题的探讨. 科学对社会的影响，**2**：21-27

刘时银，丁永建，张勇等. 2006. 塔里木河流域冰川变化及其对水资源影响. 地理学报，**61**(5)：482-490.

孟丽红，陈亚宁，李卫红. 2008. 新疆塔里木河流域水资源承载力评价研究. 中国沙漠，**28**(1)：185-190

水利部应对气候变化研究中心. 2008. 气候变化对水影响的适应性对策. 中国水利，**2**：59-61

田涛，陈秀峰. 2010. 气候变化对我国农业环境的影响及对策. 农业环境与发展，**4**：23-25

王国亚，沈永平等. 2008. 1956—2006 年阿克苏河径流变化及其对区域水资源安全的可能影响. 冰川冻土，**30**(4)：562-568.

王蓉. 2010. 应对全球气候变化下中国知识产权和国家创新体系的制度建设. 中国发展，**10**(3)：11-18

吴素芬，韩萍，李燕等. 2003. 塔里木河源流水资源变化趋势预测. 冰川冻土，**25**(6)：708-711.

Adger Neil W, Nick Brooks, Granham Bentham. 2004. New Indicators of Vulnerability and Adaptetive Capacity. No. 7, Tyndall Center Technical Report.

Adger W N. 2006. Vulnerability. *Global Environmental Change*, **16**(3)：268-281.

Gallopin G C. 2006. Linkages between vulnerability, resilience and adaptive capacity. *Global Environmental Change*, **16**(3)：293-303

IPCC. 2001. *Climate Change: Impacts, Adaptation & Vulnerability*. Cambridge: Cambridge University Press, 3-26.

IPCC. 2007. *Climate Change* 2007: *Impacts, Adaptation & Vulnerability*. Contribuion of working group II to the Fourth Assessment Repot of the Intergovernmental Panel on Climate Change. Cambridge, UK and New York, USA: Cambridge University Press.

Kasperson J X, Kasperson R E, Turner B L, *et al*. 2005. Vulnerability to global environmental change//Kasperson J X, Kasperson R E. *Social contours of risk* (*vol. II*). London Earthscan, 245-285.

Risbey J, Kandlikar M, Dow latabadi H, *et al*. 1999. Scale, context and decision making in agricultural adaptation to climate variability and change. *Mitigation and Adaptation Strategies for Global Change*, **4**：137-164.

Smit B, Burton I, Klein R, *et al*. 2000. An anatomy of adaptation to climate change and variability. *Climatic Change*, **45**:223-251.

Smit B, Skinner M. 2002. Adaptation options in agriculture to climate change. *Mitigation and Adaptation Strategies for Global Change*, **7**: 85-114.

Smit B, Wandel J. 2006. Adaptation, adaptive capacity and vulnerability. *Global Environmental Change*, **16**(3): 282-292.

Turner B L, Kasperson R E, Matson P A, *et al*. 2003. A framework for vulnerability analysis in sustainability science. *Proceedings of the National Academy of Sciences of the United States of America*, **100**(14): 8074-8079.

塔里木河流域减缓气候变化的措施

毛炜峄(新疆维吾尔自治区气候中心)
苏布达,翟建青(国家气候中心)

引言

气候系统通过对气温、降水等气候要素对流域内不同行业和领域产生了重大的影响。减缓气候变化是指人类通过削弱温室气体的排放源和(或)增加温室气体的吸收汇从而对气候系统实施的干预。塔里木河流域作为中国典型流域之一,需要在可持续发展的前提下,积极采取减缓对策,控制和减少温室气体的排放。本章主要针对塔里木河流域气候变化的影响特点,介绍了塔里木河流域所在的新疆经济发展水平和结构、温室气体排放现状,提出了适合于塔里木河流域及流域所在的新疆的减缓气候变化的政策建议。

第一节　与气候变化相关的基本情况

一、经济发展水平和结构

新疆是中国实施西部大开发战略的重点地区,是西北的战略屏障,是对外开放的重要门户,是中国战略资源的重要基地(张春贤,2011)。新中国成立半个多世纪特别是改革开放30多年以来,新疆经济社会发展取得举世瞩目成就,国民经济综合实力显著提高,基础设施和基础产业支撑能力不断增强,特色优势产业初具规模,体制机制不断完善。目前，新疆正处于加快推进新型工业化、农牧业现代化和新型城镇化，实现跨越式发展的重要战略机遇期。

2010年，按不变价格计算新疆地区生产总值(GDP)达5418.81亿元，首次突破5000亿元大关，人均生产总值24978元，以当年平均汇率折算，人均3690美元，首次突破人均3000美元大关。全财政收入1190.80亿元，其中地方财政收入693.27亿元，地方财政支出1885.56亿元，其中，住房保障支出90.02亿元，社会保障和就业支出166.40亿元，教育支出313.84亿元，医疗卫生支出103.56亿元。

近年来，新疆着力优化经济结构，工业化进程加快，第三产业在经济发展中的作用突出，批发、零售贸易和餐饮业发展迅速，邮电通信网络快速普及，房地产、金融等新兴行业快速发展。2010年，第一产业增加值1078.61亿元，比上年增长4.5%；第二产业增加值2533.69亿元，增长12.6%；第三产业增加值1806.51亿元，增长10.9%。三次产业之间的比例为19.9∶46.8∶33.3。

自治区坚持把基础设施建设作为事关长远和可持续发展的重要前提，着力加强基础设施建设。根据“绿洲生态、灌溉农业”的特点，建成了以阿克苏克孜尔水库、乌鲁瓦提水库、下坂地枢纽等为代表的一批重大控制性水利枢纽工程，建设了大批干支渠及其防渗工程，优化了水资源配置，实施牧区水源骨干工程、重点防洪工程，中小河流、内陆河治理和病险水库(水闸)除险加固工程，进行大中型灌区续建配套及节水改造，全区的引水量、水库库容和有效灌溉面积迅速增大。

自治区加强重点流域综合治理并已初见成效，投资100多亿元人民币的塔里木河综合治理项目2008年完成，结束了塔里木河下游300多千米河道断流30 a的历史。自治区还积极实施天然林保护、平原绿化、退耕还林、退牧还草、草原建设和管理、荒漠植被恢复、土地整治、矿山地质环境恢复治理、自然保护区建设等生态建设与保护工程。“十一五”期间，全区新增造林面积1540万亩，规模、质量连创历史新高。2010年，全区森林覆盖率由2.94%提高到4.02%。同时，城镇绿化工作也得到了较快发展，全区城市建成区绿化覆盖率增长到34.3%。

截至2010年末，新疆已有国道主干线8条、省道66条、县级公路600多条，通车总里程达到15.3万km，基本形成以乌鲁木齐为中心，以国道干线为主骨架，环绕两大盆地(准噶尔盆地、塔里木盆地)、穿越两大沙漠(古尔班通古特沙漠、塔克拉玛干沙漠)，横贯天山、连接南北疆的干支线公路运输网络。新疆铁路营运里程达4393.3 km。相继建成南疆铁路、北疆铁路以及兰新铁路复线等工程，喀什—和田铁路开通运营，兰新铁路第二双线开建。航空事业发展迅速，已形成以乌鲁木齐为中心，连接中外近80个大中城市和区内12个地州市，拥有120条中外航线的空运网，通航里程达到17.7万多千米，成为中国拥有航站最多、航线最长的省(区)。新疆的管道运输建设快速发展，拥有各类油气输送管道5000多千米，基本形成了北疆、南疆、东疆油气管网的框架，“西气东输”二线新疆段建成通气。以铁路、公路、民航、管道为主的综合交通体系建设不断完善。

邮电通信业快速发展，基本形成程控交换、光纤通信、数字微波、卫星通信、移动通信等完整的现代化通信体系，光缆、数字微波和卫星通信等现代化传输网络已覆盖全疆。2010 年,固定电话用户 547.50 万部,普及率每百人 25.4 部;移动电话用户 1359.80 万部,普及率每百人 62.2 部;互联网用户 161.10 万户。

新疆电网发展连续实现突破性跨越,先后实现 110 kV、220 kV 全疆联网,2010 年 11 月 3 日新疆与西北 750 kV 电网联网,实现了与全国电网联网,结束孤网运行历史。投运了吐鲁番至巴音郭楞 750 kV 输变电工程,从而实现了由分到统、由弱到强、由小到大,建成了以 750 kV 输变网为支撑的世界上最大的 220 kV 区域电网。2010 年,新疆电网最大负荷达到 923.1 万 kW,完成售电量 379.6 亿 kW·h,创历史新高(库热西·买合苏提,2011)。

新疆大力推进现代农牧业发展。2010 年,粮食总产 1171 万 t,创历史新高;棉花总产 248 万 t,棉农收益大幅提升;林果面积 1700 万亩,林果产品总产量 800 万 t;现代畜牧业快速发展,规模养殖水平不断提高。主要农作物良种覆盖率 90%,农业综合机械化率 80%,设施农业面积 100 万亩,新增高效节水面积 380 万亩、绿色食品原料基地 620 万亩、农业标准化生产示范区 62 个。大力发展农产品深加工,成为中国最大的番茄制品加工出口基地,全国最大的甜菜糖和酿酒葡萄生产基地,农副产品新增中国驰名商标、新疆著名商标和新疆品牌产品 88 个。农村生产生活条件继续改善,解决了 120 万农村居民的安全饮水问题,新增 12 万沼气用户(白玉洁,2009;努尔·白克力,2010;2011)。

新疆战略资源丰富,全区已累计探明煤炭资源储量 2312 亿 t,位居全国探明煤炭资源储量的第 3 位,仅次于山西、内蒙古。保有煤炭储量 2295 亿 t。2011 年批准的《新疆维吾尔自治区国民经济和社会发展第十二个五年规划纲要》指出,充分利用资源禀赋,自治区坚持高起点、高标准、高效率推进新型工业化,促进特色优势产业集群化、战略性新兴产业高端化,将资源优势转化为经济优势、发展优势,建设国家大型油气生产和储备基地、国家重要的石油化工基地、大型煤炭煤电煤化工基地、大型风电基地和国家能源资源陆上大通道,建成国家绿色农产品生产和加工出口基地。推进优质棉纱、棉布、棉纺织品和服装加工基地建设,努力实现新疆跨越式发展和长治久安的历史性任务。

二、温室气体排放现状

1. 化石能源燃烧

2010 年,新疆原煤产量 9926.73 万 t,外调总量约 1600 万 t。原油产量 2558.16 万 t,加工量 2190.37 万 t;天然气产量 249.91 亿 m^3。发电量 679.32 亿 kW·h。2010 年新疆万元 GDP 能耗为 1.9263 t 标准煤。

新疆一次能源消费构成中(2009 年),煤炭占 65.9%,石油、天然气分别占 16.9%和 12%,水风电占 5.2%。按照中国国家温室气体清单编制推荐采用的方法,采用 2.493 t 二氧化碳/吨标准煤排放因子,粗略计算得到,新疆 2010 年化石能源燃烧温室气体排放约为 22283.15 万 t 二氧化碳当量。

2. 工业生产过程

2010 年,新疆水泥产量 2400.96 万 t。其中电石渣生产线产能占 20%左右,按照

GB 175—2007 标准，选定普通硅酸盐水泥熟料含量为 90%，推荐的水泥生产过程排放因子——0.538 t 二氧化碳/吨熟料，粗略计算得到新疆水泥生产过程温室气体排放约为 930.03 万 t 二氧化碳当量。

2010 年，新疆石灰产量约 300 万 t，采用中国国家温室气体清单编制所推荐的方法，选定石灰生产过程排放因子为 0.683 t 二氧化碳/吨石灰，粗略计算得到新疆石灰生产过程温室气体排放约为 204.9 万 t 二氧化碳当量。

2010 年，新疆生铁产量 941.12 万 t，粗钢 825.54 万 t，钢材 891.70 万 t。按照每生产 1 t 生铁需消耗石灰约 0.15 t，生产 1 t 钢需消耗 0.17 t 白云岩，采用中国国家温室气体清单编制所推荐的方法和排放因子或基本参数，粗略计算得到新疆钢铁生产过程温室气体排放约为 269.933 万 t 二氧化碳当量。

2010 年，新疆电石产量约 178 万 t，采用中国国家温室气体清单编制所推荐的方法，选定电石生产过程排放因子为 1.154 t 二氧化碳/吨电石，粗略计算得到新疆电石生产过程温室气体排放约为 205.41 万 t 二氧化碳当量。

2010 年，新疆己二酸产量约 7 万 t，采用中国国家温室气体清单编制所推荐的方法，选定己二酸生产过程排放因子为 0.293 t 氧化亚氮/t 己二酸，粗略计算得到新疆己二酸生产过程氧化亚氮排放约为 2.05 万 t，选取折算系数 310 t 二氧化碳/t 氧化亚氮，粗略估计约为 635.5 万 t 二氧化碳当量。

2010 年，新疆化肥厂硝酸铵产量约 7 万 t，采用常压中和法，按每吨消耗 0.8 t 硝酸，则硝酸用量约 5.6 万 t。按照推荐的硝酸生产过程排放因子 11.77 kg 氧化亚氮/吨硝酸，生产过程氧化亚氮排放约为 0.066 万 t，粗略估计约为 20.46 万 t 二氧化碳当量（唐文骞，2007）。

2010 年，新疆原铝（电解铝）产量约 6.6 万 t，采用侧插阳极棒自焙槽技术，按照推荐的铝生产过程排放因子 0.6 kg CF_4/t 铝，0.06 kg C_2F_6/t 铝，生产过程 CF_4 排放约为 40 t，生产过程 C_2F_6 排放约为 4.4 t，以其增温潜势 6500—9200 计算，粗略估计新疆铝生产过程温室气体排放约 28.86～40.85 万 t 二氧化碳当量（单淑秀，2011）。

2010 年，新疆镁产量约 5153 t，按照推荐的镁生产过程排放因子 0.49 kg SF_6/t 镁，生产过程 SF_6 排放约为 2.52 t，以其增温潜势 23900 计算，粗略估计新疆镁生产过程温室气体排放约为 6.03 万 t 二氧化碳当量。

3. 农业

2010 年，新疆水稻种植面积约 100 万亩，按照推荐的西北地区稻田甲烷清单排放因子 231.2 kg/hm^2，粗略计算生产过程甲烷排放约为 1.53 万 t，选取折算系数 21 t 二氧化碳/t 甲烷，粗略估计约为 32.04 万 t 二氧化碳当量。

2010 年，新疆化肥施用量（折纯）167.57 万 t，采用中国国家温室气体清单编制所推荐的方法，选定Ⅰ区农用地氧化亚氮排放因子 5.6 kg 氧化亚氮/吨氮施用量，农用地施用化肥直接排放氧化亚氮 0.94 万 t，粗略估计新疆农用地因施用化肥温室气体直接排放约为 290.90 万 t 二氧化碳当量。

2010 年三季度，新疆牲畜存栏 4584.36 万头（只），其中：猪 180.48 万头，牛 398.65

万头，羊 4005.23 万只。家禽存栏 2840.53 万只。采用中国国家温室气体清单编制所推荐的方法，肠道发酵甲烷排放因子选定牛 99.3 kg CH_4/(头·a)(以高限奶牛放牧饲养)，羊 9.4 kg CH_4/(头·a)(以高限绵羊农户散养)，猪 1 kg CH_4/(头·a)，粗略估计新疆牛、羊、猪动物肠道发酵排放约 77.42 万 t CH_4，约为 1625.83 万 t 二氧化碳当量。

采用中国国家温室气体清单编制所推荐的方法，动物粪便管理甲烷排放因子取上限推荐值：牛 5.93 kg/(头·a)(奶牛)，羊 0.32 kg/(头·a)(山羊)，猪 1.38 kg/(头·a)，家禽 0.01 kg/(只·a)，粗略估计新疆牛、羊、猪和家禽粪便管理甲烷排放约 3.92 万 t CH_4，约为 82.39 万 t 二氧化碳当量。

采用中国国家温室气体清单编制所推荐的方法，动物粪便管理氧化亚氮排放因子取上限推荐值：牛 1.447 kg/(头·a)(奶牛)，羊 0.074 kg/(头·a)，猪 0.195 kg/(头·a)，家禽 0.007 kg/(只·a)，粗略估计新疆牛、羊、猪和家禽粪便管理氧化亚氮排放约 0.6615 万 t，约为 205.07 万 t 二氧化碳当量。

4. 林业碳汇

2010 年末，新疆森林覆盖率为 4.02%，活立木总蓄积量达到 3.39 亿 m^3，总固碳量已达 6.2 亿 t。同时，新疆通过实施退耕还林还草、草原建设和管理、城镇绿化、自然保护区建设等生态建设与保护工程，进一步增强了林业作为温室气体吸收汇的能力。此外，新疆已经发展林果面积 1700 万亩，这部分林木的固碳量还未计入上述林业碳汇总量之中。

5. 固体废弃物和废水处理

城市固体废弃物和生活污水及工业废水处理，可以排放甲烷、二氧化碳和氧化亚氮气体，是温室气体的重要来源。废弃物处理温室气体排放清单包括城市固体废弃物(主要是指城市生活垃圾)填埋处理产生的甲烷排放量，生活污水和工业废水处理产生的甲烷和氧化亚氮排放量，以及固体废弃物焚烧处理产生的二氧化碳排放量。由于，排放的活动水平数据不全，排放因子确定较为复杂，将来需要加强开展固体废弃物和废水处理二氧化碳排放量的计算(新疆维吾尔自治区统计局，2011)。

第二节　应对气候变化的努力与挑战

一、应对气候变化面临的挑战

受诸多因素影响，塔里木河流域经济发展滞后，经济结构不合理，区域发展不平衡，生态环境脆弱，结构性缺水，基础设施建设滞后，气候变化对区域经济社会发展的影响十分显著。在新疆加速推进新型工业化、农牧业现代化、新型城镇化进程中，区域能源消费和温室气体排放呈现刚性快速增长的态势，完成温室气体排放控制目标，实现后发赶超跨越式发展的过程中，应对气候变化工作面临着巨大挑战。

1. 对既定的发展模式提出挑战

从世界经济发展历史来看,人均二氧化碳排放量、商品能源消费量和经济发展水平紧密相关。随着流域新型工业化、新型城镇化进程的加快,能源消费和二氧化碳排放量将呈现快速增长,减缓温室气体排放将对流域以化石能源为主的经济发展模式提出挑战。

2. 对以煤为主的能源结构提出挑战

2009年新疆一次能源消费构成中,煤炭占65.9%。与石油、天然气等燃料相比,单位热量燃煤产生的二氧化碳排放比使用石油、天然气分别高出约36%和61%。由于调整能源结构在一定程度上受到制约,加之提高能源利用效率面临着技术和资金上的较大困难,致使非化石能源占一次能源消费比重和优化能源结构工作面临巨大挑战。

3. 对能源技术创新提出挑战

能源生产和利用技术落后是造成能源效率较低和温室气体排放强度较大的一个主要原因。一方面新疆目前的能源开采、供应与转换、输配技术、工业生产技术和其他能源终端使用技术与全国水平相比有一定差距;另一方面新疆重点行业落后工艺所占比重仍然较高。新疆目前正在进行的大规模能源、交通、建筑等基础设施建设,如果不能及时获得先进的、有益于减缓温室气体排放的技术,这些领域的高排放特征就会在较长一段时期内存在,这对新疆应对气候变化、减少温室气体排放提出了严峻挑战。

4. 对森林资源保护和发展提出挑战

应对气候变化,一方面需要强化对森林和湿地的保护,提高森林适应气候变化的能力,另一方面需要进一步加强植树造林和湿地恢复,大力发展特色林果产业,增加农民经济收入的同时提高森林的碳汇的能力。新疆森林资源总量不足,2010年森林覆盖率仅为4.02%,远低于全国的平均水平,不能满足经济和社会发展需求。随着新型工业化、新型城镇化进程的加快,保护林地、湿地的任务更重,压力更大。新疆生态环境脆弱,干旱、荒漠化、水土流失、湿地退化等现象突出,现有可供植树造林的土地多集中在荒漠化以及自然条件较差的地区,给植树造林和生态恢复带来巨大的挑战。

5. 对农业领域适应气候变化提出挑战

新疆农业领域适应气候变化能力较低,尤其是在合理调整农业生产布局和结构、改善农业生产条件、有效减少病虫害的流行和杂草蔓延、降低生产成本、确保农业生产持续稳定发展等领域面临长期的挑战。同时,在改善畜牧业生产结构,做到牲畜与生态环境的协调发展,控制反刍动物甲烷排放等工作也面临严峻的挑战。

6. 对水资源开发和保护领域适应气候变化提出挑战

水资源开发和保护领域适应气候变化的目标,一是促进水资源持续开发与利用,二是增强水资源系统对气候变化的适应能力。在气候变化情况下,新疆在加强水资源管理、优化水资源配置;加强水利基础设施建设,确保主要河流、重要城市和重点地区的防洪安全;全面推进节水型社会建设,保障人民群众的生活用水,确保经济社会的正常运行;发挥河流功能、切实保护好河流生态系统等水资源开发和保护领域面临长期的挑战。

7. 对防灾、减灾能力建设提出挑战

因气候变化影响,新疆极端气候事件、气象次生衍生灾害如暴雨、山洪、干旱、暴雪等呈现频发加重趋势。政府部门开展灾害预警预报、信息发布、应急响应、抗灾救灾、灾后恢复重建等工作面临更大的困难和压力,对救援队伍建设、救援物资储备调运和救援应急响应等防灾减灾能力提出了重大挑战。

二、节能减排降耗,大力推进新型工业化

新疆坚持把发展循环经济作为促进经济发展方式转变的重要抓手,从化工、钢铁、有色、轻工等重点行业的企业、园区、市(县)三个层面分两批批复实施了36家循环经济试点实施方案,启动了自治区循环经济试点工作。其中,新疆有色工业(集团)稀有金属有限责任公司、中粮新疆屯河股份有限公司、库尔勒经济技术开发区等3家单位纳入国家第二批循环经济试点。在钢铁、有色、煤炭、电力、化工、建材等能源消耗高、污染排放大的行业中,重点实施并推广循环经济模式,实施产业链延伸、补链项目及产业园区的循环化改造,积极争取国家补助资金对循环经济试点项目的支持。循环经济试点项目的实施促进了试点单位的节能减排,提高了资源综合利用水平,循环经济试点工作取得了一定成效。"十一五"期间,自治区共有26个节能、节水、资源综合利用等循环经济试点项目获得国家补助资金2.2亿元,项目实施后,实现年节能量约60万t标准煤,年节水8000万m^3;化学需氧量排放总量上升9.35%,二氧化硫排放总量上升13.33%,两项减排指标均控制在国家允许范围内。

认真执行《中华人民共和国节约能源法》及相关法规,贯彻落实鼓励节能的技术、经济、财税和管理政策,实施能源效率标准与标识,鼓励节能技术的研究、开发、示范与推广,引进和吸收先进节能技术,建立和推行节能新机制,加强节能重点工程建设等政策和措施,有效地促进了节能工作的开展。万元GDP能耗由2005年的2.11 t标准煤,下降到2010年的1.93 t标准煤,累计下降8.9%。

三、发展低碳和可再生能源,改善能源结构

自治区加强了水能、石油、天然气和煤层气的开发与利用,支持在农村、边远地区和条件适宜地区开发利用生物质能、太阳能、地热、风能等新型可再生能源,优质清洁能源比重有所提高。2009年新疆一次能源消费构成中,煤炭占65.9%,石油、天然气分别占16.9%和12%,水风电占5.2%。石油、天然气等低碳能源消费总量增大。

2010年末,自治区水电装机容量达到305万kW,风电装机容量137万kW,其他(生物质发电厂2.4万kW、燃气电厂15.49万kW)17.89万kW,3座共计6万kW太阳能光伏并网电站通过国家特许权招标。水、风、太阳能等可再生能源高速发展。

近年来,通过"气化南疆"工程,南疆地区天然气新用户以每月上千户的规模增长,南疆的上百万各族群众已经用上了低碳清洁且价格优惠的天然气。"砍胡杨、烧胡杨"正在成为历史,在减低碳排放的同时,增加了碳汇。

四、大力开展植树造林，加强生态建设和保护

"十一五"期间，自治区新增造林面积1540万亩，年均增加308万亩，规模、质量连创历史新高。全区森林覆盖率由2.94%提高到目前的4.02%，活立木总蓄积量达到3.39亿m^3，新增碳汇。除植树造林以外，自治区还积极实施天然林保护、退耕还林还草、草原建设和管理、自然保护区建设等生态建设与保护工程，进一步增强了林业作为温室气体吸收汇的能力。与此同时，城镇绿化工作也得到了较快发展，2010年全区城市建成区绿化覆盖率增长到34.3%，对吸收大气二氧化碳起到了一定的作用。

新疆通过实施牧民定居，使全区实现标准定居的牧民达到11.85万户，占牧民总户数的41.3%，实施牧民定居、退牧还草后，一方面加强草原的自我修复能力，提高了吸收大气二氧化碳的能力；另一方面，畜牧业的集中饲养，有利于牲畜及其副产品的统一管理，在一定程度上减少了甲烷及二氧化碳的排放量。从而对改善生态环境应对气候变化起到了积极作用。

五、建立完善工作机制，制定、贯彻应对气候变化相关法律、法规和政策措施

新疆为加强应对气候变化工作的协调与管理，成立了自治区应对气候变化领导小组，印发并颁布实施了《维吾尔自治区应对气候变化实施方案》(2007)。

自治区人民政府成立了循环经济领导小组，全面贯彻落实《循环经济促进法》，促进循环经济尽快形成较大规模，建设资源节约型、环境友好型社会，为发展循环经济、控制温室气体排放、保护生态环境提供了组织保障。

自治区人民政府成立了节能减排工作领导小组，积极开展节能减排督察工作。为推动节能能力及监管能力建设项目，提高新疆能源资源利用效率，充分发挥节能评估的作用，2010年自治区人民政府成立了全社会节能监察局和新疆固定资产投资项目节能评估中心。

进一步强化了一系列与应对气候变化相关的政策措施，落实《能源中长期发展规划纲要(2004—2020)(草案)》、《节能中长期专项规划》和《可再生能源法》，明确了政府、企业和用户在可再生能源开发利用中的责任和义务。2008年，自治区人民政府制定了《新疆维吾尔自治区应对气候变化科技专项行动方案》和《新疆维吾尔自治区节能减排全民行动实施方案》。

2010年，根据《中华人民共和国节约能源法》和《国务院关于加强节能工作的决定》，自治区人民政府制定了《新疆维吾尔自治区固定资产投资项目节能评估和审查管理暂行办法》。这些政策性文件为进一步增强新疆应对气候变化能力提供了政策和法律保障。

六、认真组织CDM项目申报，积极开展项目合作

新疆积极开展企业清洁发展机制(CDM)项目合作，认真组织CDM项目申报，积极开展碳排放权交易，争取国际资金支持，壮大企业发展，引导社会企业向清洁生产转型

起到重要作用。据统计，2005—2011 年，新疆累计获国家发展改革委批准的 CDM 项目有 70 个，预计可减排二氧化碳 3838 万 t(当量)。

第三节　应对气候变化的减缓对策

新疆经济社会发展正处在后发赶超科学跨越的重要历史机遇期和全面建设小康社会的关键时期，按照中央提出的到 2015 年，新疆人均地区生产总值达到全国平均水平，城乡居民收入和人均基本公共服务能力达到西部地区平均水平；到 2020 年，确保实现全面建设小康社会奋斗目标。结合自治区第八次中共党员代表大会提出的加快推进新型工业化、农牧业现代化和新型城镇化进程，新疆应对和适应气候变化工作任务将更为艰巨。因此，必须深入贯彻落实科学发展观，以增强可持续发展能力为目标，积极应对气候变化；以加快转变经济发展方式为主线，建设资源节约型、环境友好型社会；加快完善应对和适应气候变化能力体系建设，增强应对气候变化能力；以科学技术进步为支撑，大力发展循环经济，优化能源结构，实施节能降耗，提高能源效率，推广低碳技术，控制温室气体排放；促进经济社会发展与人口资源环境相协调，走可持续发展之路，以保障实现新疆跨越式发展和长治久安战略任务。

一、确立客观原则，制定合理目标

1. 新疆应对气候变化工作必须确立客观科学的原则

可持续发展的原则。应对气候变化是加快转变经济发展方式，促进经济结构调整的一项重要工作。根据国家总体发展战略，以及 2020 年中国控制温室气体排放行动目标，全面做好应对气候变化各项工作，是不断加强应对气候变化能力建设，推动实施绿色低碳发展，促进新疆经济社会可持续发展的具体体现。

坚持减缓与适应并重的原则。减缓和适应气候变化是应对气候变化工作的两个主要内容，对新疆来说，减缓和适应气候变化不仅是一项长期、艰巨的任务，更是一项现实、紧迫的任务。因此，要继续强化能源节约、结构优化，加快可再生能源开发的政策导向，努力降低温室气体排放强度，并结合固碳增汇、生态保护重点工程以及防灾、减灾等重大基础工程建设，切实提高应对气候变化的能力。

坚持与其他政策相结合的原则。适应气候变化、减缓温室气体排放涉及经济社会的诸多领域，只有将应对气候变化的政策与其他相关政策有机结合起来，才能使这些政策更加有效。因此，要继续把发展循环经济、节约能源、优化能源结构、发展可再生能源、加强生态保护和建设、促进农业综合生产能力的提高等政策措施作为应对气候变化政策的重要组成部分。要将减缓和适应气候变化的政策措施纳入国民经济和社会发展规划中统筹考虑、协调推进。

坚持依靠科技进步和科技创新的原则。科技进步和科技创新是控制温室气体排放、减缓排放强度，提高气候变化适应能力的有效途径。要充分发挥科技进步在减缓和适应气候变化中的先导性与基础性作用，加大气候变化基础研究和科技项目的资金支持力度，大力发展新能源、可再生能源技术、碳减排技术和节能新技术，促进碳捕捉吸收技术和各种适应性技术的发展，加快科技创新和技术引进步伐，为应对气候变化、增强可持续发展能力提供强有力的科技支撑。

坚持政府引导和社会参与相结合的原则。发挥政府在应对气候变化工作中的引导作用，广泛开展宣传教育活动，形成有效的激励机制和良好的舆论氛围；增强企业、社区、家庭、公民的参与度和社会责任感，制定相关政策措施，引导和鼓励社会各界积极主动参与应对气候变化行动。

坚持积极参与与广泛合作的原则。要积极参与国家及有关组织组织的气候变化的相关活动，进一步加强气候变化领域的对口合作、区域合作和国际合作，积极推进清洁发展机制项目。

2. 新疆应对气候变化工作必须制定客观合理的目标任务

应对气候变化总体目标是降低温室气体排放强度取得明显成效，适应气候变化的能力不断增强，气候变化相关的科技与研究水平取得新的进展，公众的气候变化意识得到提高，气候变化领域的机构和体制建设得到进一步加强，建立可测量、可报告、可核查的温室气体排放监督管理体系。

在中短期客观合理地制定具体目标任务：

降低温室气体排放强度。到 2015 年，实现地区单位国内生产总值二氧化碳排放比 2005 年下降 11％，单位能源消耗降低 10％，减缓温室气体排放。

优化能源结构。通过大力发展可再生能源，积极推进水电、风电建设，加快太阳能发电以及煤层气、页岩气开发利用等措施，优化能源消费结构。根据自治区可再生能源开发利用“十二五”规划草案，到 2015 年，力争使可再生能源在能源生产总量中的比重达到 5.0％左右，在能源消费总量中的比重超过 5.0％。

推进节能降耗。坚持以节约能源为先导，形成以常规能源为主、可再生能源为辅的多能互补型能源结构。在城市推广太阳能采暖、空调等与建筑一体化技术，建设太阳能采暖和制冷示范工程，推广地热资源利用技术。

建立温室气体排放监督管理体系。开展温室气体清单的编制与审核，建立可测量、可报告、可核查的温室气体排放监督管理体系，降低温室气体排放强度、排放量。

增加碳汇。继续实施植树造林、退耕还林还草、天然林资源保护、农田基本建设等政策措施和重点工程建设，积极推动防护林、经济林、用材林和薪炭林建设，打造塔里木河流域特色林果产业基地，大力研发推广农林废弃物炭化还田技术。到 2015 年，力争实现森林覆盖率达到 4.5％。

增强适应气候变化能力。通过加强农田基本建设、调整种植制度、选育抗逆品种、开发生物技术等适应性措施，发展节水型高产、优质、高效、生态、安全农业。到 2015 年，农业新增高效节水灌溉面积 1500 万亩以上，农业灌溉水有效利用系数由 0.47 提高到 0.52。

加强科学研究与技术开发。加强气候变化与极端天气气候事件影响的风险评估，编制气候相关灾害的风险区划；加强极端天气气候事件及其次生、衍生灾害的监测、预测和预警，建立气候变化灾害预防管理体系。通过加强自主创新能力，积极参与国际合作与技术转让等措施，到 2015 年，力争在能源开发、节能和清洁能源技术等方面取得进展，农业、林业、畜牧业等适应技术水平得到提高，为有效应对气候变化提供有力的科技支撑。

提高公众意识与管理水平。利用现代信息传播技术，加强气候变化方面的宣传、教育和培训，鼓励公众参与等措施，到 2015 年，力争基本普及气候变化方面的相关知识，提高全社会低碳意识，为有效应对气候变化创造良好的社会氛围。

完善体制机制。通过进一步完善多部门参与的决策协调机制，建立企业、公众广泛参与应对气候变化的行动机制等措施，到 2015 年，建立并形成应对气候变化工作组织机构和管理体系。

二、贯彻科学发展理念、转变经济增长方式

为积极应对气候变化，新疆要贯彻科学发展理念，突出生态文明建设，转变发展理念、创新发展模式，注重环保优先、生态立区，注重保护和建设生态环境，走资源开发可持续、生态环境可持续之路，加大绿色投资，倡导绿色消费，促进绿色增长，实现经济效益与生态效益、环境效益的有机统一。

加快发展方式转变，注重高起点、高水平、高效益，把区域经济发展与资源节约、环境保护、控制温室气体排放有机结合起来。大力调整产业结构和区域布局，根据资源环境的承载能力和发展潜力，按照主体功能区规划分类，确定不同区域的功能定位，促进形成各具特色、优势互补、互利共赢的区域发展格局。

加速推进新型工业化，坚持以信息化带动工业化，以工业化促进信息化，深度拓展和提升优势资源转换战略，不断优化产业结构，走一条科技含量高、经济效益好、资源消耗低、环境污染少、人力资源优势得到充分发挥的新型工业化道路。

大力发展节能环保、新能源等战略性新兴产业，抑制高耗能、高排放行业过快增长，加快淘汰落后产能，推动传统产业改造升级，形成节能减碳的产业体系。加速推进农牧业现代化和新型城镇化进程，大力发展旅游业等现代服务业，力争三次产业发展质量和水平显著提高，产业结构更趋合理。

三、坚持依法推进应对气候变化工作

加快制定、颁布、实施新疆应对气候变化的地方性法律、法规。

贯彻实施国家《煤炭法》《电力法》《节约能源法》《可再生能源法》《农业法》《草原法》《土地管理法》《森林法》《野生动物保护法》《固体废弃物污染环境防治法》和《城市市容和环境卫生管理条例》《气象灾害防御条例》《城市生活垃圾管理办法》《气候可行性论证管理办法》等法律、法规和规章，依法加强对重点用能单位能源利用状况的监督检查，加强对高耗能行业及政府办公建筑和大型公共建筑等公共设施用能情况的监督；加强对产品能效标准、建筑节能设计标准和行业设计规范执行情况的检查。

四、加强组织领导，完善工作机制

自治区应对气候变化领导小组加强研究制定自治区应对气候变化的战略、方针和政策。建立承担碳排放清单编制工作和气候变化影响及低碳评估的专门机构，为地方应对气候变化工作提供咨询、研究、评估、宣传和培训。逐步建立温室气体减排目标责任制和评价考核体系，严格考核，强化问责，加强对相关地区、相关部门的协调，形成一级抓一级，层层抓落实的工作机制。要把节能减排指标完成情况作为政府领导干部综合考核评价和企业负责人业绩考核的重要内容。

建设节能监管评价体系。建立节能目标责任和评价考核制度，开展固定投资项目节能评估与审核制度，实施单位生产总值能耗公报制度，完善节能信息发布制度，加强节能减排技术服务体系建设。建立健全强制淘汰高耗能、落后工艺技术和设备的制度；完善重点耗能产品和新建建筑的市场准入制度。研究制定发展节能省地型建筑和绿色建筑的经济激励政策，实施建筑节能改造和技术推广。制定节能产品优惠政策。

加快推进能源体制改革，进一步优化能源结构。推动可再生能源发展的机制建设，按照政府引导、政策支持和市场推动相结合的原则，建立稳定的财政资金投入机制，通过政府投资、政府特许等措施，培育持续稳定增长的可再生能源市场和改善可再生能源发展的市场环境。继续大力推进“气化新疆”特别是“气化南疆”工程建设。

制定促进低碳交通体系发展的政策，积极发展城市公共交通，实施低碳交通运输体系试点，深入开展低碳交通运输专项行动。引导公众树立节约型汽车消费理念，鼓励使用节能环保型小排量汽车，加快淘汰高油耗车辆；研究鼓励混合动力汽车、纯电动汽车的消费政策，树立“绿色出行”理念。

完善各级政府造林绿化目标管理责任制和部门绿化责任制，进一步探索市场经济条件下全民义务植树的多种形式，推动植树造林工作进一步发展，增加森林资源和林业碳汇。继续促进林果业发展。实施《新疆防沙治沙工程规划(2011—2020)》。

采取多项措施，积极推动低碳城市、低碳产业园区和低碳企业等试点示范建设。加快完善城镇污水处理管网、垃圾处理设施建设相关制度。

五、加强气候变化相关科技工作

贯彻落实《国家中长期科学和技术发展规划纲要》和《新疆维吾尔自治区应对气候变化科技专项行动方案》，加强气候变化领域科技工作的宏观管理和政策引导，健全气候变化相关科技工作的领导和协调机制，完善气候变化相关科技工作在各地区和各部门的整体布局，进一步强化对气候变化相关科技工作的支持力度，鼓励和支持气候变化科技领域的创新。

加强气候变化科技领域的人才队伍建设。加强气候变化科技领域的人才培养，建立人才激励与竞争的有效机制，创造有利于人才脱颖而出的学术环境和氛围，重视培养具有国际视野和能够引领学科发展的学术带头人和鼓励青年人才脱颖而出。

加大对气候变化相关科技工作的资金投入，以及政府对气候变化相关科技工作的资金支持力度,多渠道筹措资金,吸引社会各界资金投入气候变化的科技研发工作,将科技风险投资引入气候变化领域。充分发挥企业作为技术创新主体的作用,引导企业加大对气候变化领域技术研发的投入。

开展塔里木河流域区域气候变化的温室气体监测站(网)建设,获取证实气候变化的基础观测资料,提高对温室气体、碳循环等影响气候变化因子的监测诊断能力,为应对气候变化工作提供基础资料。

开展森林和其他生态系统的碳通量、碳源和碳汇的评估方法,以及畜牧业和其生存环境的碳通量的研究,建立适合塔里木河流域的碳源排放的评估方法,降低温室气体排放水平。

六、推动减缓温室气体排放的技术开发和推广

加大能源生产和转换先进适用技术开发和推广力度。大力发展单机60万kW及其以上超临界机组、大型联合循环机组等高效、洁净发电技术;发展热电联产、热电冷联产和热电煤气多联供技术;油气资源勘探开发高效利用技术、可再生能源低成本规模化开发利用技术、太阳能综合利用、大型风力发电机组关键技术研发和集成、输配电和电网安全技术,鼓励风能、太阳能发电等可再生能源技术研发与应用。适当发展以天然气、煤层气、生物质为燃料的小型分散电源,鼓励余热余压发电等高效节能技术的推广应用,鼓励发展地热能高温热泵技术。建设特高压输电线路,保障塔里木河流域优势风能资源的开发。开发和推广煤的煤基清洁能源和清洁高效利用技术,大力推进煤制气、煤制烯烃等现代煤化工项目。

强化重点行业的节能技术开发和推广。做好钢铁、有色金属、石油化工、建材、交通运输、农业机械、建筑节能、商业和民用节能等行业和领域节能技术、先进工艺技术设备的开发和推广,淘汰落后工艺技术。继续推广电石渣、粉煤灰等固体废弃物的综合利用技术。

加大低碳农业技术开发和推广利用力度。发展包括生物技术在内的新技术,力争在高光效育种、生物固氮、生物技术、病虫害防治、抗御逆境、设施农业、精准农业、反刍动物甲烷减排技术和精准畜牧养殖业等方面取得重大进展。进一步推广秸秆处理技术,促进户用沼气技术的发展;加快研发推广农林废弃物炭化还田技术,促进二氧化碳封存和土壤肥力提升;推广水稻膜下滴灌直播栽培技术;开发推广缓释控释环保型肥料关键技术,减少农田氧化亚氮排放;开发推广畜禽低碳养殖管理技术,减少动物及其副产品的碳排放量。继续实施"种子工程"、"畜禽水产良种工程",搞好大宗农作物、畜禽良种繁育基地、规模化、集约化基地小区建设及良种扩繁推广。

研究与开发森林病虫害防治和森林防火技术,开发和利用生物多样性保护和恢复技术,特别是森林和野生动物类型自然保护区、湿地保护与修复、濒危野生动植物物种保护等相关技术。加强森林资源和森林生态系统定位观测与生态环境监测技术,完善生态环境监测网络和体系,提高预警和应急能力。

加大水资源配置、综合节水技术的研发与推广。重点研究开发大气水、地表水、土

壤水和地下水的转化机制和优化配置技术，污水、雨洪资源化利用技术，人工增雨（雪）技术等。研究开发工业用水循环利用技术，开发灌溉节水、旱作节水与生物节水综合配套技术，加强生活节水技术及器具开发。

推进气候变化重点领域的科学研究与技术开发。加强气候变化的科学事实与不确定性、气候变化对社会经济的影响、应对气候变化的社会经济成本效益分析和应对气候变化的技术选择与效果评价等重大问题的研究。加强气候观测系统建设，开发气候变化监测技术、温室气体减排技术和气候变化适应技术等，提高新疆应对气候变化的能力。

七、加强宣传教育，提高公众意识

发挥政府的主导作用，把提高公众意识作为应对气候变化的一项重要工作抓紧抓好。要进一步提高各级领导干部、企事业单位决策者的气候变化意识；利用社会各界力量，宣传国家、自治区应对气候变化的各项方针政策，提高公众应对气候变化的意识。

加强宣传、教育和培训工作。利用图书、报刊、音像等大众传播媒介，对全社会进行气候变化方面的宣传活动，鼓励和倡导低碳生活方式，倡导节约用电、用水，增强垃圾循环利用和垃圾分类的自觉意识等；在基础教育、成人教育、高等教育中纳入气候变化知识普及与教育的内容；针对不同的培训对象举办各种专题培训班开展专题培训活动。

鼓励公众参与。建立公众和企业界参与的激励机制，发挥企业参与和公众监督的作用。完善气候变化信息发布的渠道和制度，拓宽公众参与和监督渠道，充分发挥新闻媒介的舆论监督和导向作用。增加有关气候变化决策的透明度，促进气候变化领域管理的科学化和民主化。积极发挥民间社会团体和非政府组织的作用，促进广大公众和社会各界参与减缓气候变化的行动。

加强合作与交流。加强与中外有关单位、部门的合作，促进气候变化公众意识方面的合作与交流。要加强与五省八市（广东、湖北、辽宁、陕西、云南五省和天津、重庆、杭州、厦门、深圳、贵阳、南昌、保定八市）低碳试点省市的学习交流，积极借鉴中外、区内外好的做法，不断完善相关工作。积极收集中外关于全球气候变化的出版物、影视和音像作品，建立资料信息库，为区内有关单位、研究机构、高等学校等查询、了解气候变化相关信息提供服务。

八、推动清洁发展机制项目开发

积极推动清洁发展机制（CDM）项目开发。通过鼓励新疆符合条件的企业参与清洁发展机制项目合作，改善新疆环境和能源结构，促进技术发展，实现经济社会的可持续发展。加强清洁发展机制能力建设，提高与清洁发展机制相关的政府部门、企业、咨询服务机构、专家、金融机构等在清洁发展机制领域的各项能力。

小结

气候变化对塔里木河流域所在的新疆的经济、社会和环境上产生了不利的影响，需要实施相应的减缓对策。根据塔里木河流域所在的新疆的社会经济发展状况、本身特点和面临的挑战，在可持续发展、减缓与适应并重、与政策结合等原则下，需贯彻科学的发展理念、转变经济增长方式，推动减缓温室气体排放的技术的开发与推广，依法推进应对气候变化工作，加强宣传教育，推动清洁发展机制项目开发与合作。

参考文献

白玉洁. 2009.《新疆的发展与进步》白皮书. 北京：人民出版社.

库热西·买合苏提. 2011. 库热西·买合苏提在新疆电力公司“两会”上的讲话. http://www.xj.sgcc.com.cn/FSM_CMS/html/main/col8/2012-05/10/20120510175002159526288_1.html.

努尔·白克力. 2010. 2010 年新疆维吾尔自治区人民政府工作报告，新疆维吾尔自治区第十一届人民代表大会第三次会议.

努尔·白克力. 2011. 2011 年新疆维吾尔自治区人民政府工作报告，新疆维吾尔自治区第十一届人民代表大会第四次会议.

单淑秀. 2011. 新疆地区发展电解铝工业的 SWOT 分析. 轻金属，(S1)：18-23.

唐文骞. 2007. 我国硝铵的生产现状_技术水平及发展趋势. 中氮肥，(3)：1-5.

新疆维吾尔自治区统计局，国家统计局新疆调查总队. 2011. 新疆维吾尔自治区 2010 年国民经济和社会发展统计公报.

张春贤. 2011. 变化变革 敢于担当 务求实效 为实现新疆跨越式发展和长治久安而奋斗. 中国共产党新疆维吾尔自治区第八次代表大会上的报告.

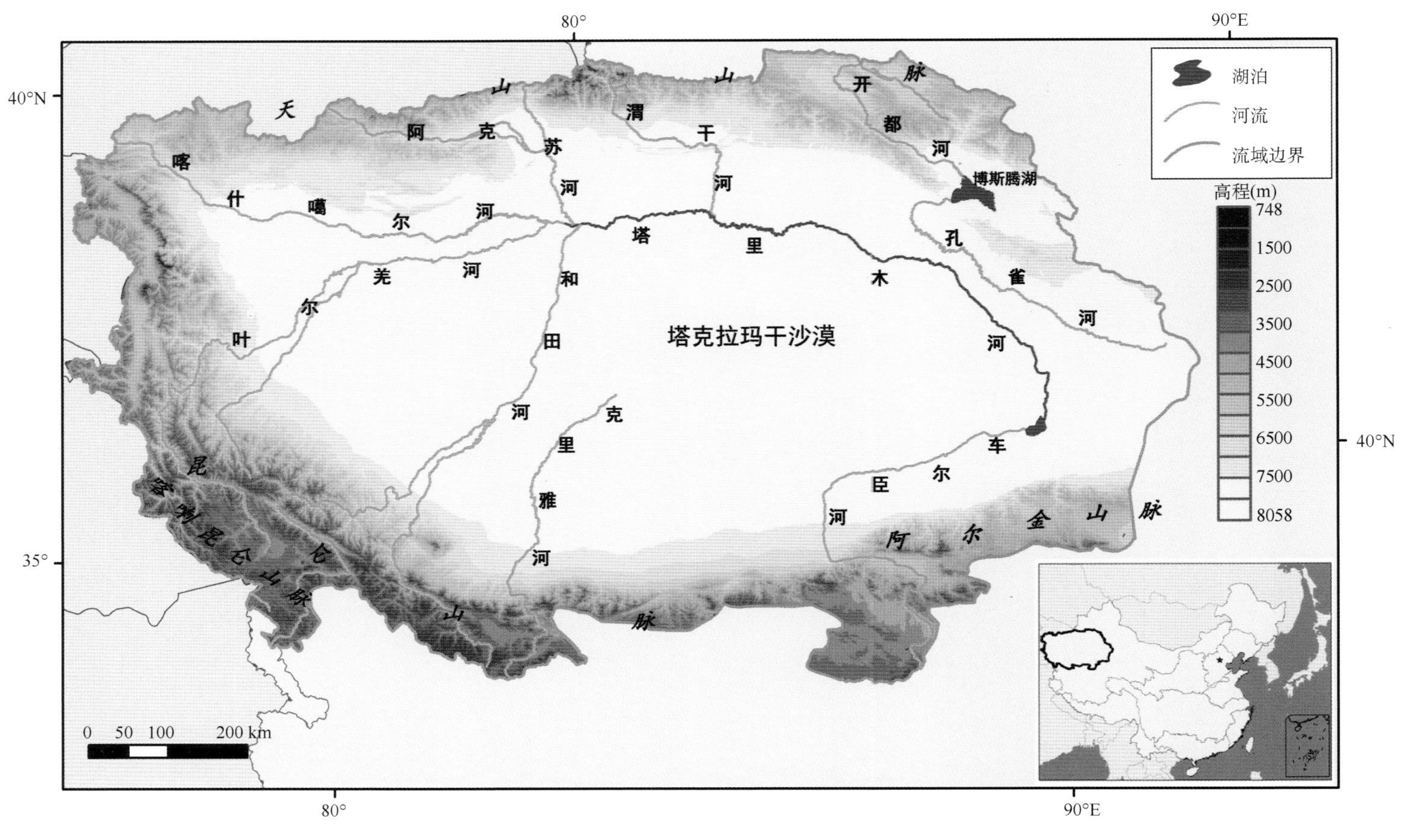
湖泊
河流
流域边界
高程(m)
748
1500
2500
3500
4500
5500
6500
7500
8058
天山山脉
开都河
博斯腾湖
孔雀河
喀什噶尔河
阿克苏河
渭干河
叶尔羌河
和田河
克里雅河
塔里木河
塔克拉玛干沙漠
车尔臣河
阿尔金山脉
昆仑山脉
喀喇昆仑山脉
0 50 100 200 km
40°N
35°
80°
90°E

塔里木河流域图